SHIPIN GONGYE FEISHUI CHULI JISHU
JI GONGCHENG SHILI

食品工业废水处理技术及工程实例

谭 冲 李俊生 尹煜泓 / 著

U0228712

化学工业出版社

·北京·

内容简介

本书在介绍水处理发展的新理论、新技术和新工艺的基础上，选择了5个主要的食品行业，重点阐述了食品工业废水的来源、特点、处理工艺、清洁生产措施和工程实例等内容。全书共分8章。第1章介绍食品工业废水的来源及特点，第2章介绍物化处理法，第3章介绍生物处理法，第4章介绍酒类废水处理工艺及工程实例，第5章介绍调味品废水处理工艺及工程实例，第6章介绍乳品加工废水处理工艺及工程实例，第7章介绍淀粉加工废水处理工艺及工程实例，第8章介绍肉类加工废水处理工艺及工程实例。

本书具有较强的技术性和针对性，可供环境工程技术人员、科研人员阅读参考，也可供高等学校食品科学与工程、环境工程及相关专业师生学习使用。

图书在版编目（CIP）数据

食品工业废水处理技术及工程实例/谭冲，李俊生，尹煜泓著．—北京：化学工业出版社，2024.7

ISBN 978-7-122-45338-9

Ⅰ.①食… Ⅱ.①谭…②李…③尹… Ⅲ.①食品工业-废水处理Ⅳ.①X792

中国国家版本馆 CIP 数据核字（2024）第 065658 号

责任编辑：董　琳　　　装帧设计：刘丽华
责任校对：李露洁

出版发行：化学工业出版社
　　　　　（北京市东城区青年湖南街 13 号　邮政编码 100011）
印　　装：北京科印技术咨询服务有限公司数码印刷分部
787mm×1092mm　1/16　印张 13½　字数 284 千字
2024 年 6 月北京第 1 版第 1 次印刷

购书咨询：010-64518888　　售后服务：010-64518899
网　　址：http://www.cip.com.cn
凡购买本书，如有缺损质量问题，本社销售中心负责调换。

定　　价：85.00 元　　　　　　版权所有　违者必究

食品工业不仅是人类生存和社会发展的基石，它还极大地丰富了我们的饮食文化，满足了人们对于味觉多样性的追求。随着经济全球化以及全球人口的持续增长，特别是中产阶级的扩大，人们对食品的需求呈现出爆炸性增长。这一需求的增加推动了食品产业的快速发展，带来了创新的食品加工技术和多元化的产品类型。同时，人们生活水平的显著提高也促使食品安全和质量标准不断提升，从而满足消费者对健康和营养的高要求。

食品工业的迅猛发展也带来了严峻的环境挑战，尤其是食品加工过程中产生的废水问题。这些废水不仅含有高浓度的有机物质，如糖类、蛋白质和脂肪，还含有氮、磷等营养物质，以及各种添加剂和微生物，其复杂成分使得处理变得异常困难。如果这些废水未经处理直接排放，将严重污染水体，破坏水生生态系统，影响水资源的再利用，甚至威胁公共健康和食品安全。

面对这一挑战，食品废水的有效处理和资源化利用成为了环境保护和实现可持续发展的关键。这不仅需要采用先进的技术手段，还需要从源头减少污染物的产生，提高水资源的循环利用率。探索和实施高效、经济、可持续的食品废水处理技术已成为全球范围内科研人员、环保机构和食品产业界共同关注的热点问题。有效的废水处理技术不仅能够减轻对环境的压力，提高水资源的利用效率，还能够促进食品产业的绿色发展，为实现经济社会的全面可持续发展贡献力量。

在过去几十年中，随着人们环境保护意识的增强和废水处理技术的进步，食品废水处理领域已经取得了显著的成就。从传统的物理、化学方法到生物处理技术，再到近年来兴起的高级氧化过程，各种技术的发展不仅提高了处理效率，也降低了处理成本。然而，食品废水的复杂性及其处理过程中产生的副产品处理和资源回收等问题，仍然是当前研究和实践中需要重点解决的问题。

本书围绕食品工业废水处理的新理论、新技术和实践案例进行深入探讨，选取了酒类、调味品、乳品、淀粉和肉类五大食品行业为重点，详细介绍了这些行业废水的来源、特点、处理工艺、清洁生产措施和工程实例等内容。通过这些内容的展示，旨在为读者提供一个全面的食品工业废水处理技术的视角，以及对未来发展方向的一些思考。

　　本书第 1 章至第 6 章由谭冲执笔、第 7 章由李俊生执笔、第 8 章由尹煜泓执笔。本书的写作过程中，著者汲取了部分国内外学者和专家的研究成果，参考了部分相关文献资源。在此，对所有的作者和出版机构表达深深的敬意和感激。

　　限于著者水平及时间，书中不妥和疏漏之处在所难免，敬请读者不吝赐教。

著者

2024 年 1 月

目录

1

食品工业废水的来源及特点

食品工业的内容极其复杂，包括制糖、酿造、肉类加工、乳品加工等生产过程，所排放的废水都含有机物，具有强耗氧性，而且有大量悬浮物随废水排出。动物性食品加工排放的废水中还含有动物排泄物、血液、皮毛、油脂等，并可能含有病菌，因此耗氧量很高，比植物性食品加工排放的废水的污染性高得多。随着食品工业的迅速发展，废水的种类和数量迅猛增加，对水体的污染也日趋广泛和严重，威胁人类的健康和安全。在环境保护领域内，对工业废水进行有效管理，承担着至关重要的角色，其紧迫性往往超越了城市污水的处理需求。

1.1 食品工业废水的来源

食品工业废水主要来源于三个生产工段，包括原料清洗工段、生产工段和成形工段。

（1）原料清洗工段

原料中大量的砂土杂物、皮、叶、肉、鳞、毛、羽以及从设备和原材料中浸出的重金属、天然色素及油脂等会进入废水中。

（2）生产工段

原料的不完全加工或无法利用的部分会进入废水，使废水含大量的有机物质。

（3）成形工段

为增加食品的色、香、味以及延长食品的货架期，产品中可能加入了各种食品添加剂，包括色素等，一部分会流失进入废水，使废水的化学成分极其复杂。

目前对食品工业废水处理存在排放混乱、点源分散及废水处理工艺相对落后等问题。典型食品工业废水具有高有机物、高悬浮物、高可生化性和水质水量波动大等特征，而且外部环境的变化对水处理性能的冲击，存在出水不稳定、能耗高、抗冲击能力差及运行管理滞后等问题，导致废水处理能耗、物耗和人力成本增加，不符合绿色经济可持续发展的理念。因此，如何建立食品工业废水处理工艺的优化运行管理机制，提高废水处理效率、降低能耗物耗是当前食品工业废水处理领域亟待解决的问题。

近年来，我国的食品工业取得了长足的发展，生产的成本在不断下降，所获得的经济效益也不断在增长，但是环境污染问题不断被暴露出来，并已逐渐成为制约食品工业发展和生存的重要因素之一。据报道，食品工业废水是我国工业废水乃至水源污染的主要来源之一。另据我国生态环境部 2023 年 1 月发布的《2021 年中国生态环境统计年报》统计，在 2021 年统计调查的 42 个工业行业中，化学需氧量排放量排名前三的行业依次为纺织业、造纸和纸制品业、化学原料和化学制品制造业。3 个行业的排放量合计为 16.6 万吨，占全国工业源重点调查企业化学需氧量排放量的 44.0%。

2021 年，在统计调查的 42 个工业行业中，氨氮排放量排名前三的行业依次为化学原料和化学制品制造业、农副食品加工业、造纸和纸制品业。3 个行业的排放量合计为 0.6 万吨，占全国工业源重点调查企业氨氮排放量的 40.4%。而其中化学原料和化学制品制造业的氨氮排放量高达 20.5%。氨氮排放量排名前五的地区依次为广东、四川、湖南、湖北和广西，排放量合计为 30.8 万吨，占全国氨氮排放量的 35.5%。

1.2 食品工业废水的特点

酿造、发酵和粮食加工等食品行业，在生产过程中每天都排放大量的有机废水。这些废水大多属于高浓度有机废水，其中含有较多的悬浮固体，废水水质与水量的变化也很大。尽管这些废水所含的有机物不一定有毒性，但对环境的污染同样是十分严重的。例如，酒厂、味精厂、淀粉或豆制品加工厂排放的废水所到之处河流发臭，严重地影响了环境。常规的生化处理往往需要把这些废水稀释多倍后才能进行，这不仅增加了污水处理厂的基建投资和占地面积，也浪费大量的水资源。由于食品行业具有规模大、废水排放量高等特点，其排放废水中固体杂质多，微生物菌体、氮和磷的化合物含量高，BOD、COD 浓度高，酸碱程度不一。废水中的有机质沉入自然水域底部，在厌氧条件下降解，产生臭气使水质恶化，从而污染环境，使鱼类无法生存，对渔业生产造成严重危害。如果废水不经处理进入生态系统中，还会造成地下水污染，因此对食品工业废水进行污染防治处理是十分必要的。

1.2.1 豆制品废水的特点

豆制品是我国传统食物之一。豆制品生产过程中，豆类浸泡、将豆类煮熟和排除豆腐凝乳等操作均会产生废水。有研究表明，每加工1t大豆产生7~10t废水。由于豆制品废水通常有机负荷较高，总氮、总磷、氨氮和COD等指标浓度严重超标，如果直接排放会造成严重的生态环境污染。而由于所需加工的产品性质、产品生产工艺的不同，造成豆制品废水中营养物浓度也有差异。Yu等的研究中豆制品废水的pH值为5.4~6.6（呈酸性），总氮浓度为0.37~0.44g/L，总磷浓度为81~92mg/L，BOD和COD含量可高达7~12g/L。其中，泡豆水和煮熟大豆后产生的黄浆水的营养成分相对较高，杂质较少，含有大量的可循环利用的有机养分，例如乳清蛋白、多肽、寡糖和异黄酮等。一些发酵工业尝试利用豆腐乳清废水作为底物生产各种产品，如维生素B_{12}等。

1.2.2 乳制品废水的特点

近年来，随着人们生活水平的提高，乳制品已经成为人们生活中的必需品。在乳制品工业迅速发展的同时，其废水的排放量也在逐年增加。据统计，每加工1L的牛乳产生0.2~10L的废水。通常，乳制品废水含有较高浓度的可溶性有机物。在乳制品废水中，乳清蛋白的快速降解会导致难闻的气味，并且其中较高浓度的乳糖和酪蛋白等有机成分如果直接排放将对水体环境造成恶劣影响。乳制品废水的水质随季节与挤奶系统的变化而产生差异，Daneshvar等的研究发现乳制品废水中COD 80~95000mg/L，BOD 40~48000mg/L，总氮14~830mg/L，总磷9~280mg/L。为了降低环境污染的风险，有必要在乳制品废水排放前对其进行净化处理。

1.2.3 辛辣类食品废水的特点

食品废水种类繁多、组成各异，辛辣类食品废水是其中的一种。目前对食品废水的研究主要集中于废水净化与能源回收。各种食品废水具有有机物浓度高与生化性较好等同一性，而不同的食品废水可能含有高浓度的油脂、无机盐或者难降解有机物。高浓度的长链脂肪酸、无机盐离子、POPs等物质是各类食品废水处理的限制因素，很大程度地减低了废水生化处理的效果。

辛辣类食品废水是以辣椒等含有天然辣椒素等致辣物质为原料，进行食品加工过程中产生的废水。以辣椒为原料加工形成的食品主要有辣椒酱、辣椒油、海鲜辣酱、泡椒、油红辣椒等，这些产品的加工是产生辛辣类食品废水的主要来源。辛辣类食品废水除了具有食品废水的一般特性外，还具有含高浓度辣椒素的特点。辣椒素常温下挥发性低，水生生物的生物富集潜力适中，且不会在太阳光照射下直接光解。辣椒素具有一定的生物刺激性，辛辣类食品废水会抑制污水生化处理系统中活性污泥的生长，影响废水的处理效果。目前，很少有关于辛辣类食品废水的研究，少数的研究也是关于这类废水处理工艺的探讨。辛辣类食品废水水质组成、辣椒素对废水生化处理系统的影响等方面亟待研究者们展开探讨，为辛辣类食品废水的处理提供理论依据。

1.2.4 发酵废水的特点

据报道，人类利用酵母制作发酵产品已有几千年的历史。随着科技的不断进步，酵母被广泛应用于食品、酿酒、医疗等领域。我国酵母产业发展于 20 世纪初，随着生物医药、食品加工两大行业的迅猛发展，酵母生产规模日益壮大。我国酵母的生产以糖蜜为主要原料，其中以甘蔗糖蜜和甜菜糖蜜为主。据统计，2021 年全国酵母产量为 44.6 万吨，并且每生产 1t 酵母就会产生 $60 \sim 130 m^3$ 的废水，排放 1.0~1.5t 的 COD。生产酵母过程中之所以会产生大量的高浓有机废水，主要是因为糖蜜中的有机物不能完全被酵母分解利用，这些不能被降解的有机物及微生物的生长代谢产物均进入废水中。酵母废水根据其浓度不同可分为两部分：高浓度发酵废液和中低浓度发酵废水。

① 高浓度发酵废液主要来自发酵行业酵母生产过程中完成分离或提取产品后的废母液，其中含有大量蛋白质、多糖、纤维素、脂肪以及难降解物质，具有浓度高、黏度高以及较难生物降解等特性。

② 中低浓度发酵废水主要为酵母生产过程中的清洗水及设备冷却水，平均 COD 为 2000~3000mg/L。

在酵母生产过程中，不能被微生物分解利用的有机物以及微生物的代谢产物随废水排放，其水质特征如下。

① 水质水量不稳定、变化大，不同地区、不同生产工艺产生的发酵废水成分区别较大。

② 废水中有机物成分复杂，包括大分子焦糖化合物、类黑精等，污染物浓度高，可达数万毫克每升，可生化性相对较好 [BOD/COD 值/（B/C 值）>0.3]。

③ 废水色度高，呈深黑色，在制糖和酵母生产过程中，由于加热过程产生的大分子焦糖化合物、类黑精等物质，使得废水颜色较深，此外有强烈气味。

此类废水如果不经妥善处理而直接排入水体，会消耗水中的溶解氧，导致受纳水体发黑变臭，使鱼类和水生生物死亡。因而，研发高效的发酵废水处理方法已成为酵母行业面临的严峻考验。

1.2.5 红糖废水的特点

红糖通常是指将甘蔗榨汁后，经过简易处理，浓缩而成的带蜜成品糖。按结晶颗粒不同，分为碗糖、红糖粉、赤砂糖等，因没经过高度精练提纯，它们几乎保留了蔗汁中的全部成分，除了具备糖的功能外，还含有一定量的维生素和少量的铁、锰、锌、镉等微量元素，营养成分自然会比白砂糖高很多。我国现有大中小型糖厂多家，遍布全国各省市。制糖工业废水是以甜菜或甘蔗为原料制糖过程中排出的废水，主要来自制糖生产过程和制糖副产品综合利用过程。废水中一般含有很高有机物和糖分。废水色度深，含氮、磷、钾等元素较高，其中主要来自榨糖过程中的废水、蒸馏废水、斜槽废水、地面冲洗水等。普通制糖厂采用的处理工艺均为简单的二级处理，采用生物法进行氢能的生产是废水资源化的新途径。李永峰研究了面粉、牛奶、玉米粉、淀粉和琼脂、绵白糖、白砂糖、红糖等可再生物质及糖蜜废水的产氢性能，结果表明绵白糖的产氢量最高，其次是白砂糖、红糖和糖蜜废水，面粉、牛奶、玉米粉、淀粉和琼脂发酵产氢量极低。

1.3　食品工业废水的危害

食品工业废水中的污染物主要包括：漂浮在废水中的固体物，如菜叶、碎肉、果皮、禽羽等，悬浮在水中的油脂、蛋白质、胶体物质、淀粉等，分散在水中的致病菌等微生物，溶解在水中的色素类物质、金属离子、糖类等，以及原料中夹带的泥砂和其他有机物质等。若不经过处理就将食品工业废水排放到水体中，大量的油脂类等高营养物质会使水体发生严重的富营养化，并迅速地消耗水体中的溶解氧，导致水体的严重缺氧，造成鱼类和水生生物的死亡。废水中的悬浮物会沉入到河底并在厌氧条件下分解，恶化水质、产生臭气，严重污染环境。此外，废水所中含有的动物排泄物可能会含有致病菌和虫卵，会导致疾病的传播，危害人畜的健康。

各种软饮料和色泽鲜艳的食品加工过程中，往往会大量使用颜色鲜艳的色素类物质，甚至是一些非法添加剂，会产生大量的被色素污染的废水，这些染料会大大地降低水体的透光度，从而影响水生生物的光合作用，并且其金属、芳香族等成分会对水生生物造成毒害作用。一些被重金属污染的原材料在加工过程中会存在重金属流失排放到废水中的现象。

食品加工过程中使用的设备和管道都是金属材质的，食品与其长期的摩擦和接触，在导致微量的金属元素掺入到食品中的同时，也会造成金属元素流失到废水中的现象。而且，食品工业的包装材料、食品贮藏材料及容器大多都含有微量的重金属，在生产加工过程中也会随着废水被排放，造成污染。若将未经处理的废水直接用于农田灌溉，会影响到农产品的品质，同时造成地下水的污染。用水效率低和污水排放量大是造成我国水资源不足的主要原因。因此，为了能保障我国经济和社会可持续健康发展，挖掘食品工业废水的处理再利用潜力，将食品工业废水作为水资源来开发无疑是一项紧迫的任务。

1.4 食品工业废水的处理现状

食品工业废水的生物处理工艺可分为稳定塘工艺、光合细菌处理工艺、土地处理工艺等各种好氧生物处理工艺和厌氧生物处理工艺，以及上述工艺组合而成的各种复合工艺。众多的学者、工程技术人员投身于食品工业废水的处理工艺研究，并开发出许多高效的处理工艺，既解决了此类废水的环境污染问题，又回收了其中高浓度有机物所含资源，如生物能源（沼气）、生物饲料（酵母菌体）等。我国从20世纪80年代开始，各有关部门就积极开展食品工业废水治理工作，已开发出多种有关这类废水高效、低耗的回收利用的生物处理工艺，有的已投入到实际生产中去。其中应用较成熟的有：厌氧接触法、厌氧污泥床法、厌氧生物处理法、酵母菌生物处理法、移动床生物膜反应器等利用生物技术治理食品工业废水的方法。有些废水如养猪场废水等，通常含氮量较高，且碳、氮、磷比例不适合细菌生长，故难于净化，但却适合螺旋藻生长，若利用这类废水培养螺旋藻，既可获得蛋白质资源又可解决废水污染问题，可谓一举两得。用藻类净化猪场废水，同时为养猪饲料提供蛋白质来源。

在食品加工生产中使用的冷却水，大多数在水质上没有变化，可以循环使用，必要时可添加含氯的水控制杂菌。冷却水至少可以用来清洗原料或清洗车间。有一类食品工业废水是高浓度的有机废水如味精厂排出的废水等，这些工厂生产过程中产生的废水对环境污染是比较大的。每年这些企业排入江河湖泊等自然水域的废水 BOD 量达 160 万吨，因此这类高浓度有机废水的治理和利用已引起国内外的广泛重视。

食品工业废水的集中无害化深度处理是发展中国家面临的机遇和挑战，尤其是发展中国家（如中国、印度及泰国等）食品加工具有规模各异、地点分散、食品加工废水处理进展缓慢等特点，而且这些国家食品加工覆盖面广且种类繁多，主要包括果蔬加工、肉类加工和即食类食品加工等，这些食品加工时会产生大量有机废水。常见的食品工业废水产生主要来自3个阶段。

① 原料清洗阶段产生大量悬浮物，主要是泥沙、菜叶、毛皮、肉类等。

② 生产加工阶段产生大量有机物，因生产加工过程中添加的原料或成分不能完全被食品所接收，在冲洗阶段进入废水中。

③ 食品成形阶段，大量化学成分如食品添加剂、色素等化学成分进入污水中，使污水成分更复杂。

近年来随着人们环保意识的加强和国家环境保护政策的落实，污水排放标准也越来越高，食品工业废水深度无害化处理成为了污染治理的重要目标之一。随着国内外污水处理技术的发展，越来越多的污水处理工艺被应用于食品工业废水的深度处理。目前国内外关于食品工业废水处理方法主要为物化法和生物法。

膜分离技术具有很高的污染物去除能力，如 Jordana 等、Kamyar 等和 Hernández

等分别利用微滤、超滤和反渗透技术，COD去除能力均能＞90％，但膜分离技术中有些污染物分离需要特定膜，具有一定局限性，同时污水处理成本较生物法处理高。张海霞等以纳米型TiO₂作为催化剂，在光催化作用下去除蜜糖加工污水中的色素，发现能有效降低污水中色度。生物膜法对食品工业废水去除能力较强，如Abdulgader等以柔性纤维材料为生物膜载体，运用新型序批式生物膜反应器处理乳制品加工废水，其COD和SS去除率分别高达97.5％和99.3％。

因食品工业废水具有高有机物、高悬浮物，无明显毒性等特点，水质水量随季节变化大，属于高污染、易降解工业废水，其处理工艺主要采用生物法中的活性污泥法和生物膜法。以荷兰代尔夫特理工大学开发的Anammox工艺和CANON工艺为代表的活性污泥法，以及法国OTV公司和德国Evoqua公司主推的生物滤池、生物转盘和生物转笼为代表的生物膜法均有诸多工程实例。其中，生物膜法抗冲击负荷能力强且适宜长世代周期的微生物生长，更适合食品工业废水处理。以生物转盘为代表的旋转式生物膜反应器因其独特的充氧与混合方式，更加节能高效。在此基础上将生物转盘填充生物填料制成生物转笼，可拥有更多的生物量和更高的污水处理效率，近年来生物转笼污水处理工艺发展势头迅猛。以德国Linde和Bayer公司开发的Linpor和Levapor为代表的多种新型生物填料，将进一步促进生物转笼在食品工业废水处理领域的推广应用。

2

物化处理法

物化处理法是指在污水的某种理化性质基础上，对污水进行技术参数调整，组合处理废水。常见的处理方法有膜分离法（微滤、纳滤、超滤和反渗透）、高级氧化法（Fenton 氧化法、电化学氧化法、臭氧氧化技术和光催化技术等）、混凝法、电絮凝法和超声技术等。膜分离技术需要对污水进行前处理，然后利用压差或浓度差分离水和污水中的污染物。高级氧化法主要是通过化学或电化学氧化技术去除目标污染物，该项技术具有专一性，高级氧化技术无法同时去除食品工业废水中 COD、氨氮、硝酸盐氮和总磷等污染物。混凝技术是利用化学试剂在水中性质产生的吸附作用，主要用于污水预处理，可与吸附技术结合处理食品工业废水。电絮凝技术是在外加电场作用下，在阳极产生易于污水中阴离子结合的阳离子产生絮凝，在油类加工污水中有很好的应用潜力。

2.1 膜分离法

膜分离技术中，物质的组分一般不会发生相变，能耗小，在室温下即可进行，是一种较为节能的废水处理技术。膜分离应用范围较广，可以用于无机物、有机物、细菌乃至矿物微粒的分离。此外，膜分离技术能够适用的体系也比较多，一般用蒸馏方法不能解决时可采用膜分离方法。膜分离技术所使用的装置构成简单，容易人为控制，并可以连续操作。然而，也存在一些问题，例如：该技术的热稳定性以及化学稳定性不够高，分离膜的通量与选择性仍有待增强，且膜的污染以及浓差极化现象等也需要注意。膜分离技术在水处理方面具有重要的应用，可用于以下水处理中。

（1）水处理的预处理或后处理

微孔膜和超滤膜具有较大孔径，在深度水处理前后过程中常用膜分离对水进行预处理及后处理。

（2）饮用水的处理

由于膜分离技术为物理过程，无需引入其他化学药剂，因此不会造成水体的二次化学污染以及相关副产物的产生，在饮用水处理上可以显著地提高饮用水质量。

（3）海水、苦咸水的脱盐

地球上淡水资源有限且日趋紧张，而海水量充足，我国很多地方地下水属苦咸水，例如甘肃省缺水严重且很多地区的地下水是苦咸水。可以采用膜分离的反渗透法和电渗析法将海水和苦咸水进行脱盐，以制备淡水。

（4）纯水和纯净水的制备

一些电子工业对纯度较高的水需求量较大，采用膜法为主的组合工艺进行纯水制备，现如今市场上的大多饮用纯净水也是通过膜分离技术制取的。

（5）工业废水的处理

广泛采用膜分离技术中的反渗透、电渗析、超滤技术等技术。而氧化技术、吸附分离技术、絮凝技术以及膜分离技术是现代工业废水处理的四大支柱技术。

现代膜分离技术是利用天然或人工合成的，具有选择透过性的薄膜，以外界能量或化学位差作为推动力，对双组分或多组分的溶质和溶剂进行分离、分级、提纯和浓缩的技术。膜分离技术主要包括微滤（MF）、超滤（UF）、反渗透（RO）、正渗透（FO）、纳滤（NF）、电渗析（ED 或 EDI）等方法。由于膜分离技术具有操作简便、能耗低、无污染等优点，近年来其越来越广泛地应用于食品工业。膜技术在水工业中用于改善水的使用、再利用或排放到环境中的质量。膜的范围从精细多孔结构到无孔结构，可以去除细菌和原生动物等污染物，直至离子。膜技术的优点包括它的模块化特性，可以应用于非常大或小的规模，产品水的质量好，相对较小的占地面积，以及在某些情况下，更低的能源使用。水资源短缺的加剧，加上膜性能、成本和能源需求的稳步改善，在未来，水工业中的膜应用将稳步增长。

2.1.1 微滤和超滤

（1）原理

超滤、微滤都是在静压差的推动力作用下进行液相分离的过程，从原理上说并没有什么本质上的差别，同为筛孔分离过程。在一定压力作用下，当含有高分子的溶质和低分子溶质的混合溶液流过膜表面时，溶剂和小于膜孔的低分子溶质（如无机盐）透过膜，成为渗液被搜集；大于膜孔的高分子溶质（如有机胶体）则被膜截留而作为浓缩液回收。

微滤用于从溶剂或低分子量组分中分离粒径范围为 $0.1 \sim 10\,\mu m$ 的杂质（如颗粒、病毒、细菌）。在分选过程中，分选机理是以筛分过程为基础的。与其他过滤过程相比，中压过程的施加压力相对较低（0.2bar，1bar＝10^5Pa）。微滤膜的第一个商业应用是在20世纪60年代的生物和制药制造。微滤膜主要用于制药工业的无菌过滤（去除微生物）和半导体工业冲洗水的最终过滤（去除颗粒）。不像制药行业那样严格，MF也被用于啤酒和葡萄酒的灭菌，以及苹果酒和其他果汁的澄清。在20世纪80年代中期，由于其在预过滤应用中的成本效益，微滤被引入水处理行业。在1992年美国隐孢子虫爆发后，微滤（和超滤）在水处理中的应用获得了巨大的发展势头。从2000年开始，海水淡化行业开始使用微滤和超滤作为海水淡化的高级预处理系统，以减少反渗透过程中的污染。

超滤膜具有不对称多孔结构。最初，CA是制备超滤膜的主要膜材料之一。然而，由于其热/化学稳定性差，pH耐受性窄，生物降解性高，其他聚合物共混物（如芳香PAs、PSU、PVDF、PES）也被采用。到20世纪80年代末，由于中空纤维和螺旋缠绕模块配置的不断研发，传统的管状膜配置被中空纤维和螺旋缠绕模块所取代。在超滤模块开发的早期阶段，超滤工艺的主要应用之一是从冲洗水中回收电泳涂料。使用管状CA膜，可以从冲洗水中回收大量的油漆和水，而无需任何额外的热稳定性或化学稳定性。超滤过程在乳制品加工工业中也发挥着重要作用，从蛋白质、乳糖、乳清中的乳酸的回收到牛奶的浓缩（用于饮食目的或奶酪生产）。由于其广泛的应用，超滤工艺覆盖了广泛的膜市场。

（2）溶质和溶剂通过微滤/超滤膜运输

在膜过程中，膜充当半透性屏障，允许称为"溶剂"的特定成分通过，同时限制混合物中称为"溶质"的某些分子。选择性地控制溶剂在膜中的渗透速率是膜的基本性质之一。根据膜的横截面结构可分为对称型和非对称型。对称的膜结构在膜厚度上提供了均匀的孔径。非对称膜有两层，即致密的分离层和支撑层。微滤膜在性质上总是对称的，但为了降低溶剂在超滤膜中的流动阻力，采用了较厚的多孔支撑层和较薄的致密分离层。在微滤膜中，溶剂流动阻力是由对称支撑层产生的。相比之下，在超滤膜中，致密的顶层比支撑层对溶剂输送提供了更大的阻力。图2-1表示了多孔膜中可能的孔隙几何结构。

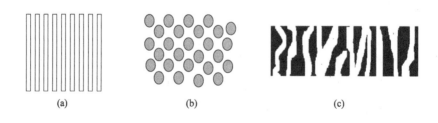

图 2-1 多孔膜的特征孔几何结构

膜孔可以形成直的平行圆柱形通道或从膜的一端到另一端内部连接的不规则通道网络。膜是由球形颗粒制成，膜通道跨越膜的厚度。在平行圆柱形通道几何中，每个圆柱形通道的长度等于或几乎等于膜的厚度。假设所有孔隙具有相似的半径，通过这些孔隙的体积通量（J_v）可以用 Hagen-Poiseuille 方程来描述：

$$J_v = \frac{\varepsilon r^2}{8\eta\tau}\left(\frac{\Delta P}{\Delta x}\right) \tag{2-1}$$

式中　J_v——体积通量，m^3/s；

ε——表面孔隙率，%；

r——半径，m；

ΔP——压差，Pa；

Δx——穿过厚度，m；

η——黏度，Pa·s；

τ——孔隙扭曲度，(°)。

溶剂通量（J）与穿过厚度为 Δx 的膜的驱动力（压差 ΔP）成正比，与黏度 η 成反比。表面孔隙率 ε 可定义为孔面积与膜面积之比乘以孔数。对于圆柱形孔隙，孔隙扭曲度（τ）等于 1。Hagen-Poiseuille 方程给出了溶剂通过平行圆柱孔的膜的通量。对于一个由紧密排列的球体组成的膜，Kozeny-Carman 方程可以描述体积通量：

$$J_v = \frac{\varepsilon^3}{K\eta S^2(1-\varepsilon)^2}\left(\frac{\Delta P}{\Delta x}\right) \tag{2-2}$$

式中　ε——孔隙体积分数；

S——内表面积，m^2；

K——Kozeny-Carman 常数，取决于孔隙的形状和弯曲度。

在超滤膜和微滤膜等多孔膜中，渗透机理是通过渗透分子在膜内的溶解、溶解分子的扩散、渗透分子向下游的解吸发生的。由于压力的梯度，也会发生渗透。微滤和超滤膜的运输模型是 Knudsen flow（或 Knudsen diffusion）模型和摩擦模型。根据膜材料的不同，溶剂渗透机理也不同。溶质颗粒和膜孔径决定了将被膜保留或渗透的组分（图 2-2）。

如果使用不对称膜（或复合膜）进行溶剂和溶质分离，则溶剂和溶质分子从高压侧向低压侧扩散。根据膜结构的不同，分子通过膜的运输可以通过摩擦模型来解释。

摩擦模型是用来描述通过多孔膜的运输的另一种方法。该模型考虑多孔膜、溶剂和溶质通过黏性流动和扩散两种方式通过。在给定的模型中，假设孔径很小，溶质分子不能自由地通过膜孔。溶剂-溶质分子通过膜通道运输时，溶质分子和孔径、溶剂和孔壁、溶质和溶剂之间发生摩擦。每摩尔的摩擦力与速度差（或相对速度）成正比。

（3）膜材料和几何形状

醋酸纤维素（CA）是一种膜材料，醋酸纤维素材料是由两个葡萄糖分子组成的，每个分子都有三个羟基。超滤膜的碱基可以用乙酰基取代羟基。早期超滤膜的铸造是用 CA 溶液完成的，将 CA 粉末溶解在丙酮溶液中，在丙酮溶液中加入少量高氯酸镁作为

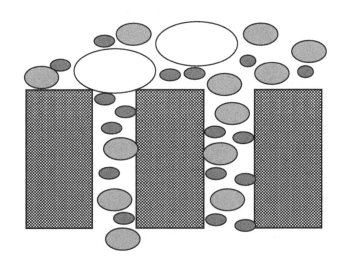

图 2-2 将被膜保留或渗透的组分

溶胀剂。醋酸纤维素膜在抗氯性能上有一定的局限性,根据用于制造膜的膜材料的类型分为聚合物、有机膜、陶瓷或无机膜。

据报道,与其他聚合物膜相比,聚合物膜具有以下优点:相对便宜、制造容易、可获得大范围的孔径。由于这些优点,许多行业将聚合物膜用于澄清、浓缩和废水处理等。除了上述优点外,聚合物膜的操作条件(温度、pH 值、氯耐受性)也有一些限制,这些限制会阻碍膜的应用。

在 20 世纪 80 年代初,无机膜或陶瓷膜由于其优于聚合物膜的优点(化学、热稳定性、高机械强度)而被商业化应用。微滤和超滤陶瓷膜在市场上已经出现并应用,陶瓷纳滤膜和超滤膜通过在中频膜上涂覆一层特殊的致密涂层作为多孔支撑材料而得到广泛应用。用高岭土、γ-氧化铝、钛、α-氧化铝和氧化锆等无机材料组合制备无机或陶瓷微滤和超滤膜。陶瓷膜厚度一般在 2～5mm 范围内,但根据膜的具体应用,它可以超过这个限制。在对称多孔支架上覆盖 10～100μm 的陶瓷涂层,制备陶瓷超滤膜。尽管陶瓷膜在高污染应用中预期比聚合物膜具有更长的寿命,但它们比聚合物膜更昂贵,这被认为是陶瓷膜应用中最显著的缺点。

根据膜的几何形状,超滤和微滤膜结构可分为扁平、管状、螺旋缠绕和中空纤维结构。平板膜之间的流道宽度为 0.5～2.5mm,管状膜内管的直径为 6～25mm。螺旋缠绕和中空纤维模块实现了单位体积的高膜表面积。空心光纤模块由于不需要密集的分离层而广泛应用于超滤/微滤应用,由平板膜制成的螺旋缠绕模块在工业中被广泛使用。

(4)微滤和超滤在废水处理中的应用

微滤和超滤是低压操作,大大减少了资本和运营支出。此外,这些都是低温速率控制的过程,并由膜上的压差驱动。也没有平衡状态,在膜操作过程中溶剂的相或状态没有变化。因此,膜分离技术在巨大的能源(蒸汽、电力等)和公用事业(运行冷凝器的冷却水）消耗方面优于传统的脱水工艺。微滤和超滤对空间的要求和复杂的传热、产热、产汽设备的要求都是最小的，这也减少了污水处理厂的热污染和负荷。

1）染料废水的处理

微滤和超滤膜可以在非常低的压力下去除胶体、颗粒和许多生物分子。微滤工艺在纺织废水处理中应用较少。微滤工艺的应用仅限于从耗尽的染料液中去除悬浮颗粒和胶体染料。通常采用微滤工艺和其他伴随工艺（如混凝/絮凝/NF）。与微滤工艺类似，超滤工艺在纺织染料废水处理中的应用也很少。这是因为大多数染料的分子量明显低于超滤膜的常规截留分子量。据报道，超滤膜可提供90%的吸附性，尽管有报道称疏水性超滤膜（如PES和PVDF膜）的吸附性更高。超滤工艺回收的水只能用于辅助工艺（如洗涤和漂洗），不能用于主要工艺（如纤维染色）。对于纺织品废水的处理，由于聚合物膜对化学品（如有机溶剂）的抗性低、溶液的酸性/腐蚀性和高温，通常不赞成使用聚合物膜。

2）乳制品加工废水的处理

膜分离技术作为一种节能、简便的技术被广泛应用于乳制品加工废水的处理。乳制品加工产生的废水所产生的废水主要由糖和蛋白质组成。据报道，废水中乳糖和乳清蛋白的含量高得惊人，这增加了COD和BOD的水平并造成污染。为了控制这种污染，在排放废水之前，通过膜分离去除乳糖并减少有机负荷。超滤膜几乎可以去除乳制品废水中的所有蛋白质、脂肪和一些不溶性化合物和矿物质，仅允许乳糖、可溶性盐和灰分含量通过。同样，微滤膜可以去除几乎所有的致病细菌种类和霉菌以及一定数量的卤化盐。对于乳清浓缩蛋白（WPC）的制备，通常使用超滤膜。这些膜允许将渗透物中的乳糖和矿物质与保留物中的乳清蛋白分离。乳清分离蛋白（WPI）的制备主要采用微滤法和超滤法，采用微滤工艺降低乳清蛋白中的脂肪含量，并采用超滤工艺进一步浓缩乳清蛋白。

3）含油废水的处理

含油废水是由食品、化学、制药、纺织、钢铁、皮革和石油化工等工业生产过程产生的。对于油水乳液，微滤主要用作分离TOC、COD、油脂和油的预处理，用于以下处理工艺：UF、NF和RO。一些商用聚合物如聚丙烯腈（PAN）、聚偏氟乙烯（PVDF）、聚偏氟乙烯（PSU）和聚氯乙烯（PVC）被广泛用于含油废水的处理。制备油水乳液用微滤最常用的膜材料有PVDF、PSU和CA。静电纺丝法广泛用于制备聚合物基微滤膜，具有孔隙率大（0.90%）、孔结构高度互联、结构稳定性好的特点。

对于石油和天然气工业产生的废水处理，聚合物超滤膜最常被用作独立或后分离工艺。微滤膜和超滤膜的除油效率分别为97%～99%（除油效率）和<1mg/L（含油量）。

4）重金属污染废水的处理

大量的重金属是由电镀、采矿、制革、纺织、造纸和电解工业产生的。这些重金属是不可生物降解的，具有致癌性，对所有生物都造成严重的健康问题。超滤是公认的分离重金属离子的有效方法。超滤膜制备过程中膜材料的选择是决定工艺效率的重要因素。制备超滤膜的膜材料的选择在很大程度上取决于待处理废水的特性。在重金属的去除中，微滤膜法的应用由于其去除能力有限而未引起广泛关注。

2.1.2 纳滤

纳滤是一种高级膜分离技术，所有压力驱动膜技术中，孔径在 0.5～2.0nm 范围内，分子量截留值在 200～1000g/mol 之间的 NF 已经吸引了越来越多的关注。由于表面官能团的解离或带电溶质的吸附，大多数纳滤膜带适度电荷（正电荷或负电荷）。纳滤膜的制备方法包括界面聚合、相转化、浸涂等。聚合物纳滤膜通常由于存在磺酸或羧酸基团等可电离基团而带电，导致在进料水溶液存在下表面带电，并在中等压力范围内工作。由于表面带电，在水环境中，纳滤具有良好的多价离子和小有机分子的保留能力，使其在水处理、化工、制药和食品工业中得到广泛应用。在工业上，纳滤工艺的一些用途是在纺织和染料工业中分离颜色、金属回收，在焦炭废水处理、纸浆造纸废水处理、石油和石油工业含油废水处理、矿山水硫酸脱除等方面也有应用。纺织工业一直是最受关注的行业，因为在染料生产和加工过程中会产生大量废水，这些废水含有毒化合物、重金属、盐和化学物质，并造成水污染。

由于其特殊的特性，纳滤可以精确地从不同的水组分中分离出离子和小有机分子。纳滤膜的选择性层通常是由聚合物链构成的三维网络，且其分离和过滤行为取决于孔径和表面电荷。由于膜的孔径和聚合物材料上的电荷的存在起着至关重要的作用，因此纳滤表面性质的微小变化会对其渗透性产生很大的影响。通过纳滤膜进行的运输现象分为以下两部分。

① 在电解质溶质分离的情况下，传质受到相互作用电解质的影响，膜表面和模型被称为固定带电模型和空间带电模型。在这种情况下，通过测定选择性来测量纳滤膜的性能，通常计算一种组分与另一种组分的渗透比。

② 对于非电解质组分通过纳滤膜的分离，在假设整个膜具有均匀的孔隙结构的情况下，运输模型在某些情况下是典型的位阻孔模型。少数情况下为溶液扩散模型，即溶质-溶剂在浓度差和压差引起的化学势的驱动下通过膜。

（1）纳滤原理

纳滤是一种基于膜分离原理的工艺，利用纳米级别的过滤膜来分离溶液中的不同组分。纳滤的原理主要包括：孔隙截留和电性截留两个方面。

① 孔隙截留。纳滤膜具有非常小的孔隙大小，通常在 1～10nm 之间，比逆渗透膜要大，比超滤膜要小。这种小孔隙可以阻挡一部分溶质和溶剂的通过，使溶液中的大分子、胶体、悬浮物等被截留在膜表面，而较小的分子、离子、溶质则能通过膜孔隙进入膜的另一侧。

② 电性截留。纳滤膜的表面通常带有一定的电荷，在众多溶质中，一些带有电荷的离子和分子会因为与膜表面的电荷相互作用而被截留，而不带电的溶质可以通过纳滤膜。纳滤可以根据膜孔径和截留效果的不同，实现对不同分子大小的分离和浓缩。因此，纳滤常被用于溶液的浓缩、分离等处理过程，广泛应用于食品、饮料、制药、环保

等领域。

（2）膜电荷对纳滤性能的影响

空间位阻和溶质-膜非静电相互作用是影响滤膜分离的主要因素。除此之外，膜表面电荷对性能也起着重要作用。对于带电分子，空间位阻和静电相互作用都对纳滤分离性能有重要作用。原则上，与溶液接触的膜通过以下机制获得电荷：离子从溶液中吸附、膜表面官能团解离、聚电解质和大分子吸附。离子与表面电荷的相互作用实际上是静电相互作用。在这一机制中，离子（即带膜表面电荷的同电荷分子）被膜排斥以维持电中性状态，同时，相当数量的反离子将被保留在膜表面，导致盐/其他离子积聚在膜表面（称为保留物）。NF 运输也受到流电位的影响，这与电渗透现象在原则上是相反的。当带相反电荷的离子被溶剂通过孔隙带走时，孔隙的两端就会产生电位差。

因此，为了解释纳滤膜的运输机制现象，扩散运输和对流运输都受到溶质分子量以及溶质与膜表面之间的静电斥力的影响。研究发现，在水介质中溶解的有机溶质的纳滤过程中，对流比扩散现象起主导作用，但如果由于空间位阻或其他物理障碍的存在阻碍了对流传输，则扩散的贡献比对流机制更重要。

（3）纳滤在废水处理中的应用

膜分离技术在化工、食品、制药、生物技术等行业中是许多传统分离纯化技术的替代方案。纳滤膜是近年来发展起来的一种膜分离技术，其性能介于反渗透和超滤之间。它允许大多数一价离子，如氯化钠、氯化钾通过渗透，而拒绝多价离子，如硫酸钙、硫酸镁等。这种令人兴奋的性能和灵活性为各种工艺应用提供了机会，包括纺织工业，印染工业，食品和化学品加工，造纸和生物技术应用。由于纳滤具有低能耗、减少处理步骤、提高分离效率和提高最终产品质量等特性，因此纳滤技术在分离和加工行业中非常受欢迎。

1）纺织工业含染料废水的处理

在全球范围内，纺织行业遵循共同的生产阶段，其中涉及长而复杂的链条，"染色"是这个链条的关键。纺织工业从纤维和服装加工的不同阶段释放出各种各样的污染物，如印花浆料、染色浴残留物、液体油漆和溶剂，这是一个环境问题。纺织工业中一般使用：天然染料（从植物或动物器官中提取）和合成染料（偶氮染料、非偶氮染料等）两种染料。偶氮染料用于提供颜色强度和色调变化。酸性染料通常用于丝绸、尼龙和羊毛服装材料。合成染料对水生生物和地下水的危害最大。化学处理，生物处理以及使用反渗透和纳滤的物理处理可用于含染料废水处理。纳滤技术能以 98％的回收率和最高效率进行染料的分离。

2）重金属工业废水的处理

各种工业排放的重金属废水不仅污染地下水，而且在食物链中集中，威胁着人类的健康。采矿和湿法冶金工业是重金属和酸性废水的主要产生者，除传统方法外，膜分离技术由于具有较高的分离性能和成本效益，近年来得到了探索和应用。如用中空纤维陶瓷（GO/PA-HFC）膜处理自来水和矿山废水中的重金属离子，发现具有高效率和高稳定性，表明 GO/PA-HFC 膜在重金属废水处理中具有很大的应用潜力。目前已经制作了一种带负电荷的纳滤膜，用于通过 IP 去除重金属。经过对 Zn^{2+}、Cu^{2+}、Ni^{2+} 和 Pb^{2+} 样品的多次实验，发现这种带电纳滤膜适用于废水中重金属的去除。另外，对含酸废水进行了研究，采用不同的滤膜 pH 值在 1～4 范围内预处理污水和污水污泥灰，在 pH 值为 1 的情况下，酸分离程度最低，这与酸解离程度低有关。

在过去的几十年里，世界范围内不断恶化的水质和日益严重的水危机已成为一个严重的问题。为了解决这一问题，纳滤在水净化、微咸水淡化和超纯水生产中开始流行，但纳滤膜的污染阻碍了它的长期商业应用。多年来，纳滤膜法一直应用于乳制品行业，在这一领域发挥着巨大的作用，通过降低工艺成本和开发新的工艺设计来帮助开发新的乳制品。因此，目前纳滤已成为许多过程和分离行业中流行的替代方法。

2.1.3 反渗透

尽管有各种工业化的膜基脱盐工艺，但反渗透（RO）工艺因其明显的优势而成为该领域的突出技术。正渗透（FO）作为一种替代方法也引起了许多研究者的极大兴趣。正渗透的工作原理基于抽取液（DS）和进料液（FS）之间的渗透压差，作为在没有外部液压的情况下跨膜转移水的驱动力。与反渗透不同的是，正渗透不需要施加液压，或者只需要非常低的压力（在压力辅助渗透的情况下）。因此，与其他压力驱动膜工艺相比，该工艺能耗低，膜污染倾向低。醋酸纤维素（CA）不对称膜的开发使反渗透技术发生了革命性的变化，迄今为止，其他不对称膜的应用也取得了重大进展。然而，正渗透膜的发展一直受到阻碍，许多研究都是为了开发正渗透膜，但都局限于实验室规模的制造方法。

（1）反渗透和正渗透的原理

1）反渗透原理

反渗透利用溶液的渗透压差来实现分离。在反渗透过程中，有两个液体相分隔在一起，一侧是高渗透压的浓溶液（称为进料液或原水），另一侧是低渗透压的纯净溶液（称为产水）。反渗透膜是一种半透膜，具有微孔或纳米孔，可以阻止溶质和大部分溶剂通过，但允许水分子通过。膜的孔径通常在 0.1～10nm 之间。在反渗透过程中，将待处理的水施加高压，使其通过反渗透膜。这个高压能够克服膜的阻力，使得水分子通过膜，而溶质和大部分溶剂被留在膜的一侧。通过反渗透膜的选择性，溶质、悬浮物、细菌、病毒等被拦截在膜的一侧，形成了浓缩液，而纯净的水分子则通过膜，形成所需的产水。浓缩液被称为废水，需要进行处理和排放。通过这种过程，反渗透技术可以实现水的净化和浓缩，适用于饮用水处理、海水淡化、工业废水处理等领域。

2）正渗透原理

正渗透利用溶液的渗透压差来实现分离。在正渗透过程中，有两个液体相分隔在一起，一侧是高渗透压的浓溶液（称为进料液），另一侧是低渗透压的纯净溶液（称为提取液）。由于浓溶液中存在较高的溶质浓度，其渗透压较高。在正渗透中，通过一种称为半渗透膜的膜分隔进料液和提取液。这种膜具有较大的孔径或多孔结构，可以允许溶剂（通常是水）通过，但可以阻止溶质和大分子物质的通过。由于进料液中的高渗透压，水分子会通过膜从低渗透压的提取液侧向高渗透压的进料液侧扩散。这个过程被称为渗透。在渗透过程中，溶质和大分子物质被阻止在进料液侧，而纯净的溶剂（水）会从提取液侧通过膜，形成所需的提取液。通过这种过程，正渗透技术可以实现水的分离和浓缩，适用于废水处理、海水淡化、食品加工和药品制造等领域。

（2）反渗透和正渗透在废水处理中的应用

反渗透技术常用于以下应用。

1）浓缩废水

反渗透可以通过排除水分，将废水中的溶解固体（如盐、重金属、有机物等）浓缩，从而减少废水的体积和处理成本。

2）淡化海水和盐水

反渗透可以将海水或盐水中的盐和其他杂质去除，生产出纯净的淡水。这对于缺水地区或海水养殖等领域来说具有重要意义。

3）回收和再利用废水

反渗透可以从工业废水或污水中回收和提取有价值的物质，如水溶性化合物、金属等。这有助于减少资源浪费和环境影响。

4）逆渗透除盐

反渗透被广泛应用于海水淡化，将海水转化为可用于灌溉、饮用水或工业用水的淡水。这对于水资源紧缺的地区具有重要意义。

5）沉淀物处理

反渗透可以通过去除废水中的悬浮物和微生物，减少沉淀物的积累和处理难度。

需要注意的是，反渗透技术在污水处理中虽然有许多优点，但也存在一些问题，如能耗高、膜污染、浓水处理等。因此，在实际应用中，需要综合考虑经济性、可行性和环境影响等因素。

正渗透技术可应用于以下方面。

1）浓缩废水

正渗透可以通过利用废水中的溶解固体和有机物，将溶剂从高浓度溶液中转移到低浓度溶液，从而实现废水的浓缩和减少废水量。

2）淡化污水

正渗透可以利用污水中的溶解物质浓度差，将溶剂从污水中转移至淡水，从而实现污水的淡化处理，得到可再利用的水资源。

3）萃取有价值物质

正渗透可以通过利用污水中的有机物、金属离子等，将溶剂从污水中转移至萃取剂溶液中，实现有价值物质的分离和回收。

4）水和能源回收

正渗透可以用于回收废水中的水分和能量。例如，将污水中的水分通过正渗透分离出来，供给灌溉或工业用水；将污水中的能量通过正渗透分离出来，用于发电或其他能量利用。

需要注意的是，正渗透技术在实际应用中仍面临一些挑战，如膜的选择和优化、溶剂的再生等。然而，正渗透作为一种新兴的污水处理技术，具有广阔的应用前景，并在可持续发展和资源回收方面具有潜力。

2.1.4　电渗析

电渗析技术是化学工程的一个重要分支，是 20 世纪中后期发展起来的一项新型化工分离技术。电渗析技术是利用阴、阳离子交换膜所具有的特殊选择透过性能，在电场力的作用下，将溶液中阴、阳离子从溶液中分离出来，实现含盐废水与化学品脱盐、提纯等。电渗析技术可以实现废水脱盐、浓缩或产品的精制、纯化等，是现代电化学技术和传统渗析扩散技术结合的产物。电渗析技术被广泛用于化工、食品、冶金、生物、环保，尤其是应用在化工行业"三废"处理过程中而备受重视，例如用于废盐资源化利用、重金属废水处理以及酸碱回收等。随着电渗析技术的不断发展，近年来出现了一种新型的分离技术——双极膜电渗析技术。该技术是由双极性离子交换膜双极膜和单极性的阴、阳离子交换膜组合使用的一种新技术，双极膜本身是由阴离子交换层、中间层和阳离子交换层构成，中间层可将水催化解离成 H^+ 和 OH^-。双极膜电渗析技术可以实现将废水中的盐分离去除，同时可将分离的盐转化成相应的酸和碱。因此，这种新型电渗析技术不但可以去除溶液中的盐，还可以将盐转化成可以利用的酸和碱，从而实现废盐的回收与资源化利用。开展基于电渗析技术在典型化学品分离纯化中的应用研究，可以拓展电渗析技术在化学工业中的应用范围和应用方式，有效提升化工产品品质，提高废盐资源化利用率，降低生产成本，实现绿色可持续发展。

（1）电渗析原理

电渗析的原理是在直流电场的作用下，依靠对水中离子有选择透过性的离子交换膜，使离子从一种溶液透过离子交换膜进入另一种溶液，以达到分离、提纯、浓缩、回收的目的。电渗析原理见图 2-3。

电渗析系统是由一系列阴、阳离子交换膜（分别简称阴膜和阳膜）交替排列于两电极之间，组成许多由膜隔开的小水室，膜间保持一定的距离。阴膜只允许阴离子通过，阳膜只允许阳离子通过。纯水不导电，而废水中溶解的盐类所形成的离子却是带电的，这些带电离子在直流电场作用下能作定向移动。以废水中的盐 NaCl 为例，当电流流经电渗析器时，在直流电场的作用下，Na^+ 透过阳膜和 Cl^- 透过阴膜离开中间隔室，而两端电极室中的离子却不能进入中间隔室，使中间隔室中 Na^+ 和 Cl^- 含量随着电流的通过而逐渐降低，最后达到要求的含量。在两边隔室中，由于离子的迁入，溶液浓度逐渐

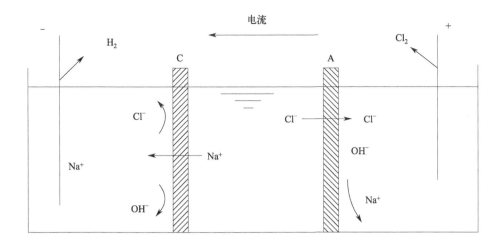

图 2-3 电渗析原理

升高而成为浓溶液。

电渗析离解产生的阴、阳离子分别向电场的正、负电极移动,在移动过程中与离子交换膜相遇。由于离子交换膜具有选择性,结果使离子浓度降低而成为淡水,与淡水室相邻的小室则因富集了大量离子而成为浓水室。从淡水室和浓水室分别得到淡水和浓水,原水中的离子得到了分离和浓缩,水便得到了净化。电极与膜之间的区域称为极室,极室中的离子与电极反应:阳极发生氧化反应,阴极发生还原反应。除了以上主要步骤以外,在电渗析器的运行过程中,同时发生着多种复杂过程:如水的电渗透、水的压渗、水的电离、反离子的迁移、电解质浓度差扩散等,而这些过程却对废水处理是不利的。

(2)电渗析在废水处理中的应用

与传统的蒸发浓缩技术方法相比,电渗析技术具有易操作、运行条件温和、装置自动化程度高等特点,是一种非常高效、环境友好的分离技术,被广泛应用于工业废水处理、饮用水净化、食品工业及化工品提纯等领域,并取得了较好的效果,具有显著的社会效益和经济效益。

1)在工业废水处理方面的应用

工业废水有氨氮、盐和重金属等含量比较高的特点,容易造成环境污染等危害。传统的处理方法如蒸发浓缩法、生物硝化与反硝化法和离子交换树脂法等,因其成本高、操作复杂和处理效果不理想等缺点不利于行业实现全面清洁生产、提高资源的综合利用率。电渗析技术在反应过程中不需要外加试剂,不产生废物污染,还能回收废水中的废盐等资源物质,实现资源的循环利用,因此是一种非常环保、高效的废水处理技术。

早在 20 世纪末就有国内外学者提出使用电渗析技术处理造纸行业中的废水,去除或回收其中的氯化物、金属和烧碱等。如图 2-4 所示为电渗析在某硫酸盐浆厂中溶解的静电除尘器的粉尘选择性脱氯中的应用。

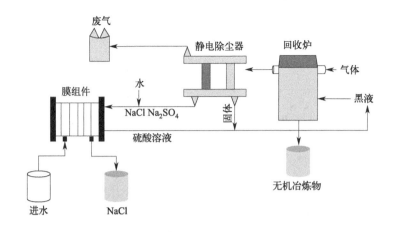

图 2-4 电渗析在静电除尘器的粉尘选择性脱氯中的应用

在硫酸盐生产过程中需要保持氯化钠的平衡,在静电除尘器粉尘中氯化钠需要被脱除,电渗析可以将氯化钠去除并维持系统平衡。近年来电渗析的脱氮研究也有较好的进展。目前处理低浓度氨氮工业废水的方法为生物硝化反硝化法,处理高浓度氨氮工业废水常用方法为吹脱法。

电渗析法处理氨氮废水,氨氮去除率可以达到 $90\%\sim95\%$,处理后的出水可以回用,回收得到的氨氮可以资源化再利用。对于高浓度氨氮废水,其对废水生化处理系统具有较大的冲击,生化系统容易失稳甚至是崩溃。以石墨和铁作为电渗析的阴极、阳极,将垃圾填埋场渗滤液中的氨氮富集,然后使用化学沉淀的方法去除,处理效果良好。

在化工生产、垃圾填埋场等会产生大量的高浓度含盐废水,且该类含盐废水含有机物等,成分相对复杂,如果不经处理而随意排放,将造成严重的水污染和土壤污染等环境问题。与传统的蒸发结晶、生化处理等技术相比,电渗析技术具有能耗低、效率高、污染小等优点。将电渗析技术运用到水质复杂、含盐量高的脱硫废水的处理中,用电渗析与反渗透联合处理脱硫废水,可以实现脱硫废水的回收利用,浓水循环回流用电渗析继续脱盐,废水总的回收率达到 76% 以上。

电镀工业废水常含有高含量的重金属,如果这些重金属不加以处理就排放,容易造成环境污染,潜在危害非常大。传统的电镀废水处理方法是絮凝沉淀后过滤,但是其水循环率低、金属回收率低、污染严重,使电镀废水处理行业聚焦于回收效率高、更加符合环保理念的电渗析技术。制药废水具有成分复杂、盐含量高和难以生化降解等特点,经过二次处理后仍有少量的悬浮固体和有机物残留,传统的物理化学方法难以处理且处理成本极高,这成为制药废水深度处理的难点。传统的生化处理工艺对盐分的处理效果不明显,如果在处理工艺后端耦合电渗析处理技术,就可以达到高效去除制药废水中无机盐的效果。

工业中有色金属的冶炼、核设施的运行常常会使废水中含有放射性物质,放射性物质不仅会危害人类身体健康,还会影响农作物的生长。传统的废水处理一般为过滤、蒸发、离子交换等工艺，但是这类方法往往需要进行多级处理才能净化其中的放射性物质，达到废水排放标准。近年来，随着膜技术的发展，电渗析技术已经成为放射性废水净化的重要替代方法。如利用电渗析法去除合成放射性废水中的铀，1000mg/L 含铀合成废水的去除率可达 98.3%。将电渗析技术与离子交换技术结合在一起则可以去除特定的放射性元素。运用连续电去离子技术去除核电厂含钴低浓度放射性废水，去除率可高达 99%，而在连续电离的过程中，铯的去除效率要高于钴。另外，电渗析技术回收废水中的 3-氯丙烯醇等物质，以及电渗析与其他技术联用处理工业废水也备受关注。

2）在饮用水净化方面的应用

传统的海水淡化技术，如蒸馏和反渗透，非常适合大规模供应淡水。然而，这些技术相关的基础设施较昂贵，并且运营和维护费较高，限制了其在偏远或欠发达地区的应用。电渗析效率高，而且比传统海水淡化需要更低的能源和成本，因而电渗析最初多应用于海水淡化以及咸水脱盐。在全球范围内，电渗析已为数百万人提供淡水。

电渗析脱盐工艺的设计和操作是基于膜堆构型、进料浓度等固定与可变的参数，这些参数是相互关联的，对于不同的应用过程可能会有很大的不同。为了提高电渗析淡化装置的运行效率，将电渗析部件性能和操作参数优化，对用于微咸水脱盐的电渗析装置进行了设计和优化，在尽可能高的极限电流密度下，利用电渗析脱盐咸水的成本是最低的。通过将电渗析应用 RO 装置排出的盐水浓缩，RO 装置处理微咸海水，实验结果表明，电渗析可以将盐浓度从 0.2%~2% 提高到 12%~20%，能耗为 1.0~7.0kWh/m³，从而减少污水量和处理成本。电渗析系统的设计和材料的选择尚未得到优化，仍然有大量的机会进一步降低电渗析脱盐的成本。由于电渗析过程不需要相变，无需添加化学物质，只产生淡化水和浓缩水，因此，电渗析能够确保环境免受污染，并可以减少化石燃料和化学洗涤剂的使用。

我国东部环渤海地区地下水苦咸或含氟高，农村饮用水质不达标。为了提高饮用水水质，通过电渗析技术对苦咸水进行淡化，进行除盐、降氟，从源头提升水资源质量、提高人们的生活饮用水标准。通过电渗析与反渗透技术在农村供水中进行除盐、降氟应用，比较了电渗析与反渗透技术设备的水质处理效果，经过电渗析处理后供水的盐和氟等指标均符合饮用水水质要求。为解决饮水困难，将电渗析技术应用于饮水的处理中，检测电渗析处理前后地下水的水质指标，得出处理后的水质有较大改善。电渗析技术对水中的氟去除效果最好。但是由于电渗析能耗较高、处理规模不大，且不能有效去除饮用水中细菌和有机物等有害物质，使得电渗析技术在饮用水净化领域的应用受到一定阻碍。

2.2 高级氧化法

高级氧化法（advanced oxidation processes，AOPs）是一种利用高级氧化剂产生高活性氧自由基，对有机物进行氧化降解的技术。高级氧化剂包括臭氧、过氧化氢、紫外光、超声波等。在高级氧化法中，高活性氧自由基能够与有机物分子发生氧化反应，使有机物分子断裂、降解为低分子的无机物或更容易生物降解的有机物。这种技术可以有效降解水中的有机污染物，如有机溶剂、农药、药物残留等。高级氧化法具有高效、无二次污染、适用范围广等优点，可以用于水处理、废水处理、大气污染控制等领域。在实际应用中，高级氧化法常与其他技术结合使用，以提高处理效果。总的来说，高级氧化法是一种重要的水处理技术，可以有效降解有机污染物，减少环境污染。随着技术的不断进步和发展，高级氧化法在环境保护和污染治理中的应用前景广阔。

2.2.1 Fenton 氧化法

废水的常规处理方法有生物法、吸附法、化学法、过滤法、絮凝法、活性炭法和离子交换树脂法。人们注意到不能进行生物处理的污染物也可能具有化学稳定性高或很难完全矿化的特点。在这种情况下，首选氧化法来降解废水中存在的这种生物难降解物质。污染负荷、工艺限制和操作条件是为特定化合物的降解选择最合适的氧化工艺时要考虑的关键因素。另外，氧化工艺还需要特定的操作条件来降解目标化合物，这将增加工艺的运行成本。

氧化法范围包括有机污染物的降解和矿化，以有效地处理废水，将目标分子转化为其最高稳定的氧化状态，即水、二氧化碳和氧化的无机阴离子，或转化为更容易降解的分子，可以生物去除。高级氧化工艺被认为是废水处理过程中降解难降解有机化合物的一种强有力的替代技术。

一般来说，高级氧化法是指在光、催化剂（如 Fe^{2+}、Fe^{3+} 和 TiO_2）、超声波或热输入的帮助下，臭氧和 H_2O_2 作为氧化剂产生羟基自由基（·OH）的一组过程，并有 Fenton（H_2O_2/Fe^{2+}）、photo-Fenton（$H_2O_2/UV/Fe^{2+}$）、过氧化结合紫外光（H_2O_2/UV）、过氧酮（O_3/H_2O_2）、过氧酮结合紫外光（$O_3/H_2O_2/UV$）、O_3/UV 体系、$O_3/TiO_2/H_2O_2$、$O_3/TiO_2/$电子束照射等几种组合。与直接氧化相比，高级氧化法通常需要更少的能量。常规高级氧化法的分类是基于产生羟基自由基的来源。

几种高级氧化法已被确定并用于废水处理，Fenton 和 photo-Fenton 工艺已被证明是最强大、有效、节能、经济且不太烦琐的处理顽固性化合物的方法，当单独使用或与传统和生物方法结合使用时，这些过程不需要复杂的设备或昂贵的试剂，而且由于它们的方法相对简单，使用的危险化学品较少，并且本质上是循环的，需要的化学品浓度较低，因此在生态上是可行的。

Fenton 工艺是一种常用的水处理技术，用于去除水中的有机污染物和毒性物质。该工艺基于 Fenton 反应，即过氧化氢和铁离子之间的反应。在 Fenton 反应中，过氧化氢与铁离子反应产生氢氧自由基，这些自由基具有很强的氧化能力，可以分解有机污染物和毒性物质。Fenton 反应最早由 H. J. Fenton 报道，描述为在酸性条件下使用铁作为催化剂时 H_2O_2 氧化电位的增强。Fenton 反应过程中涉及的反应有：

$$Fe^{2+} + H_2O_2 \longrightarrow Fe^{3+} + \cdot OH + OH^- \tag{2-3}$$

$$\cdot OH + H_2O_2 \longrightarrow HO_2 \cdot + H_2O \tag{2-4}$$

$$Fe^{2+} + \cdot OH \longrightarrow Fe^{3+} + OH^- \tag{2-5}$$

$$Fe^{3+} + HO_2 \cdot \longrightarrow Fe^{2+} + O_2 + H^+ \tag{2-6}$$

$$\cdot OH + \cdot OH \longrightarrow H_2O_2 \tag{2-7}$$

$$有机污染物 + \cdot OH \longrightarrow 降解物 \tag{2-8}$$

类 Fenton 反应是指在低氧化状态下使用其他金属，如钴和铜的反应：

$$Cu^+ + H_2O_2 \longrightarrow Cu^{2+} + \cdot OH + OH^- \tag{2-9}$$

Fenton 工艺具有高效、低成本和易操作等优点，因此被广泛应用于水处理领域。它可以用于处理废水、饮用水和工业废水等不同类型的水，可以有效去除有机污染物、重金属和毒性物质。此外，Fenton 工艺还可以与其他水处理技术结合使用，提高水处理效果。如将 Fenton 法与生物处理法结合除去化工厂废水中含有的高浓度有机污染物，首先，对废水进行预处理，去除废水中的悬浮物和颗粒物，将经过预处理的废水进行 Fenton 法处理。经过 Fenton 法处理后的废水中可能还存在一些难以降解的有机污染物。为了进一步去除这些残留的有机污染物，可以使用吸附材料进行处理。常用的吸附材料包括活性炭、吸附树脂等，它们可以有效地吸附有机污染物，使其从废水中被去除。经过 Fenton 法和吸附处理后的废水可能还存在一些微量的有机污染物，此时采用生物处理方法彻底去除这些有机污染物。通过将 Fenton 法与生物处理法相结合，废水中的有机污染物可以得到有效去除，达到废水排放标准。

但传统 Fenton 氧化法存在运行成本高、催化剂回收困难等缺点。对此，有研究通过重复利用混凝预处理残留的 Fe^{3+}，对木薯淀粉加工废水进行 Fenton 氧化处理。结果表明，经处理后，废水浊度降低至 37.3NTU，相较于处理前浊度降低了 68%。该方法对食品工业废水中的悬浮物去除效果良好，并且反应过程中不需补充铁元素，有效降低了运行成本。

photo-Fenton 工艺中过氧化氢和紫外线辐射与 Fe^{2+} 或 Fe^{3+} 的结合产生更多的羟基自由基，增加了有机污染物的降解速度。这样的过程被称为 photo-Fenton 过程。Fenton 反应在系统中积累了 Fe^{3+}，一旦所有 Fe^{2+} 被消耗，反应就不再进行。铁离子光还原亚铁离子的光化学再生发生在 photo-Fenton 反应中。新生成的亚铁离子再次与 H_2O_2 反应生成羟基自由基和铁离子，如此循环往复：

$$Fe^{3+} + H_2O + h\gamma \longrightarrow Fe^{2+} + \cdot OH + H^+ \tag{2-10}$$

$$Fe^{3+} + H_2O_2 + h\gamma \longrightarrow Fe^{2+} + HO_2 \cdot + H^+ \tag{2-11}$$

当 pH 值为 3.0 时，羟基-Fe^{3+} 复合物更易于溶解，$Fe(OH)_2^+$ 更具有光活性，photo-Fenton 工艺具有更好的性能。据报道，photo-Fenton 法比 Fenton 法更有效。在某些情况下，使用阳光代替紫外线照射也降低了成本，然而，这降低了污染物的降解率。据报道，酸性条件（pH 值约为 3）对 photo-Fenton 是有利的，这可能主要是由于碳酸盐和碳酸氢盐转化为碳酸，而碳酸与羟基自由基的反应性较低。有研究采用 photo-

Fenton 工艺从合成溶液和软饮料废水中去除十二烷基硫酸钠，在 30min 内以 71% 的效率从实际样品中去除这种表面活性剂。

羧酸是在 photo-Fenton 反应中有机污染物降解过程中形成的，这些羧酸与铁形成配合物，建立了一个模拟铁氧化还原循环和羟基自由基生成的动力学模型，以了解柠檬酸、甲酸、丙二酸和草酸等的作用。结果表明，柠檬酸和草酸对铁氧化还原循环和 photo-Fenton 反应的降解速率有促进作用，而甲酸和丙二酸对铁氧化还原循环的降解速率影响不大，甚至有不利影响。羧酸对类 Fenton 反应的影响不显著。photo-Fenton 反应的这些结果归因于 Fe^{3+}-羧酸配合物对紫外光吸收的变化。

photo-Fenton 氧化法能显著提高污染物的处理效率，使得其在处理难生物降解或一般化学氧化难以奏效的废水时，体现出了其他方法无可比拟的优势。该方法利用光化学反应降解污染物，主要分为均相催化和非均相催化两种类型。鉴于存在的对光的利用率较低、会造成二次污染、运行成本高等缺点，研究人员不断对该技术进行改进。目前该领域的研究方向主要如下。

（1）在均相 photo-Fenton 体系中引入其他物质

均相光催化降解中常见的是以 Fe^{2+} 或 Fe^{3+} 及 H_2O_2 为介质，通过 photo-Fenton 反应产生羟基自由基使污染物得到降解。均相光催化氧化主要是指 UV/Fenton 试剂法，此外也可以引用太阳光、室内自然光等可见光。在 photo-Fenton 法中引入光化学活性较高的物质（如含 Fe^{3+} 的草酸铁盐和柠檬酸盐络合物）可有效提高紫外光和可见光的利用效率。而草酸铁络合物因含 Fe^{3+}，所以具有其他络合物所不具备的光谱特性，可在较宽的波长范围内吸收光，发展优势更明显。该方法的提出是源于有机物在被氧化的过程中，产生的中间产物草酸和铁离子混合后，会形成具有很高光化学活性和稳定性的草酸铁络合物 $Fe(C_2O_4)^+$、$Fe(C_2H_4)_3^{3-}$。其中以 $Fe(C_2H_4)_3^{3-}$ 的光化学活性最强，在水处理中发挥主要作用：

$$Fe(C_2H_4)_3^{3-} + h\gamma \longrightarrow Fe^{2+} + 2C_2O_4^{2-} + C_2O_4^- \cdot \qquad (2\text{-}12)$$

$$C_2O_4^- \cdot \longrightarrow CO_2^- \cdot + CO_2 \qquad (2\text{-}13)$$

$$CO_2^- \cdot + Fe(C_2H_4)_3^{3-} \longrightarrow Fe^{2+} + CO_2 + 3C_2O_4^- \cdot \qquad (2\text{-}14)$$

光还原生成的 Fe^{2+} 与 H_2O_2 发生 Fenton 反应，每一个亚铁离子对应生成一个 $OH \cdot$：

$$Fe^{2+} + H_2O_2 + 3C_2O_4^{2-} \longrightarrow Fe(C_2H_4)_3^{3-} + OH^- + OH \cdot \qquad (2\text{-}15)$$

在紫外光的照射下，这些络合物易发生光降解，总反应式可列为：

$$2[Fe(C_2O_4)_n]^{(3-2n)} \longrightarrow 2Fe^{2+} (2n-1)(C_2O_4)^{2-} + 2CO_2$$

$$(2\text{-}16)$$

在 photo-Fenton 反应体系中加入草酸形成 $UV\text{-}Vis/H_2O_2$/草酸铁络合物，可更有效地利用人工灯源输出的紫外光和可见光，大大节省了能耗，降低了处理成本。

（2）研究非均相 photo-Fenton 氧化体系中的催化剂和载体

能催化过氧化氢分解生成羟基自由基的催化剂种类很多，不同催化剂存在条件下过氧化氢分解速率、对难降解有机物的氧化效果不同。$FeSO_4 \cdot 7H_2O$ 是催化 H_2O_2 分解生成 OH· 最常用的催化剂。目前研究已证实，对于 photo-Fenton 体系，除了 Fe^{2+}（Fe^{3+}、铁粉、铁屑）以外，Mn^{2+}、Ag^+、Cu^{2+}、Al_2O_3、稀土等金属离子和氧化物都具有一定的催化能力；某些催化剂根据废水水质不同，按不同比例与铁离子复配投加，还会产生协同催化作用。此外，由于 photo-Fenton 体系中光的引用，光敏催化剂、复合催化剂的研制都得到了广泛关注。

为了解决均相 photo-Fenton 体系中金属离子催化剂容易流失、处理后由于铁离子原因导致色度增加等问题，近年来一些学者还对非均相 Fenton 光催化氧化技术进行了研究，目的是寻找合适载体，对铁离子或催化剂进行固定，然后制成装有固态催化剂的反应器，形成非均相 photo-Fenton 反应体系。该作用的原理是使污染物、氧化剂扩散到催化剂表面的活性中心并被非均相催化剂吸附，在催化剂表面发生催化氧化反应，最后产物再从催化表面脱附返回到溶剂主体。

1）催化剂 $Ce\text{-}Fe/Al_2O_3$

采用以 $Ce\text{-}Fe/Al_2O_3$ 为催化剂的非均相光 Fenton 体系降解阳离子红 GTL，结果表明：在功率为 11W 的低压汞灯照射下，非均相光 Fenton 体系能够有效地降解结构稳定的阳离子红 GTL；在 pH＝6.0、反应温度为 20℃、时间为 90min、$Ce\text{-}Fe/Al_2O_3$ 催化剂用量为 2g/L 和 H_2O_2 质量浓度为 0.34g/L 的条件下，含 50mg/L 阳离子红 GTL 模拟废水总有机碳 TOC 去除率可以达到 92.40%；同时证明了铈的引入可以使得 Fe/Al_2O_3 复合催化剂的活性组分分散均匀，增强体系对光的吸收能力，降低铁的溶出量，使得催化活性和稳定性大大提高。

2）半导体催化剂 TiO_2

半导体光催化氧化会比单纯的光氧化速率高得多。ZnO、Fe_2O_3、TiO_2 和 CdS 是 4 种最常见的半导体催化剂。TiO_2 因其化学稳定性高、耐光腐蚀、对人体无毒、价廉易得，所以目前在半导体的光催化研究中最为活跃。将 UV/TiO_2 与 Fenton 试剂耦合，Fenton 试剂中的 H_2O_2 在紫外线照射下产生大量的羟基自由基，TiO_2 被激发并产生电子-空穴，吸附在 TiO_2 表面的溶解氧、水分子等与电子-空穴作用产生氧化性极强的羟基自由基，促进了 TiO_2 表面的羟基化，加快了自由基的链引发，从而提高了反应速率。

采用紫外/TiO_2/Fenton 法处理垃圾渗滤液，研究结果表明，使用 UV/Fenton 法时 COD 的去除率和脱色率分别为 83.1% 和 80.3%；而采用 UV/TiO_2/Fenton 法时，COD 的去除率和脱色率提高到 90.8% 和 91.5%，pH 值的适用范围变宽，反应速率也变快，缩短了反应趋于稳定的时间。采用 UV/Fenton/TiO_2 法处理含酚废水，并与单独使用 Fenton 试剂和 UV/TiO_2 处理情况作对比，结果表明：用 UV/Fenton/TiO_2 处理含酚废水，COD 去除率大于 95%，氨氮去除率大于 90%，且废水色度由原来的深黄色变为无色，而直接用 Fenton 法处理后含酚废水的颜色基本没有发生变化，分析认为这与 TiO_2 优越的吸附性能有关。

3）分子筛复合催化剂

浙江大学生物工程研究所制备了非均相 Fe-Cu-Mn-Y 型分子筛复合催化剂，在紫外光照射下催化氧化处理苯酚废水和染料废水，当 $n(Fe^{2+}):n(Cu^{2+}):n(Mn^{2+})=2:3:1$ 时，得到了很好的处理效果。认为此种比例时 3 种金属之间复杂的协同作用最佳，使得该复合催化剂的催化性能优于 Fe-Y 型分子筛催化剂。

4）有机载体

在对非均相 photo-Fenton 体系的研究中，有机载体离子交换 Nafion 膜的研究和发展将对处理印染废水有着重要的意义。有研究采用由 Nafion 和玻璃纤维制得的复合材料降解含有机污染物橙黄Ⅱ的印染废水。结果表明：pH 值范围拓宽到了 9，而采用 Fe-组氨酸/Nafion 体系，橙黄Ⅱ降解率可以达到 96%，而且催化剂反复多次使用后催化效果仍很好。对离子交换树脂作为载体的研究也取得了一些成果，发现有别于传统 Fenton 反应的机理，反应过程中极大地提高了过氧化氢的利用率。也有研究寻求用其他的高分子有机物作为载体来固定催化剂。

5）无机载体

无机载体中硅石纤维和碳纤维因其具备比表面积高和吸附性好的特点，也被作为催化剂的载体，并且取得了一定的应用效果。有研究选择 $H_5FeW_{12}O_{40}\cdot10H_2O$，负载在硅石纤维上用于降解橙黄Ⅱ。结果表明：在模拟太阳光的照射下，pH 值为 3.3 时反应 75min 后，橙黄Ⅱ的降解率为 86%，并且在 pH 值为 5.86 时依然保持很高的降解率，而且在反应过程中没有检测到铁离子的溶出，说明该载体起到了很好的固定铁离子的作用。

（3） photo-Fenton 氧化技术和其他技术的联用

photo-Fenton 技术结合了光催化和化学氧化的优点，在投加量足够多的情况下，可使有机污染物几乎完全矿化。但是对于组成复杂、含有机物浓度较高的实际废水，若采用单一的 photo-Fenton 氧化法处理则需要较长时间，而且由于反应过程需要的药剂和催化剂价格较高，长时间光照对能量的消耗增加了处理成本，限制了该技术的工程化应用。因此，将 photo-Fenton 技术和其他技术联用的方法来对废水进行处理。目前，研究方向主要集中在两方面：将 photo-Fenton 技术作为预处理，与生化技术组合联用以净化废水，如 photo-Fenton 技术和化学絮凝方法联用、photo-Fenton 技术和膜生物反应器技术连用，以及将 photo-Fenton 技术作为后续的深度处理方法，使出水水质达标。

1）作为预处理技术

① 与生化技术联用。普通物化法及生化法对活性红染色废水的脱色及 COD 去除效果都比较差，而高级氧化技术与生化法的组合处理可以达到良好的效果。由 UV/Fenton 氧化机理可知，Fenton 反应的初始阶段主要破坏大分子，特别是对高分子或芳香族类化合物的开环和断链有很好的效果，将大分子转化为可生化降解的低分子脂肪烃化合

物，提高了废水的可生化性。采用光助 Fenton 氧化-生化组合处理活性红印染废水的试验表明，通过光助 Fenton 氧化预处理，废水的可生化性由原水的 0.15 左右提高到 0.4～0.5 之间。原水 COD_{Cr} 为 1000mg/L、色度 800 倍左右的活性红印染废水，在过氧化氢分别为 $1/2Q$th（Qth 为过氧化氢的理论投加量）和 $1/4Q$th 的条件下，总的 COD_{Cr} 去除率平均达到 87.1% 和 78.1%，显著优于单独使用生化技术处理的效果。

② 与化学絮凝方法联用。photo-Fenton 技术可以提高废水的可生化性，在氧化过程中可以使大分子物质变为小分子，同时也能使一些小分子物质发生聚合，特别是一些有机物可以与加入的催化氧化剂作用生成聚合物，所以经过 photo-Fenton 氧化处理后的中间产物很容易通过絮凝沉淀去除，即 photo-Fenton 反应和化学絮凝法存在着一定的协同作用。采用太阳光 Fenton 氧化-混凝技术处理含酚废水的实验表明：太阳光 Fenton 体系可有效地降解含酚废水，但废水完全矿化所需的 H_2O_2 用量较大（＞2800mg/L），导致处理成本较高；而采用太阳光 Fenton-混凝技术处理中等浓度的煤气含酚废水只需投加 700mg/L 的 H_2O_2，可节约 H_2O_2 用量 3 倍以上，出水 COD 和挥发酚浓度可以达到国家二级排放标准。有研究利用 UV/Fenton 氧化与生化组合技术处理磺化泥浆体系钻井废水，结果显示该组合技术对钻井废水有较好的处理效果，在预氧化阶段投加 $0.6Q$th 和 $1.0Q$th 的 H_2O_2，COD 总去除率分别为 82.5% 和 87.3%，出水 COD 分别可达到二级和一级排放标准。可见，与单独 UV/Fenton 氧化法相比，既节省了双氧水的投加量又提高了处理效率。

③ 与膜生物反应器（MBR）工艺联用。MBR 工艺技术是一种新型的污水处理技术，是废水生物处理技术和膜技术的有机结合，以膜单元取代了传统工艺中的二次沉淀池，生化池混合液通过膜进行固液分离从而得到高标准的出水。目前尚未有关于 photo-Fenton 氧化技术和 MBR 工艺组合进行废水处理的研究。有研究了采用 Fenton 试剂-MBR 工艺处理环氧增塑剂化工废水，结果表明：经过 Fenton 试剂的预处理之后，COD 的去除率达到 50%，再采用 MBR 工艺进一步处理，取得了较好的效果。组合工艺最佳运行参数为 Fenton 试剂中 Fe^{2+} 投加量为 1.1g/L，反应时间为 3h，MBR 的 HRT 为 30h，MLSS 控制在 7000～8000mg/L，COD 去除率达到 90% 以上。

2）作为深度处理技术

Fenton 试剂或 photo-Fenton 法是高级氧化技术，单独使用时处理成本较高，所以工程应用中多采用和其他技术联合使用。除了用于预处理阶段去除部分 COD 和提高废水的可生化性外，也多用于废水的深度处理，氧化降解常规工艺难处理的物质，使出水水质达标。有研究采用 Fenton 试剂和 UV-Fenton 试剂深度处理垃圾渗滤液，结果表明：原水经氧化技术处理后出水 COD 250～350mg/L，色度 150～250 倍，没有达到污水排放标准；后续采用 UV-Fenton 技术处理，在 H_2O_2 量相当于 COD 耗氧值的 1.5 倍（即 H_2O_2 为 0.96g/L）、pH 值为 3、$FeSO_4 \cdot 7H_2O$ 的量为 100mg/L、反应时间为 120min 的最佳工艺条件下，COD 和色度的去除率分别达 71.5% 和 96%，比仅采用 Fenton 法提高了 13%。

（4） Fenton 氧化法在废水处理中的应用

1）处理含砷废水

在钨冶炼过程中会产生大量的废水，一些钨矿废水中含大量的重金属砷。例如在仲钨酸铵（ATP）生产中，不仅产生氨氮废水，废水中还含大量重金属砷，主要以亚砷酸根（AsO_3^{3-}）、砷酸根（AsO_4^{3-}）形式存在，其浓度多数超过《污水综合排放标准》（GB 8978—1996）规定的排放浓度。含砷废水的毒性很大，其中三价砷的溶解性、流动性和毒性远大于五价砷，所以使用传统除砷技术时，三价砷去除率远低于五价砷。因此在含砷废水处理技术中，也有文献指出采用 Fenton 氧化技术先将三价砷氧化成五价砷，再利用混凝沉淀的作用去除。

近几年 Fenton 试剂在饮用水除砷方面应用研究越来越广泛，如采用 Fenton 试剂和砂滤联合技术去除饮用水中的砷，砷的去除率比常规除砷法要高。采用 Fenton 试剂和砂滤联用来处理饮用水中的砷，主要是先利用 Fenton 试剂的强氧化性将三价砷进行氧化，再利用其絮凝作用进而在砂滤池中沉淀。配制浓度分别为 $100\mu g/L$、$500\mu g/L$、$1000\mu g/L$、$2000\mu g/L$ 和 $3000\mu g/L$ 的含砷水，用 Fenton 试剂氧化后再沉淀 0.5h，砷的去除率在 98% 左右，处理后的砷浓度低于世界卫生组织规定的 $10\mu g/L$。

还有研究用 Fenton 试剂法对含砷废水进行处理，发现亚铁离子的用量决定了砷的去除率，这是由于双配位基 FeO（OH）产生的作用。采用 Fenton 试剂氧化工艺，用亚铁/H_2O_2（Fenton 试剂）氧化-絮凝耦合工艺处理含砷废水将三价砷氧化为五价砷，同时 Fe^{2+} 自身被氧化为 Fe^{3+}，Fe^{3+} 的絮凝性能更好，氧化与絮凝之间形成耦合，从而高效去除水中三价砷。试验以三价砷含量为 5.0mg/L 的模拟废水为处理对象，对比 Fenton 氧化-絮凝耦合处理三价砷和单絮凝的效果。结果表明，单絮凝对总砷的去除率只有 60% 左右，而 Fenton 氧化-絮凝耦合对总砷的去除率可达 99.3%。氧化-絮凝耦合产生的絮体粒度约为单絮凝的 3 倍，明显增强絮凝沉降性能。

采用亚铁/H_2O_2（Fenton）及三价铁/H_2O_2（类 Fenton）氧化-絮凝法去除水中三价砷，试验结果表明，Fenton 氧化-絮凝对三价砷的去除率比非 Fenton 法的去除率高很多，可以达到 96% 以上。对两种氧化-絮凝除三价砷过程的开路电位-时间曲线以及所形成絮体的红外光谱进行分析，结果表明，在 Fenton 氧化-絮凝过程中，三价砷能有效地被氧化为五价砷，且氧化与絮凝之间形成耦合作用。

2）处理垃圾渗滤液中的氨氮

由于垃圾渗滤液具有高浓度、成分复杂的性质，极难处理，而且会对周围环境造成严重的影响。垃圾渗滤液中的氨氮浓度很高，一般在 $500\sim5000mg/L$，其在厌氧垃圾填埋场内不会被去除，是渗滤液中长期性的最主要无机污染物。渗滤液中的高氨氮是导致水体富营养化的罪魁祸首。当含高浓度氨氮的渗滤液进入江河、湖泊、海湾时，氨氮会大量富集，从而引起藻类及其他微生物大量生长，造成水体富营养化，使水质变差。

目前采用 Fenton 试剂法处理垃圾渗滤液中的氨氮的试验研究相当广泛。如采用

Fenton 试剂和化学沉淀法联合处理法对垃圾渗滤液中氨氮进行研究，通过对垃圾渗滤液进行 Fenton 试剂氧化和化学沉淀试验，确定最佳氧化条件：在室温下，调节 pH 值为 4，Fe^{2+} 用量为 200mg/L，H_2O_2 用量为 8g/L，氧化时间为 3h。沉淀剂的最佳用量为 Mg^{2+}、NH_4^+ 和 PO_4^{3-} 的量之比为 1∶1∶1。结果表明，经过氧化和沉淀两步处理，垃圾渗滤液的 NH^{4+}-N 由 1754mg/L 降至 34.2mg/L，化学沉淀法处理后的沉淀可作为堆肥、花园土壤或干污泥添加剂，避免了沉泥的二次污染。采用 Fenton 试剂和絮凝联用来处理垃圾渗滤液，得出在最佳的 Fenton 氧化混凝条件下，最终对浊度的去除率达到 82%，COD 由 1362mg/L 降至 263mg/L，去除率达到了 80.7%，氨氮由 413mg/L 降至 181.8mg/L，去除率达到了 55.9%。

3）处理含重金属离子的矿山废水

当含重金属的废水排入地下时，不仅污染地下水资源而且也会造成土壤的污染，加之重金属离子具有迁移转化的功能，会从土壤中转移到农作物，最终对人类造成危害。针对铜矿矿山酸性废水与选矿废水所形成的混合废水，由于该废水的 pH 值较低及重金属离子浓度较高的特点，有研究利用 Fenton 氧化-电石乳中和-絮凝联合工艺处理酸碱混合废水。试验表明，联合工艺对废水中的重金属有着较高的去除率，当双氧水、电石乳及 PAM 投加量分别为 340mg/L、12g/L 以及 2mg/L 时，废水经处理后，重金属 Zn^{2+}、Cu^{2+} 无检出，总铁＜0.1mg/L、总锰＜0.1mg/L，出水达到国家《污水综合排放标准》（GB 8978—1996）一级排放标准。采用 Fenton 处理含镍废水，在最佳处理条件下，镍的去除率大于 92%。

4）处理含金属络合废水

凡是由两个或两个以上能给予弧对电子的配位体（离子或分子）与具有适当空轨道的中央离子（或原子）结合而成的复杂离子叫配合物离子，配合物离子与带有异电荷的离子组成的化合物叫配合物，通常把配合物离子也称为配合物。随着电镀行业的快速发展，大量配位体的使用，使得排放的废水中含大量的重金属，不仅废水排放量增大，而且由于配位体的种类也在不断增加，使得废水成分变得也越来越复杂，难以处理。配合物重金属废水中含有的污染物不可生物降解，具有很强的毒性，可通过食物链在生物体内的累积而致癌，相比游离态的重金属离子，配合物态的重金属会与酒石酸、柠檬酸、NH_3、EDTA 等物质形成稳定的配合物，因此去除难度更大，采用传统的加碱中和沉淀法难以达到《污水综合排放标准》（GB 8978—1996）中的排放标准。

a. 采用铁粉还原-Fenton 氧化联合工艺处理含络合铜废水。废水中铜离子质量浓度为 50mg/L，调节 pH 值为 3，加入过量的铁粉，反应 0.5h，再加碱调节 pH 值为 9 进行沉淀处理，处理后铜离子的去除率接近 100%，最终出水达到《电镀污染物排放标准》（GB 21900—2008）要求。反应机理可能为加入铁粉生成的新生态 Fe^{2+} 比直接加 Fe^{2+} 对 H_2O_2 催化更强。在电镀行业产生的废水主要是含铜配合物废水，铜配合物废水的治理的关键在于破坏配合物的稳定性，使其释放出游离态的铜离子。

b. 采用 Fenton 氧化法处理含铜配合物废水。试验水样为配置的 Cu-EDTA，最佳工艺条件为：pH＝4，$[Fe^{2+}]＝100mg/L$，$[H_2O_2]＝400mg/L$，Fenton反应时间20min，混凝反应pH＝8，混凝剂$[Fe^{2+}]＝250mg/L$，絮凝剂PAM浓度为0.5mg/L，静沉20min。为避免偶然性，试验按以上条件重复3次，结果铜去除率均大于99.5%，出水铜浓度均低于0.5mg/L。

c. 采用Fenton试剂氧化-混凝联合工艺对难处理络合铜镍电镀废水进行研究。结果表明，在体系初始pH＝4，温度30℃，H_2O_2投加量为800mg/L，$[Fe^{2+}]/[H_2O_2]＝$0.1，反应时间60min，混凝液pH＝8及混凝剂质量浓度为500mg/L的条件下，废水的Cu^{2+}去除率为99.91%，Ni^{2+}去除率为99.92%，处理水达到国家一级排放标准。

d. 采用Fenton-铁氧体法联合工艺处理含铜、镍的络合电镀废水。结果表明，在最优工艺条件下废水中镍离子和铜离子的去除率分别达到99.94%和99.81%，均达标排放。另外，沉淀污泥的构相分析表明，在最佳工艺条件下所得沉淀物含铁氧体$NiFe_2O_4$、Fe_3O_4等。

5) 处理含盐类废水

高盐废水是指总含盐质量分数至1%的废水，其主要来自化工厂及石油和天然气的采集加工等。这种废水含有多种物质（包括盐、油、有机重金属和放射性物质）。含盐废水的产生途径广泛，水量也逐年增加。去除含盐污水中的有机污染物对环境造成的影响至关重要。采用生物法进行处理，高浓度的盐类物质对微生物具有抑制作用。采用物化法处理，投资大，运行费用高，且难以达到预期的净化效果。采用生物法对此类废水进行处理是目前国内外研究的重点。在含磷废水中，大多是以正磷酸盐、聚合磷酸盐或缩合磷酸盐及有机磷化合物的形式存在，所以在处理含磷废水时需要将聚合磷酸盐及其他形式的含磷化合物氧化成PO_4^{3-}的形式，再利用化学沉淀法进行沉淀处理。

a. 针对高浓度含磷工业废水的特点及其处理难点，有研究采用Fenton氧化加二级化学沉淀的处理工艺对其进行处理。结果表明，Fenton试剂中H_2O_2投加量≥0.1%且$n(H_2O_2)∶n(Fe^{2+})≤7.85$，pH值控制在5左右，沉淀剂采用亚铁盐的工艺条件下，可使原水总磷质量浓度从62mg/L降到0.08mg/L，达到《污水综合排放标准》（GB 8978—1996）中一级排放标准。

b. 用Fenton氧化法处理高盐榨菜废水。结果表明，室温下，在进水pH值为4.4～5.0，H_2O_2投加浓度80mmol/L，$n(H_2O_2)∶n(FeSO_4 \cdot 7H_2O_2)＝4$，反应时间20min时，磷酸盐的去除率15.4%，调节反应出水pH值，对磷酸盐的去除率有较大影响，当调节出水pH＝6时，磷酸盐的去除率上升到99.5%，取得了较好的处理效果。

c. 采用铁炭床-Fenton氧化法对含高浓度盐类对羟基苯乙基甲醚废水进行处理。着重研究铁炭床-Fenton氧化法的控制条件，并对各种高级氧化法的处理效果进行了比较。结果表明，采用铁炭床-Fenton氧化法并控制其反应条件，处理对羟基苯乙基甲醚废水是有效的。处理后排放水中SO_4^{2-}可达720mg/L，Cl^-可达2158mg/L，SO_4^{2-}总去除率为98.6%，Cl^-总去除率为95.9%。

另外，在烟气脱硝方面也有对含氮化合物去除的研究。以Fenton溶液为吸收剂，在自制的鼓泡反应器内进行 Fenton 氧化法烟气脱硝初步试验，研究 Fenton 试剂氧化法烟气脱硝的可行性。结果表明，Fenton 试剂对 NO 有一定的脱除效果，烟气含氧质量分数对脱除效率无明显影响，但脱除效率随烟气流量的增大而显著下降，在最佳试验条件下 NO 的脱除效率可达 50% 左右，脱硝产物主要为 NO_3^-。

6）处理抗生素废水

抗生素废水的来源十分广泛，如医疗行业、畜禽养殖和制药废水排放等各种途径。人类通过饮用水、食用肉类等途径摄取残留于自然环境中的抗生素，导致人体内产生相应的抗生素耐药性。由于抗生素废水成分复杂、毒性大，含有微生物难以降解的物质，传统的微生物降解法不能有效地处理这类难降解有机废水。因此各种高级氧化技术逐渐成为治理抗生素废水的主要办法。采用合成的光 Fenton 催化剂多面体 Fe_3O_4 纳米粒子（NPs）处理抗生素废水在 60min 后对四环素的降解率达到 96.7%，TOC 降解率达到 56.5%。此外，NPs 光 Fenton 体系的 pH 值范围非常宽（3.0～9.0），且 H_2O_2 需要量低。NPs 在连续重复使用 5 次后仍能达到原始降解效率的 91.7%。

2.2.2　电化学氧化法

（1）概述

与电化学处理相比，传统的水处理方法在去除有毒和生物顽固性有机微污染物方面效率低下，电化学处理是可以实现直接或间接产生羟基自由基的清洁而有效的技术。

有机微污染物，如持久性有机污染物（POPs）、除草剂和杀虫剂是化合物，在水生环境中含量相对较高，并且增加了传统处理方法无法成功解决这一问题的水中的毒性水平。电化学方法已成为解决这一重大缺陷的关键。

电化学过程（EAOPs）被称为高级氧化过程，使用一种非常强的氧化剂，如羟基自由基（·OH）与 $E°$（·OH/H_2O）＝2.8V/NHE，在反应介质中原位生成。这些自由基主要通过脱氢或羟基化与有机物迅速反应。

电化学水处理技术同时具备绿色性、高效性及易操作性特点，是推动实现水处理技术绿色生态发展目标，以及实现"碳中和"目标的关键性实践途径。由于某些特殊行业领域和社会生活领域产生的废水具备较为复杂的水质表现状态，需要同时面对生化处理技术、消毒处理技术，以及疾病病原体传播路径阻断技术等难度，客观上更能彰显电化学水处理技术的独特应用价值，并且更能获取到技术研究人员和社会各界公众的充分关注。

电化学氧化法是借助电极在废水中发生氧化反应，实现废水中有机物质的进一步降解，达到对废水的处理和净化。该种氧化法分为直接氧化和间接氧化两种形式，直接氧化法是利用阳极表面对废水放电，与废水中物质发生氧化，达到对有机物的有效降解，实现对废水处理的目的。间接氧化法主要是通过溶液中的 C_{12} 和 C_{10} 完成对废水中有机物的氧化作用，实现废水的净化。电化学氧化法目前在垃圾渗滤液中应用，有着较好的处理效果，但是该方法在应用过程中会消耗较大的能量。电化学氧化法基于以下两个流程：从阴极表面的铁（Ⅲ）物种中电化学再生铁（Ⅱ）和氧气还原阴极形成过氧化氢。

电化学氧化法通常用于有毒生物的降解，其能够对废水中有机物进行有效处理，电化学氧化法在废水中的应用会使废水中的有机物质直接与电极发生反应，有效达到对废水净化和处理的目的，处理后的水满足排放要求，废水得到进一步净化。电化学法可以单独使用，也可以与其他相关的高级氧化技术结合使用，实现对废水的有效处理，使得废水中生物的降解性提高。电化学氧化法目前主要应用在规模小的废水处理中，有着较好的处理效果，而且对运营成本能有效控制。电化学法对需要降解的有机物质有一定的选择性，还包含其他方面的特点：在氧化的过程中不需要添加其他物质，具有一定的消毒效果；对能量的利用率低，在低温的环境下也可以进行简单的设备操作，设备操作费用较低，能够进行自动化控制，而且不会产生二次污染，是目前一种环境友好型处理技术。

（2）电化学氧化工艺

电子供体（还原剂）将一个或多个电子转移到亲和力较高的电子受体（氧化剂）上。在电子转移过程中，氧化剂和还原剂都会发生化学变化，产生价电子数为奇数的化学物质。这些化学物质被称为自由基，由于存在未配对的电子，因此极不稳定，反应性很强。

EAOPs 在处理过程中通过一般氧化完成的干预氧化形式清除天然毒素的高效率。EAOPs 中的干预氧化可以理解为废水中含有的毒素通过这些混合物与阳极表面已经产生的氧化剂之间的物质反应而被氧化。这样，AO 不仅能立即氧化阳极表面上的天然污染物，还能促进大量氧化剂的产生，这些氧化剂可作用于阴极表面，并将氧化过程扩大到大部分经处理的废水中。氧化剂的种类和生成量的增加依赖于许多信息来源，其中阳极材料最为重要，也是废水中生成氧化剂的合理原物质。鉴于毒物的氧化作用从阳极表面区域延伸到电解质的主要部分，因此阳极材料对 EAOPs 能力的影响至关重要。尽管如此，还应该考虑到这些氧化剂通常会影响污染物的氧化过程，并且会周期性地产生不良的中间产物或最后的稳定产物。有时，促进氧化剂发展的物质并不包含在电解质中。

最常引用的电化学氧化介导实例是氯化物对有机物氧化的影响。大多数废水中都含有氯化物，众所周知，氯化物很容易被多种阳极材料氧化成氯。这种气态氧化剂扩散到废水中，通过歧化作用在反应介质中形成次氯酸盐和氯化物，次氯酸的去质子化作用会产生次氯酸盐。由于次氯酸盐是主要的最终产物，在文献中，氯化物直接转化为次氯酸盐而不是完整的一整套反应是很常见的。然而，该介质中的氧化反应是由多种试剂混合进行的，每种试剂的具体浓度取决于浓度和 pH 值。

$$2Cl^- \longrightarrow Cl_2 + 2e^- \tag{2-17}$$

$$Cl_2 + H_2O \longrightarrow HClO + H^+ + Cl^- \tag{2-18}$$

$$Cl_2 + 2OH^- \longrightarrow ClO^- + Cl^- + H_2O \tag{2-19}$$

$$HClO + OH^- \longrightarrow ClO^- + H_2O \qquad (2\text{-}20)$$

$$Cl^- + H_2O \longrightarrow ClO^- + 2H^+ + 2e^- \qquad (2\text{-}21)$$

随后的混合物（氯、次氯酸盐和次氯酸腐蚀剂）对许多有机物反应灵敏，能有效地将其矿化。尽管如此，还会产生许多有机氯化物作为中间体和最后产物，这些有机氯化物可能比原生毒物更不安全。这些物质通常非常难处理，即使是低亚原子质量的物质，例如一种吸入其蒸气会导致昏迷的化学物质，其处理也是一个非常大的问题。而且补救费用巨大。

尽管氯的介入氧化作用非常突出，但它并不是介入氧化作用的唯一形式，显然也不是最关键的形式。因此，当目标集中在促进介入氧化时，应从两个重要角度加以考虑：利用废物中的非氧化物在阳极表面直接电化学生成氧化剂及将这些物质输送到水体（废水）中。生成氧化剂的原物质应包含在废水中或添加在废水中，通常可以是颗粒（如氯化物、硫酸盐等）、天然毒物（酸性腐蚀剂）、分解气体（氧气）甚至是水。

（3）电化学氧化法在废水处理中的应用

过去几十年来，电化学工艺一直是环境修复的主要解决方案。其中最重要的是处理来自工业的液体。电解和电凝是预处理工艺是近年来最有前途的技术之一。电凝工艺能够去除浊度、使染料脱色，并分解由乳状液组成的废物。在电解过程中，由于去除污染物所需的能量与污染浓度有关，因此无法粗略去除工业废物中的污染。电解法处理有机物污染的废水，直接阳极氧化的 COD 浓度范围为 $1000 \sim 20000 mg/L$。

与其他先进的氧化工艺相比，导电金刚石电化学氧化法的电解性能特别好：坚固耐用，可实现几乎所有类型有机物的完全矿化，而不会产生难处理的最终产品，具有集成能力，很容易与其他处理技术相结合，并利用绿色能源和光伏电池板供电。

根据整体氧化发展的机制，EAOP 通常分为两类：电子表面/电化学电池主体，表面控制过程又称阳极氧化过程，发生在电极表面附近。根据氧化机制可分为三类，即直接电子转移过程、氢氧自由基过程和异相光催化过程。

1）处理有机废水

采用电解法处理鱼粉废水能够取得较好的有机物去除效果，通过单因素实验和正交实验，确定了 4 个因素对 COD 去除率的影响，其次序依次为 pH 值、电解质投加量、电压和电解时间。有研究用电化学氧化法对黄连素制药废水进行处理。研究发现，电化学氧化法在以氯离子为支持电解质的体系中对模拟黄连素废水具有较好的处理效果，其中电流强度与氯离子浓度对电化学氧化法处理黄连素废水的效果具有重要的影响，黄连素完全降解且 COD 去除约 60% 时的能耗约为 $25.72 kWh/m^3$。用电化学氧化法对模拟废水中茜素红染料的脱色，结果表明在室温下电解 50min、茜素红浓度为 200mg/L、pH 值为 3、槽电压为 10V、电解质为 3g/L 的氯化钠、酸化活性白土 20g/L、通气量为 100L/h 时，染料废水的脱色率能够达到 97.1%。以上均只是采用单一的电化学方法处理有机废水，随着人们深入的探索，发现电化学联用其他方法可以达到更好的效果。

采用电化学氧化与电化学还原联合作用降解甲基橙有机废水。研究结果表明，电化学联合作用能够高效地降解偶氮染料废水，反应效能要好于单一电化学反应。采用超声电化学联用技术，探索超声协同电化学电解体系降解印染废水，发现超声-电化学方法对含碱性湖蓝-5B印染废水的色度有很强的去除作用，特别是超声协同铁、铁双阳极体系对处理高浓度染废水具有速度快、效率高的特点。采用电化学-膜生物反应器（EC-MBR）组合工艺的中试装置深度处理印染废水，结果表明此系统对原水COD的平均去除率为94%，对原水旳色度去除率为92.2%。该组合工艺的出水水质符合印染废水回用水标准，并可以通过控制膜面积提高废水回用率。

2）处理无机废水

采用电化学氧化法对微污染河水中氨氮和总氮的去除效果进行了研究。结果表明，电化学氧化法是一种适宜于微污染水脱氮的技术。探究了电化学氧化法处理氨氮废水的影响因素。实验结果表明，电化学氧化法是一种适宜于废水脱氮的技术，而较佳的工艺条件为：极板间距1cm、电流密度5mA/cm^2、阳极RuO$_2$-IrO$_2$-SnO$_2$/Ti、阴极钛网、氯离子质量浓度200mg/L、改性沸石为粒子电极，在该条件下反应20min后氨氮的去除率可达95%。与二维电极对比，三维电极是在多种物理化学过程协同作用下完成对氨氮的去除，可以达到更高的氨氮降解效果和电流效率。

以Sb掺杂Ti/SnO$_2$电极为阳极，铝板为阴极，设计了一种电化学氧化与电化学还原联合作用反应器，以浓度为100mg/L甲基橙模拟废水为研究对象，探究了电化学氧化与电化学还原联合作用的处理效能，实验结果表明：电化学联合作用方式不仅能够使甲基橙的发色基团偶氮双键（—N═N—）被破坏，而且也能使甲基橙分子中苯环共轭体系被降解。

2.2.3 臭氧氧化技术

（1）概述

臭氧（O$_3$）是一种强氧化剂，已广泛应用于许多工业流程，如市政和工业废水处理、饮用水消毒、化学合成、食品和饮料、农业、空气污染控制、医疗和牙科应用。臭氧在美国和世界各地的饮用水处理中已使用了100多年。臭氧处理（臭氧化）也被用于废水处理，以进行污水消毒、气味控制、除色、氧化无机和有机污染物。臭氧处理尤其适用于先进的水回收和饮用水回用应用。

臭氧是一种不稳定的气体，可以利用放电和紫外线（UV）照射等电能从气态氧分子中生成。在水中，臭氧会发生一系列反应，分解成各种氧化物，包括羟基自由基（·OH），它是一种比母体臭氧分子更强的氧化剂。臭氧的强大氧化能力部分归功于羟基自由基的生成。在以臭氧为基础的水和废水处理中，有几种方法可以增强羟基自由基的生成，包括添加过氧化氢（H$_2$O$_2$）、紫外线照射和金属催化剂。

臭氧具有强氧化性，仅次于氟以及·OH，其具有氧化作用强，反应速度快，无二次污染等优点。但臭氧化学性质活泼、不稳定，易在空气和水中分解成氧气，为储存运输造成了困难，因此，使用臭氧一般在现场制造。在臭氧催化氧化方面又可以分为均相和非均相。均相臭氧催化氧化指的是在溶液中加入溶液状态的催化剂，如一些过渡金属离子，从而加强其氧化能力。非均相催化氧化是利用固体催化剂来提高臭氧氧化的活性，从而达到处理的目的。与均相催化氧化相比，非均相催化氧化具有易分离、易吸收以及可多次循环利用的优点，拥有较好的前景。

（2）臭氧氧化工艺

臭氧是一种高活性气体，在水中的溶解度有限。因此，臭氧在水系统中的反应非常复杂，包括气液传质、自分解、与溶解和悬浮的无机和有机成分发生反应。臭氧溶解在水中后，由于其标准氧化还原电位（E^0）高达 2.07V，因此可以充当氧化剂。臭氧通过不同途径与溶解的无机和有机成分发生反应，即分子臭氧（直接）和羟基自由基（间接），直接反应比间接反应更具选择性。由于其独特的化学结构涉及 3 个氧原子的 4 种可能共振形式，臭氧同时具有亲电性和亲核性。水基分子臭氧反应可分为：氧化还原反应、双极环化反应和亲电取代反应三类。

由于臭氧具有很高的氧化还原电位，能够通过氧化还原反应氧化许多化合物，如铁、锰、亚硝酸盐、硫化物和溴化物。在许多情况下，臭氧氧化反应可以描述为氧气从臭氧转移到反应物。臭氧在水中的主要半反应是：

$$O_3 + 2H^+ + 2e^- \longrightarrow O_2 + H_2O \tag{2-22}$$

$$O_3 + H_2O + e^- \longrightarrow O_2 + 2OH^- \quad (E^0 = 1.24V) \tag{2-23}$$

臭氧会攻击有机分子（如烯烃和芳香族化合物）中的 C=C 双键，形成一种称为臭氧化物的环状中间体，随后发生一系列反应（如异常臭氧分解），生成两个较小的分子（如酮、醛或羧酸）。在亲电取代反应中，臭氧分子与有机分子（如取代的芳香族化合物）在其中一个亲核位置上发生反应。芳香族化合物（如苯酚）的正羟化和对羟化反应就是亲电取代反应的典型例子。羟基苯酚在臭氧的作用下，通过一系列反应（包括异常臭氧分解）进一步分解成较小的有机酸、酮和醛。除了这些涉及臭氧分子和其他化合物（水和废水处理中的污染物）的直接臭氧反应外，臭氧分子还会分解成各种活性氧（即自由基），与水中的污染物发生反应。这被称为间接反应或羟自由基途径，因为间接反应中的主要反应物是羟自由基。羟自由基是通过一系列自由基链反应生成的，其中包括引发反应、传播反应和终止反应。根据 pH 值的不同，主要有两种起始反应。

1）酸性至中性 pH

$$O_3 + OH^- \longrightarrow HO_2 \cdot + O_2 \cdot \tag{2-24}$$

2）碱性 pH

$$O_3 + OH^- \longrightarrow HO_2^- + O_2 \tag{2-25}$$

$$O_3 + HO_2^- \longrightarrow HO_2 \cdot + O_3 \cdot \tag{2-26}$$

通常，由于臭氧分子和羟基离子（OH⁻）的反应相对较慢，这些起始反应成为限制步骤。然而，在碱性条件下，过氧化氢离子 HO_2^- 与另一个臭氧分子的反应速度比前一个反应快得多，并产生一个氢过氧自由基（$HO_2·$），该自由基分解成另一个自由基，链式反应继续进行。

$$HO_2· \longrightarrow O_2^- · + H^+ \tag{2-27}$$

$$O_2^- · + H^+ \longrightarrow HO_2· \tag{2-28}$$

$$O_3 + O_2^- · + H^+ \longrightarrow O_3^- · + O_2 \tag{2-29}$$

$$O_3^- · + H^+ \longrightarrow HO_3· \tag{2-30}$$

$$HO_3· \longrightarrow O_3^- · + H^+ \tag{2-31}$$

$$HO_3· \longrightarrow ·OH + O_2 \tag{2-32}$$

$$O_3 + ·OH \longrightarrow HO_4· \tag{2-33}$$

$$HO_4· \longrightarrow HO_2· + O_2 \tag{2-34}$$

在碱性条件下，过氧化氢（H_2O_2）的生成还与以下反应有关：

$$HO_2^- + H^+ \longrightarrow H_2O_2 \tag{2-35}$$

实际上，过氧化氢是臭氧分解的引发剂和促进剂，是臭氧/过氧化氢（O_3/H_2O_2）AOPs 的基础。羟基自由基的氧化电位（2.8V）比分子臭氧高，能以极高的反应速率非选择性地攻击有机和无机化合物。臭氧与反应物之间的二级反应速率常数可达到 108～1010L/(mol·s) 的数量级。因此，臭氧间接反应通常是破坏水和废水中许多难分解有机化合物的主要原因。当有机和无机化合物暴露于羟自由基时，可能会发生一系列反应，即氢抽取反应、自由基辐射反应、亲电加成反应和电子转移反应。除羟自由基外，其他活性氧物种，如超氧化物自由基阴离子 $O_2^- ·$、氢过氧自由基（$HO_2·$）和有机过氧自由基（$ROO·$），也参与了臭氧氧化和臭氧气相化学反应的间接反应。

有许多反应可以终止臭氧的间接反应。碳酸盐 CO_3^{2-}、碳酸氢盐 HCO_3^-、叔丁醇、对氯苯甲酸酯和腐殖质是已知的臭氧分解抑制剂。这些物质也被称为羟基自由基清除剂，高浓度的过氧化氢也是臭氧分解的抑制剂。

（3）催化臭氧

臭氧是氧的同素异形体，在常温常压下是一种具有特殊气味的蓝色气体。其主要分布于大气同温层下部的臭氧层中，能够吸收对人体有害的短波紫外线。臭氧具有极强的氧化性，在很多领域有着重要的作用，对于降解有机物有着良好的效果，但这个过程比较缓慢，需要催化剂的作用。催化作用是用极少且不消耗自身的外加物质来加速化学反应，其中外加物质就被称为催化剂，它能够加快反应速率，控制反应方向，而且不影响化学平衡。在催化反应中，不仅是催化剂，还需要一些物质作为其进行催化作用的载体。载体可以改善催化剂的机械强度，减少催化剂的用量，保证活性中心，增大活性表面积，改善催化性能。臭氧催化氧化法为高级氧化技术的一种。由于催化氧化的对象不同，所使用的催化剂种类复杂，所以影响臭氧催化氧化的因素很多。

1）催化剂投加量

增加催化剂的投加量能够提高臭氧催化氧化的效果，但催化剂的投加量存在一定限制，超过一定量后，不仅没有提升的作用，反而对催化作用起副作用。

2）反应时间

有机物的去除率随着反应时间的增加而提高，但是反应达到一定程度后，去除率趋于稳定，增加时间并不能提高反应去除率，因此确定反应的最佳时间对于提高氧化反应有着直接影响。

3）pH 值

pH 值对臭氧氧化作用影响很大，不同的有机物在催化作用时所需的最佳 pH 值不同，但一般在中性条件下催化氧化性能最佳。

4）臭氧进气流量，增加臭氧催化时的进气流量，可以加快有机物的氧化速率，但其只能够缩短反应时间，不会提高最终的去除率。

5）污染物初始浓度

在臭氧催化氧化过程中，污染物浓度的反应速率随着污染物浓度的升高而增加。

在水和废水处理方面，已经提出并测试了各种均相和异相催化臭氧工艺。研究发现，许多过渡金属离子，如钴（Ⅱ）、镍（Ⅱ）、铜（Ⅱ）、铁（Ⅱ）、锰（Ⅱ）和锌（Ⅱ），都能促进水中污染物的降解。如在酸性介质中，臭氧在均相催化剂钴（Ⅱ）的作用下分解。钴（Ⅱ）离子与臭氧直接氧化产生羟基自由基，这表明催化臭氧是一种 AOP。除了溶解的金属离子外，还发现各种金属氧化物，如氧化铜（CuO）、二氧化锰（MnO_2）、二氧化钛（TiO_2）和氧化铁（Fe_2O_3），以及钯和活性炭也可作为臭氧分解的异质催化剂。在均相/异相催化臭氧分解中加入紫外线照射和过氧化氢也是一项积极的研究。这种基于臭氧的 AOP 在废水处理中很有用，特别是对于含有高浓度难降解有机污染物的高强度工业废水和垃圾填埋场渗滤液。

（4）臭氧氧化技术在废水处理中的应用

1）处理城市污水

臭氧在城市污水处理中的大部分用途是用于污水消毒。在城市污水处理中，臭氧高级氧化法的使用受到限制，因为在加入过氧化氢和/或紫外线后，用于消毒的有效臭氧暴露（以残留浓度与时间的乘积来衡量）将会丧失，因为这些物质会导致臭氧分解。然而，由于人们对废水和处理过的污水中的痕量有机污染物（如杀虫剂、内分泌干扰物、药品和个人护理产品）的关注，许多研究人员已经研究了基于臭氧的 AOPs 在破坏废水中这些有机化合物方面的有效性。

2）处理染料废水

染料行业是产生工业废水的重要企业，其废水具有水量大、有机物含量高、色度大和可生化性差等特点，而常规处理技术对其的处理效果并不理想。臭氧催化氧化技术反应速度快、无二次污染而且反应完全，其强氧化性对于处理高浓度有机物有着良好的效果，在反应过程中可提高废水的可生化性，保证后续的处理。但是单独使用臭氧氧化技术，反应效率并不是很高，臭氧分子的强选择性并不利于复杂类型废水的直接处理，常规条件下反应速率会受到很多条件的限制，这也影响了臭氧氧化技术的应用。因此，人们逐渐开发研究了多种催化剂来提高臭氧氧化性能，其分为均相和非均相的臭氧催化氧化。

目前，具有催化作用的金属离子有 Fe^{2+}、Fe^{3+}、Mn^{2+}、Ni^{2+}、Co^{2+}、Cd^{2+}、Cu^{2+}、Ag^+、Mg^{2+}、Cr^{3+}、Zn^{2+} 等。因此，不同催化剂的作用成为臭氧氧化技术研究的重点之一，有研究者利用 Fe^{2+}、Fe^{3+}、Ni^{2+} 等金属作为催化剂来处理 X-BR 染料废水。研究结果表明，在有催化剂作用的条件下，染料废水的 COD 去除率明显高于未添加催化的去除率。有研究者单独使用 Fe^{2+} 作为臭氧氧化的催化剂，当臭氧浓度为 2300mg/L、Fe^{2+} 投加量为 0.09～18.00mmol/L、废水 pH 值为 3～13 时，印染废水的 COD 去除率、脱色率和单独使用臭氧氧化相比，分别高出了 43% 和 20%。均相催化氧化技术可以取得更好的处理效果，但是其使用的催化剂以离子形态分布在水中，不能和整个体系分离，反应完成后催化剂就会和处理后的废水一同排出，这不仅浪费了催化剂，还会提高废水的重金属浓度。因此，研究者将催化剂固定在载体上进行臭氧氧化的催化作用，逐渐弥补了这一缺点，即进行非均相的臭氧氧化作用。

目前非均相的催化剂主要有贵金属、铜以及稀土三大类，由于金属及金属氧化费价格较为低廉，其研究和应用较多。常用的载体主要有 Al_2O_3、沸石、活性炭纤维、分子筛等。有研究者采用浸渍法，将金属氧化物 NiO、CuO、Fe_2O_3 等负载于 Al_2O_3 上制得具有催化活性的载体催化剂，有效处理印染废水。结果表明，NiO/Al_2O_3 具有最好的催化效果，印染废水的 COD 去除率得到了显著提高，但缺点是在制备载体催化剂时，工艺复杂，成本较高。于是，有研究者利用天然矿石制备臭氧氧化的催化剂来克服这一缺点，有采用 Zn-黏土矿物催化剂，还有利用 Ti-凹凸棒石催化剂对染料废水进行臭氧催化氧化，均取得了良好的处理效果。为了进一步提高臭氧催化氧化效果，根据废水的类型、催化剂的种类，将单组分的催化剂进行多元的结合，以制备出效率更高、造价更低、效果更好的催化剂，进而强化臭氧氧化作用，不断提高污水处理效果。

3）处理高盐度有机废水

很多工业生产过程均会产生高盐度废水，如化工、制药、石油、食品等行业，该类废水含有浓度较高的总溶解固体物质、有机物等，不同行业的废水类型均有差别，但其处理难度大，对污水处理设备及工艺要求高，而且处理成本较高。高盐度废水如不进行有效处理，水中的无机盐类会腐蚀输水管道，同时会破坏微生物的正常生理代谢，进而影响普通微生物处理效率。

臭氧氧化处理技术在污水处理中有着广泛的应用，其强氧化处理技术对于处理复杂、污染物浓度高的废水均有良好的效果。有研究者利用其处理高盐的有机废水，取得了一定的进展，但单独使用臭氧氧化技术并不能完全处理达标。研究者通过臭氧催化氧化法与微生物技术联合使用对其进行处理，通过对催化剂的优化和工艺条件的改进，取得良好的效果。其中以选取铁、锰和铜作为催化剂的活性组分，采用活性炭作为载体，制备臭氧氧化催化剂，研究结果表明，以 Fe 为活性的催化剂催化效果明显高于锰和铜的催化剂。然后，根据不同的臭氧进气量确定最佳反应条件，确定 180mg/h 为最佳臭氧进气量，在最佳臭氧进气量条件下改变催化剂用量，当其为 40g/L 时 COD 去除效果最佳。

4）处理抗生素废水

抗生素生产是制药行业的重要组成部分，其间会产生大量废水，废水组成复杂，有机物种类较多，毒性大，含难降解物和生物抑制物质较多，而常规的物理处理技术和生物处理技术并不能取得良好的效果，常常不能达标排放，需要进一步的处理。臭氧氧化处理法对于处理难降解有机物有较好的效果，因此，在抗生素废水处理中得到了较多的应用。催化剂一直是臭氧催化氧化法的重要因素，人们要不断研发和应用新型催化剂，改变应用条件，优化工艺和运行条件。有研究以铁为催化剂、硅胶为载体，制备出铁-硅胶催化剂，其处理效果相比未添加催化剂的处理效果更好，在催化剂投加量为 0.33g/L、反应为 1h 的条件下，COD 去除率为 54.9%，氨氮去除率为 44.4%，能够达到污水综合排放标准，而且 BOD_5/COD 值由 0.07 提高至 0.2，可提高废水的可生化性。但臭氧催化氧化法单独使用并不能有效处理抗生素废水，常常需要联合其他污水处理技术进行进一步的处理。

5）处理其他废水

臭氧催化氧化法是近年来备受关注的污水处理技术，对于各类污水均有良好的处理效果，其凭借强氧化性，适宜处理高浓度机物废水。近些年，臭氧催化氧化法在各类废水处理中得到了广泛的研究。有研究者利用臭氧催化氧化法处理苯酚甲醛模拟废水，同时对比了几种应用较多的催化剂，探讨了不同操作条件下的处理效果，然后以自制的活性炭复合催化剂 Fe_2O_3/ACNT 与其他几种常见催化剂降解苯酚甲醛废水，结果表明：自制的 Fe_2O_3/ACNT 催化剂具有适宜的比表面积、机械强度及吸附能力，COD 去除率超过 86%。还有研究者利用臭氧催化氧化法处理反渗透浓水，取得了良好的处理效果，同时在不同反应条件下对比了处理效果，寻找适宜的运行条件，为臭氧氧化的应用提供一定的依据。

均相催化反应多以过渡金属为催化剂，但其在污水处理过程中容易流失，还有可能造成二次污染，有研究者致力于催化剂的研究，逐渐研发出具有载体的非均相催化剂。臭氧催化氧化法可以用于处理难降解的工业废水，其中，催化剂成为今后研究的重点。有研究者采用臭氧和紫外-臭氧联合两种不同方法处理水中的六氯苯。结果表明，紫外-臭氧联合使用的去除效果更好，紫外线在反应过程中不仅充当氧化剂，还可以作为臭氧催化的催化剂，加强了臭氧氧化能力，提高了工艺的降解能力。此外，还有很多研究者对臭氧氧化过程中催化剂的种类、用量等条件进行了研究，积累了很多的成果和经验。臭氧催化氧化技术在实践中有了新的进展，扩展了该技术的应用范围，为很多污染严重的污水找到了更佳的处理技术，为水资源保护提供了更多保障。

2.2.4 光催化氧化技术

（1）概述

过去几十年来，由于对纺织、染料、化肥、家用和塑料等材料的需求不断增加，工业化、技术和对不可再生资源的消耗都在快速增长。因此，环境污染和能源危机已经到了令人担忧的地步。与城市垃圾相比，工业垃圾毒性更强，且不可生物降解，因为这些垃圾由脂肪、油、油脂、重金属、酚和氨等组成。农业和制药废水释放的杀虫剂和其他化学物质会导致一些慢性疾病，对人体内分泌有害，使水不能用于饮用和其他最终用途。现在迫切需要开发一些更新的技术，这些技术具有生态友好的性质，能够降解或完全消除环境污染物，因此被证明是一种可供选择的清洁战略。换句话说，应该有一种可持续的解决方案来解决这一问题。

高级氧化工艺是一种环境友好型技术，可用于去除空气污染物、水污染物（如芳烃、石油基含量、石油烃、氯化烃、杀虫剂、挥发性有机化合物、染料和其他有机材料等）几乎所有类型的污染物。高级氧化法的基础是生成像羟基自由基这样带有一个未配对电子的活性氧物种，正因为如此，它们的寿命很短。因此，它们能积极、轻易地与一系列化学物质发生反应，否则很难降解这些化学物质。与其他传统方法相比，高级氧化法具有更好的效果，因为它们会产生热力学上稳定的氧化产物，如二氧化碳、水和可生物降解的有机物。高级氧化法包括光催化过程，光催化剂在收集太阳光方面发挥着重要作用。这些光催化剂已被有效地用于解决在不同太阳光谱范围内与环境污染和能源危机有关的问题。

与光催化氧化相比，Fenton 氧化法 Fe^{2+} 用量高、不能充分降解有机物；超声氧化法单独处理成本高，且对亲水性、难挥发的有机物处理效果较差；臭氧氧化运行成本高，且选择性强；湿式氧化法和超临界水氧化法的反应条件苛刻；而光催化技术受太阳能驱动故而能耗低，其反应过程完全可以在常温常压下进行，可有效解决传统废水处理法的高能耗问题。光催化氧化技术最早见于 1972 年，Fujishima 等发现在光电池中受辐射的 TiO_2 电极上可持续氧化还原裂解水生成氢气，引发了学术界对于光诱导氧化还原反应的兴趣，揭开了多相光催化新时代的序幕。1976 年，Frank 等将该技术首次应用于净化水中污染物并取得突破性研究进展。

光催化氧化的原理是催化剂如 TiO_2、ZnO、CdS 等受光照射生成强氧化性的氧化自由基将污染物氧化。这些自由基主要是羟基自由基，可以将污染物氧化为 CO_2、H_2O 或特定的无机离子，从而避免了副产物的生成，而副产物的存在会限制目标污染物的完全降解。研究表明，废水中大多数难降解物质如对苯二酚、对氨基苯酚、Cl^-、Ce^{3+}、CN^- 等可被 TiO_2 光催化氧化反应完全降解。光催化氧化的应用范围广，这是由于羟基自由基的高氧化还原电位（2.80eV），赋予了其较强的氧化能力。

（2）光催化过程

光催化一词由两个单词组合而成，是指在其存在下能改变反应速率。因此，光催化剂是一种在光照射下能改变化学反应速率的材料。这种现象被称为光催化，光催化包括利用光和半导体发生的反应。吸收光并作为化学反应催化剂的基质称为光催化剂。所有光催化剂基本上都是半导体。光催化是一种半导体材料在光照射下产生电子-空穴对的现象。光催化反应可根据反应物的物理状态分为均相光催化和异相光催化两类。当半导体和反应物处于同一相位（即气相、固相或液相）时，这种光催化反应被称为均相光催化反应；当半导体和反应物处于不同相位时，这种光催化反应被归类为异相光催化反应。

价带（HOMO）和导带（LUMO）之间的能量差称为带隙（Eg）。根据带隙，材料可分为：金属或导体（Eg，1.0eV）、半导体（Eg，1.53.0eV）及绝缘体（Eg，5.0eV）3个基本类别。即使在室温下，半导体在光的作用下也能导电，因此可用作光催化剂。当光催化剂受到所需波长（足够能量）的光照射时，光子的能量会被价带的电子（e^-）吸收并激发到传导带。在此过程中，价带中会产生一个空穴（h^+）。这一过程导致光激发态的形成，并产生 e^- 和 h^+ 对。受激电子用于还原受体，而空穴则用于氧化供体分子。光催化的重要性在于光催化剂可同时提供氧化和还原环境。受激电子和空穴的命运取决于半导体导带和价带的相对位置以及基底的氧化还原水平。

根据价带和导带的相对位置以及氧化还原水平，半导体和基底之间有4种相互作用方式。

① 当基底的氧化还原水平低于半导体的传导带时，基底就会发生还原。

② 当基底的氧化还原电平高于半导体的价带时，基底就会发生氧化。

③ 当基底的氧化还原电平高于半导体的传导带而低于价带时，既不可能氧化也不可能还原。

④ 当基底的氧化还原水平低于导带而高于价带时，基底就会发生还原和氧化。

光催化剂可用于防污、防雾、节能和储能、除臭、杀菌、自洁、空气净化、废水处理等。半导体因其电子结构而成为光氧化过程的敏化剂。一些半导体能够光催化许多有机污染物，如芳烃、卤代烃、杀虫剂、杀虫剂、染料和表面活性剂的完全矿化。

金属氧化物在解决环境问题和电子学方面有着广泛的应用，这是因为金属氧化物在光线照射下能够形成电荷载体。金属氧化物具有所需电子结构、光吸收特性及电荷传输特性。半导体介导的光催化技术有助于克服与快速电荷重组有关的问题，因此受到了广泛关注。

（3）二元氧化物

过去几十年来，人们对异质二元金属氧化物光催化剂进行了广泛研究，如 TiO_2、V_2O_5、ZnO、Fe_2O_3、CdO、CdS 和 Al_2O_3。对去除有机有色污染物进行了广泛研究，如偶氮染料、亚甲基蓝、甲基红、刚果红。有机污染物矿化成 CO_2、NH_4^+、NO_3^- 和 SO_4^{2-} 时，会通过多步还原形成 O_2^-、$HOO\cdot$ 或 $\cdot OH$，这可通过 ESR 自旋捕获技术检测到。

在紫外线照射下，TiO_2 可用于水溶液中甲基红、刚果红、亚甲基蓝等染料的完全氧化、解毒和矿化。有研究者采用非水解工艺制备了氧化锌和二氧化钛纳米粒子，并将其消除亚甲基蓝的性能与商用二氧化钛和氧化锌粉末进行了比较，观察到的效率提高是由于结晶度、纳米尺寸结构、大量的表面羟基和带隙减小所致。分层异质结构以及形态、特定成分和功能性是决定样品适用性的重要因素之一。在 TiO_2 纳米片的基础上，通过自组装方法将 MIL-100（Fe）制备成分层三明治状异质结构，用于在可见光（λ≥420nm）条件下降解亚甲基蓝染料（MB）。这种结构提高了吸收能力和光生电子-空穴对的出色分离，因此，光催化性能也得到了提高。

在有 Fe_2O_3 光催化剂存在的原生溶剂乙醇中，苯胺转化为偶氮苯的光氧化反应在25nm 波长下发生的速率高于在 365nm 波长下发生的速率。有研究者观察到，阳光或紫外线下的光氧化反应取决于原生溶剂和非原生溶剂的类型。此外，据报告并非所有光催化剂都具有效率或性能。例如，TiO_2、Fe_2O_3、CuO、ZnO、ZnS、ZrO_2、PbO、PbO_2、CdO、HgO 可在自然阳光下降解苯酚，而 MoO_3、Co_3O_4、CdS、SnO_2、Sb_2O_3、La_2O_3、Pb_2O_3、Bi_2O_3、CeO_2、Sm_2O_3 和 Eu_2O_3 则不能降解苯酚。用溶胶-凝胶法合成的氧化钨纳米粒子在激光照射下几分钟内就能使染料完全矿化。有研究者研究了用溶胶凝胶法制备的纳米氧化物在激光照射下消毒水中的大肠杆菌。二元金属氧化物，即铁氧化物、锰氧化物、铝氧化物、钛氧化物、镁氧化物和铈氧化物，由于具有高表面积和对溶液中重金属吸附的特异性亲和力，在去除重金属方面也很有效。

（4）光催化氧化技术在废水处理中的应用

来自生活、市政、工业、污泥等不同来源的污水中含有许多不可生物降解的有机化合物、异生物化学品、石油、石油废料、染料等。工业化的发展已成为污染的主要来源。特别是化工、纺织、造纸、农药、化肥等行业，如果未经任何初级处理就向附近水体排放废物，就是造成水污染的主要原因。水污染正在成为对环境的严重威胁。几十年来，许多传统的化学、物理和生物方法，如吸附、沉淀、混凝、过滤、氯化、臭氧、反渗透、紫外线消毒、活性污泥法、稳定塘等一直在使用，但这些方法不足以适合大规模处理废水，因为这些方法需要高昂的资本投资、运行和维护成本，以及较大的占地面积。另外，这些方法不能将废水降解到可回收利用的理想程度，而且还需要数天的分析时间。光催化氧化技术作为一项无毒低成本的污染处理技术，在处理难降解废水中污染物的方面具有良好前景，可应用于含油废水、印染废水、无机化工废水、造纸废水、农药废水等处理领域。

1）处理含油废水

含油废水中含有脂肪酸、多环芳烃、有机酸类和酚类等多种有机成分，难以生物降解。传统处理工艺一般有物理法、物化法、化学法和生化法及其组合工艺，往往存在流程长、对酚类和油脂等处理效率低、达标排放难等问题。有研究者使用 TiO_2 催化剂降解南非炼油厂废水，在投加 8g/L 的 TiO_2、曝气速率为 1.225L/min、反应时间为90min 的条件下，降解了76%的苯酚和88%的油脂。有研究者采用溶胶凝胶法结合超声波振荡制备负载于空心玻璃微珠上的 Fe^{3+} 改性 TiO_2 光催化剂，通过正交试验发现自制催化剂对含石油烃海水的含油量去除率最大为84%，TOC 去除率最大达到45.7%。有研究者以陶瓷和漂珠为载体，将掺 Ce 的 Bi_2O_3 负载到 TiO_2 载体上，利用该光催化剂降解含油废水，对油的去除率可达 90%；有研究者在 pH 值为 3、温度为 30℃、100mg/L 的 TiO_2 的条件下处理炼油厂废水，90min 后废水的 COD_{Cr} 降低了 93.2%。有研究者用光催化氧化工艺处理南京地铁车辆基地含油废水，发现其对表面活性剂、浊度和细菌的去除率高达 98% 以上，出水稳定效果好。还有研究者制备了 Ce 掺杂 Bi_2O_3 可见光响应催化剂，以 4# 燃料油配制模拟含油废水，实验结果表明，在 500℃ 条件下焙烧 3h 制备的催化剂光催化效率最高，光照 70min 时，油去除率可达 88%。光催化氧化技术能够有效降解含油废水中的酚类、脂肪酸等难降解污染物，但在实际应用中对 pH 值要求高，单一催化剂使用寿命受环境影响大，因此在实际应用中受到一定局限。

2) 处理印染废水

印染废水水质波动大，且含有大量有机染料，色度高，可生化性低，脱色难，对水环境有较大威胁。目前针对印染废水的脱色方法主要有物理吸附、混凝和化学氧化，如氯氧化、臭氧氧化、Fenton 氧化等。臭氧氧化法处理成本高，吸附法操作简便但成本高，混凝法对溶解性染料吸附效果差，且产生的污泥又会带来新的环境问题。近年来，有关采用光催化工艺对印染废水脱色、降解的研究日益增多，并取得部分成果。有研究使用掺杂了 10% In_2O_3 的纳米 Fe_2O_3 光催化剂在 UV/H_2O_2 体系中光催化降解浓度为 100mg/L 的罗丹明 B 染料，在 pH 值为 4、投加 $50\mu L$ 的 H_2O_2 的条件下，去除率达到了 94%。有研究使用 H_2O_2 辅助 TiO_2 光催化降解，光照 150min 后，亚甲基蓝染料和 COD_{Cr} 的去除率分别为 99% 和 72%。有研究利用 UV/TiO_2 系统处理纺织印染废水，运行 60min 后废水的 COD_{Cr} 去除率达到了 97%。有研究者制备了空洞钙钛矿型钴酸镧纳米球体，投加 0.2mg/L 的该催化剂在可见光下处理中性红、甲基橙、亚甲基蓝染料废水，光照 100min 后的去除率分别为 89%，87%，90%。有研究者研究了在紫外光照射下，以镍钴双金属氧化物（CoNiOx）为催化剂，过硫酸氢钾（PMS）为氧化剂的光催化氧化体系对酸性橙 7（AO_7）的降解效果，结果表明该体系对 AO_7 的去除率可达 97.5%。有研究者用固定在聚对苯二甲酸乙二醇酯（PET）板上的 TiO_2 作催化剂，在紫外光照射下降解含叶绿染料的模拟废水，去除了废水中 52% 的 TOC 和 70% 的 COD_{Cr}。光催化氧化对印染废水的处理效果良好，可将印染废水中的有害物质矿化为 H_2O、CO_2 和其他无害物质，避免了二次污染，但由于印染废水色度较高，反应体系的透光度也会影响到处理效果，需对废水进行预处理。如何加强与其他工艺的耦合，进一步提高处理效率，仍然有待于深入研究。

3) 处理无机化工废水

无机化工废水中常含有铜、铬、铅等重金属离子和氰根离子这类有毒物质，这些离子通过食物链富集，可能会对人体健康造成极大危害。目前对于含重金属的废水大多采用沉淀法进行处理，对氰根离子采用化学碱性氧化法和络合沉淀法进行处理，不仅成本高还具有二次污染。一定条件下制备的 TiO_2 光催化剂在紫外光作用下对 Cu^{2+} 处理效果可达到国家生活饮用水水质标准。有研究者采用 N 掺杂 TiO_2 的光催化剂降解含铬废水，发现 N-TiO$_2$ 催化剂可去除废水中 95.4% 的 Cr^{6+}。有研究者采用溶胶凝胶法制备了 TiO$_2$ 和 S-TiO$_2$ 光催化剂降解含氰废水，发现二者对 CN$^-$ 的降解效率都很高，且 S 的质量分数为 0.3% 时 S-TiO$_2$ 光催化剂的活性最高。有研究者采用 TiO$_2$/Fe$_2$O$_3$ 复合光催化剂处理 pH 值为 7 的含铅废水，光照 100min 后可完全去除 Pb^{2+}。光催化氧化既可以降低污染物含量，又可以回收废水中的贵重金属，然而也存在一定的问题，如在处理高浓度含氰废水时降解速率较慢，且催化剂用量超过最佳投加值后，处理效率反而会下降。因此，光催化氧化更适用于低浓度无机化工废水。

4）处理造纸废水

造纸废水成分复杂、COD$_{Cr}$ 高，常见难降解成分有二噁英、酚类等，目前通常采用混凝气浮或沉淀、厌氧＋好氧以及 Fenton 氧化法处理。其中物化法投药量大，存在二次污染问题。生化法工艺对难降解成分效果很差，Fenton 氧化效果较好，但成本较高，且出水中含有大量 Fe^{2+}。有研究者在 pH 值为 3、H$_2$O$_2$ 投加量为 0.3% 条件下使用 1.0g/L 的氧化石墨烯/TiO$_2$ 降解造纸废水，8h 内废水 COD$_{Cr}$ 和色度的去除率分别达到 86% 和 100%。有研究者采用花状结构的 Fe$_3$O$_4$/MnO$_2$ 纳米复合材料处理造纸废水，在 pH 值为 3 的条件下 120min 后，废水的 COD$_{Cr}$ 去除率达 56.58%，处理后出水的 COD$_{Cr}$ 浓度为 52.10mg/L。有研究者使用有机聚合物类石墨结构氮化碳（g-C$_3$N$_4$）光催化剂，降解 COD$_{Cr}$ 浓度为 500mg/L 的造纸废水，在 pH 值为 3、投加 1.0g/L 催化剂的条件下，可见光照 6h 后废水的 COD$_{Cr}$ 去除率为 84.72%。有研究者采用铈氟掺杂纳米 TiO$_2$ 光催化剂处理造纸厂二沉池出水，在 pH 值为 4、投加 0.8g/L 催化剂的条件下光照 40min 后，二沉池出水的 COD$_{Cr}$ 和色度去除率分别为 88.9% 和 95.2%。有研究者采用 Ag 含量为 3% 的 Ag-TiO$_2$ 光催化剂深度处理造纸废水，在 pH 值为 6、催化剂投加量为 0.6g/L 的条件下光照 12h 后去除了废水中 100% 的色度和 81.3% 的 COD$_{Cr}$。还有研究者用 Fenton 试剂氧化法预处理与太阳光催化氧化法联合对造纸黑液进行了降解处理，COD$_{Cr}$ 去除率可达到 73%。光催化氧化技术氧化能力强，在处理造纸废水时降解效果较好，但造纸废水的悬浮物含量高，在处理时会降低废水对紫外光的透光率，影响光催化效率。

5）处理难降解农药废水

农药废水主要残留物为有机氯农药、有机磷农药和氨基甲酸酯类农药。代表性的有机氯农药有六六六、硫丹等，近年来虽然已被禁用，但在环境中仍有大量残留。目前多用物理法、生物法和化学氧化法处理农药废水，物理法和生物法的处理效果并不理想，而其他化学氧化法如臭氧氧化法、电化学氧化法的处理成本较高。

近年来，对光催化氧化降解农药废水的研究日益增多。有研究者采用 UV/TiO$_2$ 工艺降解模拟废水中的六六六，通过改变 TiO$_2$ 催化剂用量和粒径，观察其对紫外光催化降解六六六效果的影响，结果表明采用 UV-TiO$_2$ 工艺去除六六六效果十分明显，且催化剂投加量在 50～400mg/L 时，降解速率和降解率均有所提高。有研究者采用低温水热法制备了纳米 Ag-TiO$_2$ 复合材料催化剂，并研究其催化降解有机氯农药硫丹的活性，发现其可将硫丹基本完全降解。有机磷农药对人体的危害以急性毒性为主，其残留问题备受关注。有研究者采用 TiO_2-ZnO 复合光催化剂，在紫外光下处理小白菜中残留的农药废水，废水中主要含有乙酰甲胺磷、乐果、马拉硫磷、水胺硫磷这四种有机磷农药，光照 1h 和 5h 后废水中农药平均去除率可达 40% 和 80%。有研究者制备了 Pd-TiO_2 复合材料光催化剂在可见光下降解对氧磷，TOC 结果表明 Pd 质量分数为 0.8% 的复合催化剂效果最好，在 2h 内将对氧磷彻底降解。

氨基甲酸酯类化合物是一种从氨基甲酸衍生出来的农药，常用作杀虫剂、除草剂，难以降解。有研究者采用 TiO_2 光催化技术对氨基甲酸酯类杀虫剂克百威的降解进行研究，发现其在 pH 为弱碱性时降解最快，光催化在处理过程中的降解贡献比约为 93.4%。光催化氧化的应用范围广，可完全降解大多数废水中残留的有毒农药，降解效率高且彻底。目前光催化降解农药的研究多以紫外光为主，成本较高，难以针对该类废水产业化应用。

（5）展望

光催化氧化法是一项新型废水处理技术，对难降解污染物的处理具有非常好的应用前景，但在实际应用中还存在一些局限性，达到大规模应用的程度还有很多工作要做。

1）提高工艺稳定性

光催化产生的羟基自由基受环境因素如 pH 值、温度等影响时会被淬灭，而难降解废水的化学组成和 pH 值因类而异，且部分废水透光度低也会影响光催化效率。可通过金属掺杂、复合半导体等技术对传统光催化剂进行改性，拓宽工作条件范围，提高催化剂活性和光催化工艺的稳定性。

2）提高光催化剂对可见光的利用率

目前的研究多以紫外光为主，在实际应用中若全程使用人工紫外灯照射，会提高处理成本。研发实用高效的新型光催化剂，拓宽光催化剂对可见光的利用区间可提高光能利用率。加强光催化氧化与其他工艺的耦合，先对废水进行预处理后再采用光催化氧化，既可以提高处理效率，又可以降低处理成本。

3）解决光催化剂的回收问题

当前常用的光催化剂多为纳米颗粒，不利于回收。研发有效的固定相光催化材料载体，可以解决光催化剂的固定化问题，降低催化剂成本，为光催化技术的应用推广提供有力支持。

4）进一步提高催化效率，降低处理成本

优化光催化反应器的设计，提高溶液与固定化光催化剂之间的接触时间，可提高光催化效率；或在光催化溶液体系加入一些电子捕获剂，降低光生电子-空穴对的无效复合，也能提高光催化效率。

2.2.5 催化湿式氧化法

（1）概述

过去几十年来，全球工业化和城市化的快速发展是导致水资源等自然资源枯竭的主要原因之一。制药、纺织、化工和石化等各行各业产生的工业废水含有大量有毒和难处理的有机化合物。工业废水和生活污水的不当排放会对水生态系统造成严重威胁。根据废水成分的不同，处理废水的方法也多种。因此，需要针对特定类型的废水采用经济高效的处理技术。传统的处理技术，如生物处理技术（活性污泥法、涓流过滤器、旋转生物接触器等），可用于处理生活废水和无毒工业废水，而含有毒性和难降解化合物的废水则需要先进的处理技术。工业中常用的技术有物理化学技术（吸附、反渗透、混凝、沉淀、膜分离等）、焚烧、高级氧化工艺（湿空气氧化、臭氧等）。有时，在废水处理过程中会综合使用这些技术。

湿式空气氧化（WAO）技术是一种废水处理的高级氧化技术。WAO 技术在高温高压下产生诸如羟基自由基等活性物种，被认为在处理高浓度有机物废水或难生物直接降解有毒污染物方面具有很大的潜力。WAO 工艺可将高毒性、难生物降解有机化合物在它们被释放到环境中之前分解成毒性较低、易于处理的小分子有机物。一般来说，这个反应过程在较高温度（200～325℃）和压力（5～15MPa）下通过产生活性氧物种来进行。废水在气液固三相反应器中的停留时间在 15～120min 的范围内，COD 的去除程度可以通常为 75%～90%。

WAO 工艺的一个主要缺点是无法实现有机物的完全矿化。一些最初存在于废水中或氧化过程中积聚在液相中的小分子量含氧化合物（例如甲醇、乙酸和丙酸等）很难进一步转化为二氧化碳和水，达到完全矿化。此外，废水中有机氮化合物的主要转化产物为氨，而氨在 WAO 的运行条件下也很稳定，难以进一步转化处理。这些物质如果想完全转化可能需要更高的反应温度和压力。因此，WAO 过程在一些情况下被认为是废水预处理步骤，需要额外的处理过程配合。为了缓和 WAO 工艺中严苛的温度和压力操作条件，研究者将催化剂引入到 WAO 体系中一起使用，这种含催化剂的操作过程被称为催化湿式氧化（CWAO）。

催化湿式氧化法是在湿式空气氧化法的基础上加入催化剂的处理方法，在高温、高压以及催化剂的条件下，将高浓度有机物氧化分解成 CO_2、N_2 和 H_2O 等无机物或小分子无害物质，从而达到预期的处理效果。在 CWAO 中，难降解有机化合物在催化剂存在下可以在温和的操作条件（低温和低压）下实现更深度的氧化，从而相比 WAO 减少了投资和运营成本。与传统的湿空气氧化法相比，催化湿式氧化由于催化剂的存在，反应可以达到较高的氧化速度和程度，人们可以使用较为缓和的反应条件将 COD 降低到与非催化过程相同的程度。目前，现有的研究结果认为，催化湿式氧化是自由基反应，分为链的引发、链的传递以及链的终止 3 个阶段。催化湿式氧化法主要处理高浓度有机物废水，如垃圾渗滤液、含氰废水以及其他难降解有机废水等。

（2）催化湿化氧化机理

催化湿式氧化法是一种降解工业废水中有毒有机化合物的有效技术。在催化湿式氧化法工艺中，大分子量有机化合物在催化剂表面被空气/氧气氧化，部分转化为低分子量有机化合物，或完全转化为二氧化碳和水。这些低分子量有机化合物会进一步矿化成二氧化碳和水，但由于其难熔的性质，需要更多的能量。催化湿式氧化法主要用于实现两个目标：一是将有机化合物完全矿化为二氧化碳和水；二是通过将有毒化合物转化为可生物降解的中间产物，提高污水的生物降解性并降低其毒性，从而允许使用生物方法对其进行进一步处理。与完全矿化相比，将复杂的有机化合物转化为可生物降解的中间产物要便宜得多，因为完全氧化需要更多的能量。

在催化湿式氧化法工艺中，有机氮可根据反应条件分解为氨、硝酸盐和氮，其他有毒元素如磷可转化为磷酸盐，卤素可转化为卤化物，硫可转化为硫酸盐。高分子量的有机化合物，如吡啶、苯酚、氯酚等会被氧化成更容易生物降解的低级羧酸。当生物技术无效时，可在温和的反应条件下使用催化湿式氧化法来处理有毒废水，重点是将废水中的有毒有机污染物转化为更适于生物处理的中间产物。可生物降解的污水很容易通过生物处理过程完全去除有机化合物。因此，在温和的操作条件下将催化湿式氧化法与生物处理相结合是处理有毒工业废水的有效步骤。

催化湿式氧化法是一种最常用的工艺，可在不太苛刻的操作条件下处理有毒有机废水。与湿式空气氧化工艺相比，在该工艺中，溶解的有机碳在液相中与空气或氧气在催化剂作用下，在较低的温度和压力下被氧化。由于能量需求较低，该工艺比湿式空气氧化工艺更有效地氧化难降解化合物。催化剂应该便宜，催化剂表面应该有足够的活性位点，以便处理工业废水。催化剂在腐蚀性环境中保持稳定，机械强度高，多次运行后仍能保持稳定，并能提高有机化合物的氧化或完全矿化。催化剂是催化湿式氧化工艺的核心，因此催化剂的选择对于催化湿式氧化法的可行性非常重要。

（3）均相催化剂

铁盐、铜盐和锰盐通常用作催化湿式氧化工艺中的均相催化剂。与异构催化湿式氧化工艺相比，均相催化剂性能更好，工艺控制和反应器设计也不那么复杂。均相催化剂被广泛用于处理有毒有机污染物和工业废水。有研究者使用 $CuSO_4$ 作为均相催化剂，在 120℃ 和 0.5MPa 压力下通过催化湿式氧化工艺降解苯酚。反应 4h 后，苯酚转化率和 TOC 去除率分别达到 90% 和 67%，并发现草酸和乙酸是反应混合物中的主要中间化合物。有研究者使用铜、锰和铁（均质）催化剂研究了含有环氧丙烯酸酯单体的工业废水的催化湿式氧化，观察到铜催化剂对 COD 的去除活性最高（77%），同时还观察到催化湿式氧化污水的生物降解性有所提高。有研究者在 180℃ 和 8.1MPa 氧压条件下研究了硫代氰酸酯与均相硫酸铜的催化湿式氧化。在 1h 内，硫代氰酸酯的降解率达到 95%，并在催化湿式氧化废水中发现了硫酸盐、碳酸盐和铵离子。Cu^{2+} 具有较高的活性是由于硫辛酸盐氧化过程中活性 Cu^{2+} 还原为 Cu^+ 以及溶解氧将 Cu^+ 再氧化为 Cu^{2+}。

均相反应机制遵循自由基自催化途径的启动、传播和终止 3 个步骤。在湿式空气氧化工艺中,对于苯酚等芳香族化合物,起始步骤非常缓慢,随后的动力学反应速度较快,导致 TOC 去除率较低,并伴有各种中间化合物。由于芳香环的非选择性破裂(扩散步骤)会形成不想要的中间产物,导致终止步骤的动力学反应缓慢,均相催化剂的反应机理相同,但温度较低。此外,均相 Cu^{2+}、Fe^{2+} 和 Mn^{2+} 催化剂在缓慢的动力学机制下(初始步骤)选择性地破裂芳香环,从而产生所需的中间产物。在此过程中,苯酚氧化产生儿茶酚和对苯二酚,进一步氧化产生许多中间产物,这些中间产物遵循自由基自催化途径。

添加自由基促进剂可提高催化剂的活性,从而提高有机物的氧化能力。有研究表明,通过添加对苯二酚(一种自由基生成物),使用铜催化剂增强了苯酚的氧化作用。此外,硝基苯和苯酚等有机化合物的协同氧化显示,使用铜催化剂可提高苯酚的氧化率。在 200~250℃温度下使用催化湿式氧化法处理污泥时,铜盐和铁盐的组合比单个盐的组合提高了均质催化剂的性能。硫酸铜具有高活性,但阻止了悬浮有机物溶解到水介质中,而硫酸铁具有中等活性,但显示出将悬浮有机物转移到液相中的活性。这两种催化剂的组合显示出协同效应,并发现催化活性有所提高。有研究者研究了铜作为助催化剂预处理磷霉素制药废水。制药废水中含有 PO_4^{3-},黄连素废水中含有 Cu^{2+},二者混合形成聚氧化金属(POMs)助催化剂,在 250℃和 1.4MPa 压力下,COD 去除率达到 40%。尽管如此,BOD/COD 值并没有得到明显改善,而且结果表明,催化湿式氧化污水中仍然存在毒性,不适合用于污水处理。因此,尽管有机物的氧化率比异相催化剂高,但均相催化剂系统在经济上并不可行,因为在催化湿式氧化法处理之后,还需要额外的步骤来分离溶解的催化剂,这使得工艺成本高昂。

(4)非均相催化剂

非均相催化湿式氧化工艺是大规模应用中最有希望减少废物的方法之一。它是一种有效而廉价的技术,能够处理各种类型的工业废水。近年来,人们使用了各种异相催化剂,如贵金属和非贵金属。

非均相催化剂(固体催化剂)是催化湿式氧化近些年研究的热点,具有稳定性好、活性高、易分离的优点,使反应流程大大简化。按照活性组分的不同可以将催化剂分为贵金属催化剂和非贵金属催化剂两大类。虽然贵金属催化剂对有机污染物废水具有很好的氧化性能,但价格比较昂贵且废水中含有的硫和卤族元素极易使贵金属中毒失活,因此,开发廉价的非贵金属催化剂,降低工艺成本成为研究者的选择。常见的非贵金属活性组分有铜、铁、锰以及稀土元素等。

以氧化铜为催化剂,在 127~160℃、8~16bar 的压力下催化湿式氧化处理苯酚废水,苯酚的矿化率达到 77%,生成毒性较低的中间物种。有研究者研究了 γ-Al_2O_3 负载 Fe、Cu、Ni、Co、Mn 等过渡金属催化湿式氧化处理苯酚模型废水。CuO_x/γ-Al_2O_3 因具有最高的还原能力而表现出最优的催化性能。研究还发现,以 CuO_x/γ-Al_2O_3 为催化剂催化湿式氧化处理苯酚时的最佳负载量在 7% 左右,在这其中 CuO 占负载铜的氧化物质量比在 10％～25％。铜催化剂的主要缺点是在高温酸或碱条件下容易溶出，因此限制了其在工业中的应用。中科院大连化学物理研究所通过类水滑石前驱体制备了 Cu-Zn-Al-O 复合氧化物催化剂，在 180℃、2.5MPa 压力下处理苯酚模拟废水，2h 后的 COD 去除率达到 90％以上。该催化剂 Cu 的流失量仅为 0.1×10^{-6}，相比传统方法制备的 Cu-Zn-Al-O 复合氧化物催化剂 3.4×10^{-6} 的 Cu 的流失量有了很大的降低。这是由于制备的复合氧化物晶格能发生了变化，铜离子被限定在比较稳定的晶格结构中，铜离子的流失得到很好的控制。

以 CeO_2 为代表的稀土元素氧化物具有良好的氧化还原性能，较强的耐酸碱腐蚀性，被普遍用于多相催化剂的载体和活性组分。在 150℃、3.5MPa 的压力下催化湿式氧化处理苯酚废水，以 CeO_2-TiO_2 为催化剂，在 2h 内就已经将苯酚完全去除，而且 Ce 和 Ti 的溶出量很低，催化剂表现出很好的活性和稳定性。可以看出，非贵金属催化剂用于催化湿式氧化反应具有很好的反应性能，铜表现出较强的催化效果。但金属溶出问题大大限制了非贵金属催化剂在废水处理中的实际应用。通过添加稀土元素或改变氧化物晶格结构有望降低金属溶出量。

1）贵金属

贵金属铂（Pt）、钯（Pd）、钌（Ru）和铑（Rh）是催化湿式氧化工艺中最有希望用于减少污染物的金属。金属的活性取决于废水的特性，如 pH 值、污染物类型和污染物浓度。通常使用贵金属是因为它们在氧化有机污染物方面具有高活性，并且在苛刻的反应条件下具有高催化剂稳定性。贵金属被支撑在载体上，活性金属位点嵌入载体的表面和孔隙中。最常用的载体有 CeO_2、SiO_2、Al_2O_3、ZrO_2、TiO_2、活性炭（AC）、碳纳米管（CNT）、碳纳米纤维（CNF）以及它们的组合。

2）非贵金属

非贵金属催化剂主要是 Cu、Mn、Co、Ni、Bi 等金属中的一种或几种。非贵金属催化剂的优点是不敏感，但催化活性相对较低，非贵金属催化剂的活性组分在很大程度上会被浸出，因此，非贵金属催化剂主要侧重于提高其稳定性。

（5）催化湿式氧化法在废水处理中的应用

纸浆和造纸厂污水含有不可生物降解的化合物，不适合生物处理。使用以 Al_2O_3、CeO_2 和 $LaCoO_3$ 为载体的 CuO-ZnO 对纸浆和造纸厂废水进行了 CWAO 处理。在 95℃和常压条件下，使用 CuOZnO/CeO_2 催化剂，在酸性条件（pH 值为 3）下，COD 去除率达到 83％。有研究者使用铁/石墨催化剂研究了酿酒废水的 CWAO，在 160℃和 1MPa 压力下，COD 去除率达到 30％。

有研究者在间歇式淤浆反应器中研究了酸性和碱性牛皮纸漂白厂废水（TOC 分别为 665mg/L 和 1380mg/L）的催化湿式氧化。结果表明，TiO_2 和 ZrO_2 在去除酸性和碱性废水中的 TOC 方面都相当活跃，而且 TOC 去除率随金属氧化物比表面积的增加而增加。在这些金属氧化物上掺杂 Ru 可提高催化活性，因此在 190℃和 5.5MPa 的空气中反应 8h 后，

TOC 去除率超过 99%。在装有 Ru/TiO_2 的滴流床反应器中对牛皮纸漂白厂废水进行的催化湿式氧化证明了母体有机物的最终破坏及其矿化为 CO_2，并证明了 Ru/TiO_2 催化剂的长期活性和化学稳定性。该反应的特点是初始步骤快，大分子迅速破碎成短有机酸，随后反应步骤慢，因为这些酸，尤其是醋酸，往往不易进一步氧化。由于乙酸的生态毒性较低，可以通过生物处理将其消除，因此没有必要完全销毁乙酸。因此，催化湿式氧化工艺可作为预处理工艺，与随后的醋酸生物处理相结合，循环利用工业废水。

2.3 混凝法

（1）概述

混凝法主要有混凝沉淀法和混凝气浮法。混凝法的主要优点是工艺流程简单，操作管理方便，设备投资少，占地面积少，已应用于许多化工废水处理，特别是印染废水处理。目前，对混凝的研究主要涉及基础理论的研究和混凝剂的研制与开发。混凝可以分为混合、凝聚和絮凝 3 个步骤。混凝的作用机理主要包括双电层压缩作用、电性中和作用、吸附架桥作用和沉淀网捕作用。

1）双电层压缩作用

向胶体分散体系中加入能产生高价反离子的电解质，通过增大溶液中反离子强度来减小双电层厚度，从而减小 ξ 电位的过程，其实质是扩散层内原有反离子与新增反离子的静电斥力把反离子层不同程度地挤压到吸附层里，从而使扩散层减薄。根据该理论可知，当电解质投加过量时也不会出现超额反离子进入双电层或胶粒改变电性的现象。该理论只从静电作用角度解释电解质对胶粒脱稳现象，并没有考虑脱稳过程其他性质作用，因此很难解释诸如投加过多三价铁盐造成混凝效果下降甚至溶液复稳现象，还有加入与胶粒带相同电荷的聚合物或高分子有机物也可能出现好的混凝现象。

2）电性中和作用

向溶液中加入的混凝剂解离或水解生成的异号电荷与胶体微粒发生吸附作用，中和了胶体微粒表面所带电荷，降低 ξ 电位，静电斥力也相应减弱，从而使胶体微粒脱稳和凝聚。该理论可以很好地解释因混凝剂投加量过多造成溶液复稳的现象，因为悬浮颗粒吸附过量的凝聚剂分子会导致胶体颗粒物表面所带电荷出现反号，使混凝体系重新稳定下来。

3）吸附架桥作用

向溶液中加入链状高分子聚合物，该聚合物分子具有与胶体微粒表面一些部位起作用的活性基团，它可以通过架桥网捕的方式，在范德华力、静电引力、氢键力、配位键等综合作用下，将多个胶体颗粒吸附链接成粗大的絮状体，从而使悬浮液脱稳。该理论很好地解释了与胶粒带同电号的聚合物或高分子絮凝剂同样具有良好的混凝效果的现象。高分子絮凝剂投加后通常会出现以下两种情况：投加过少，不足以形成吸附架桥，絮凝效果不明显；投加过多，使胶粒表面完全被链状高分子吸附包裹，胶粒相互排斥，出现"胶体保护"现象，此时絮凝效果也很差。

4）沉淀网捕作用

采用硫酸铝、石灰等高价金属盐类作为凝聚剂时，当投加量大得足以迅速沉淀金属氢氧化物［$Al(OH)_3$］时，水中的胶粒和细微悬浮物可被这些沉淀物在形成时作为晶核或吸附质而网捕。

（2）常用的混凝剂和助凝剂

用于水处理的混凝剂要求混凝效果好，对人类健康无害，价廉易得，使用方便。目前常用的混凝剂及助凝剂如表 2-1、表 2-2 所列。

表 2-1　常用的混凝剂

混凝剂	主要特性
硫酸铝 $Al_2(SO_4)_3 \cdot 18H_2O$	(1)制造工艺复杂，水解作用缓慢。 (2)适用于水温 20～40℃。 (3)当 pH=4～7 时，主要去除水中有机物； 当 pH=5.7～7.8 时，主要去除水中悬浮物； 当 pH=6.4～7.8 时，处理浊度高、色度低(<30 度)的水
明矾 $Al_2(SO_4)_3 \cdot K_2SO_4 \cdot 24H_2O$	(1)同硫酸铝第 2、3 条。 (2)现已大部分被硫酸铝所代替
三氯化铁 $FeCl_3 \cdot 6H_2O$	(1)对金属(尤其对铁器)腐蚀性大，对混凝土也腐蚀，对塑料管也会因发热而引起变形。 (2)不受温度影响，矾花结得大，沉淀速度快，效果较好。 (3)易溶解，易混合，渣滓小。 (4)原水 pH=6.0～8.4 为宜，当原水碱度不足时，加一定量石灰。 (5)在处理高浊度水时，三氯化铁用量一般要比明矾少。 (6)处理低浊度水时，效果不显著
聚合氯化铝(PAC) $[Al_2(OH)_nCl_{6-n}]_m$	(1)净化效率高，耗药量少，出水浊度低、色度小、过滤性能好。原水高浊度时尤为显著。 (2)温度适应性高，pH 值适用范围宽(可在 pH=5～9 范围内)因而可不投加碱剂。 (3)使用时操作方便、腐蚀性小，劳动条件好。 (4)设备简单，操作方便，成本较三氯化铁低。 (5)是无机高分子化合物
聚丙烯酰胺(PAM)	(1)在处理高浊度水(含砂量 10～150kg/m³)时效果显著，既可保证水质，又可减少混凝剂用量和一级沉淀池容积，目前被认为是处理高浊度水最有效的高分子絮凝剂之一。 (2)聚丙烯酰胺水解体的效果比未水解的好，生产中应尽量采用水解体，水解比和水解时间应通过试验求得。 (3)与常用混凝剂配合使用时，应视原水浊度的高低按一定的顺序先后投加，以发挥两种药剂的最大效果。 (4)聚丙烯酰胺固体产品不易溶解，宜在有机械搅拌的溶解槽内配制溶液。 (5)聚丙烯酰胺有极微弱的毒性，用于生活饮水净化时，应注意控制投剂量。 (6)是合成有机高分子絮凝剂，为非离子型，通过水解构成阴离子型，也可通过引入基团制成阳离子型

表 2-2　常用的助凝剂

助凝剂	主要特性
Cl_2	(1)当处理高色度水及用作破坏水中有机物,或去除臭味时,可在投混凝剂前先投氯,以减少混凝剂用量。 (2)用硫酸亚铁作混凝剂时,为使二价铁氧化成三价铁可在水中投氯
生石灰 CaO	(1)用于原水碱度不足。 (2)用于去除水中 CO_2,调整 pH 值
活化硅胶 (活化水玻璃) $NaO \cdot xSiO_2 \cdot yH_2O$	(1)适用于硫酸亚铁与铝盐混凝剂,可缩短混凝沉淀时间,节省混凝剂用量。 (2)原水浑浊度低,悬浮物含量少及水温较低(约在 14℃ 以下)时使用,效果更为显著。 (3)可提高滤池滤速。 (4)必须注意加注点。 (5)要有适宜的酸化度和活化时间

1) 配制与投加

药剂的调制在大中型水处理工程中是劳动强度较大的工作,为使加药系统操作方便,除了布置合理外,还应尽量提高机械化操作水平或采用水力调制,以减轻劳动强度。加药系统应考虑设置投药计量设备,以控制投加量。在有条件的地方,尽可能采用自动投药装置。投药系统的设计取决于所使用的药剂品种、产品状态(如固、液、气态等)、投药方法、加法方式等因素。常用药剂投加方法有干投法及湿投法两种。干投法的优点为设备占地小、设备被腐蚀的可能性较小、当要求加药量突变时,易于调整投加量、药液较为新鲜,但其缺点为当用药量大时,需要一套破碎混凝剂的设备、混凝剂用量少时,不易调节、劳动条件差、药剂与水不易混合均匀;湿投法的优点为容易与原水充分混合、不易阻塞入口,管理方便、投量易于调节,但其缺点为设备占地大、人工调制时工作量较繁重、设备容易受腐蚀、当要求加药量突变时投药量调整较慢。

目前较常用的药剂投加设备主要有计量泵、水射器、虹吸定量投药设备和孔口计量设备。其中计量泵最简单可靠,生产型号也较多。水射器主要用于像压力管内投加药液,使用方便。虹吸定量投药设备是利用空气管末端与虹吸管出口间水位差不变,因而投药量恒定而设计的投配设备。孔口计量设备主要用于重力投加系统,溶液液位由浮子保持恒定。溶液由孔口经软管流出,只要孔上的水头不变,投药量就恒定。加药量可通过调节孔口大小来调节。

2) 混合

混合是原水与混凝剂或助凝剂进行充分混合的工艺过程,是进行混凝反应和沉淀的重要前提。混合过程要求在加药后迅速完成。

混合方式基本分水力和机械两大类。前者简单,但不能适应流量的变化;后者可进行调节,能够适应各种流量的变化,但需要一定的机械维修量。国外尚有采用气动混合设备等方式。具体采用何种形式应根据净水工艺布置、水质、水量、投加药剂品种及数量,以及维修条件等因素确定。主要混合形式有管式混合、混合池混合、水泵混合、浆板式机械混合。

3) 反应

经过与药剂充分混合后的原水,进入反应池进行反应。按照混凝理论,在反应池中主要起絮凝作用，故反应池应称为絮凝池，但目前仍习惯称反应池。

① 反应形式及选用。反应设备与混合设备一样，可分为两大类，水力和机械。前者简单，但不能适应流量的变化，后者能进行调节，适应流量变化，但机械维修工作量较大。

② 反应池形式的选择。反应池形式应根据水质、水量、净水工艺高程布置、沉淀池型式及维修条件等因素确定。反应池主要有隔板式反应池、旋流反应池、涡流反应池、孔室反应池、机械反应池几种。

4）澄清

澄清池是能够实现混凝剂与原水的混合、反应和絮体沉降三种功能的设备。它利用的接触絮凝原理是为了强化混凝过程，在池中让已经生成的絮凝体悬浮在水中成为悬浮泥渣层（接触凝聚区），当投加混凝剂的水通过它时，废水中新生成的微絮粒被迅速吸附在悬浮泥渣上，从而能够得到良好的去除效果。所以澄清池的关键部分为接触凝聚区。保持泥渣处于悬浮、浓度均匀稳定的工作条件已成为所有澄清池的共同特点。根据泥渣与废水接触方式的不同，澄清池分为两类。

a. 悬浮泥渣型。主要形式有悬浮澄清池、脉冲澄清池。

b. 泥渣循环型。主要形式有机械加速澄清池、水力循环加速澄清池。

在废水处理中应用最广泛的是机械加速澄清池如图 2-5 所示。

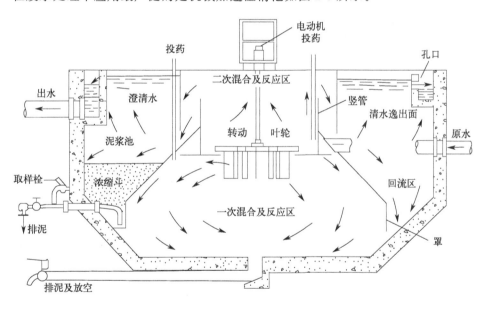

图 2-5 机械加速澄清池

（3）研究进展

1）混凝/絮凝行为研究进展

① 传统混凝剂混凝行为的研究仍颇受关注。冯利等对铝盐水解聚合形态的分布等问题进行分析并推断 $Al_3(OH)_4^{5+}$ 是铝盐的最佳混凝形态。有研究者讨论了 Fe(Ⅲ) 混凝沉降水杨酸的机理。铁离子对芳香酸的混凝去除取决于芳环上酸性基团的数目和位

置，只有至少在邻位具有两个羧基或羟基的化合物才能明显地被 Fe(Ⅲ) 混凝去除。有研究者处理高岭土悬基浊液时发现未陈化的 $FeCl_3$ 溶液的 Fe^{3+} 在低浓度时起电中和作用，高浓度时其水解物起桥联剂的作用。

② 高分子吸附过程动力学的研究对混凝/絮凝过程的优化设计甚为关键。有研究者证明过长时间的搅拌会导致大絮团的破裂，或破坏颗粒物/絮团的表面，从而导致过多高分子吸附在颗粒物表面。

③ 无机高分子（IPF）的絮凝机理研究。IPF 的絮凝形态学，尤其是 $AlCl_3$ 的形成及稳定性已成为研究热点。汤鸿霄指出溶液化学和形态分布方面的研究，如铝盐及铁盐的水解与聚合，是开发高效絮凝剂必需的理论准备，并认为 IPF 的絮凝机理介于传统混凝剂与有机絮凝剂之间。对 IPF 水解聚合过程中形态变化的研究中，水解度参数比碱基度参数更能反映问题。

④ 模型方法是研究混凝/絮凝及相关过程的重要手段，目前开展得尚不充分。有研究者建立了描述气动絮凝动力学的数学模型。

⑤ 在溶液化学及形态分布方面，有研究认为聚合铝有六边形及三叉形两种主要形态的 FTCS 模型。

2）混凝/絮凝过程研究的实验方法研究

Ferron 逐时络合分光光度法（FTCS）是研究聚合物水解形态的有效手段。Bertram 等认为 Ferron 法简易经济，可确定和量化研究铝阳离子以及核磁共振光谱（NMR）无法分析的低浓度溶液中铝的形态，并通过该方法发现阳离子，特别是聚铝的不同形态对碱式氯化铝絮凝效率具有重要作用。有研究者通过电位法、ALNMR、FTCS 流式检测计、zeta 电位法、絮凝检测计和烧杯沉降等实验方法检验了 IPF 优于传统铝盐混凝剂的絮凝行为。有研究者采用改进的 Al-Ferron 快速测定法和流动电流技术研究了铝与聚铝水解形态的转化规律、稳定性及荷电状况。另外，光学显微镜（LM）、扫描电镜（SEM）、透射电镜（TEM）和原子显微镜（AFM）等以及光子相关光谱（PCS）被用于表征混凝剂形态和含水絮团，大型视频记录仪等也被用于连续记录絮团粒径和产生光电输出图。

3）混凝剂的开发

① 无机高分子絮凝剂。无机高分子絮凝剂（IPF）研究进展较大，复合型絮凝剂成为近来的研究热点。有研究者将 IPF 归纳为阳离子型、阴离子型、无机复合型和无机-有机复合型四种。有研究者以硅酸钠、硫酸和硫酸铁为原料制备了聚硅酸硫酸铁（PF-SS），当其 Fe/SiO_2 值在 1.5 以上时对高岭土悬浊液浊度去除效果最佳。有研究者用水玻璃、氯化铁和无机酸制备聚硅铁（FPS），当其 Fe/Si 比为 1、活化时间为 1h 时絮凝效果最佳。硅的形态分布研究对复合型硅絮凝剂的研制具有指导意义。还有研究者制备出更稳定的聚硅酸硫酸铝（PASS），适应室温或更低温度。

② 有机高分子絮凝剂。阳离子高分子絮凝剂的优良絮凝能力使其成为水处理首选絮凝剂，从而得到广泛的研制和应用，其中带有一定电荷密度的效果更佳。另外，经疏水性处理后其对油脂的去除颇有效果。季胺盐类阳离子絮凝剂不仅有很好的缓蚀、分散

阻垢作用，而且还有强杀菌作用。有研究者比较了合成絮凝剂 HE、PEI 和 PAM 与天然高分子壳聚糖以及铝混凝剂对造纸黑液中木质素（色度和 TOC）的去除效果，结果表明，壳聚糖对色度和 TOC 的去除效果最好，分别为 90% 和 70%。有研究者通过多种药剂与聚多胺复配得到有机复合阳离子絮凝剂 PN-5。有研究者合成了丙胺和氯甲代氧丙环的聚缩物（PPE），对膨润土悬浊液和压缩污泥有絮凝和过滤增效作用。

③ 废弃物回收制备的混凝剂和絮凝剂。以废治废是污染控制的一个重要途径，Caceres 等报道将含有铁、硫酸根、氯、镁、钠和铜等离子的废水经过处理后可得到用于城市污水处理的混凝剂。Allal 等指出钢铁工业副产品硫酸亚铁可与硝酸或硝酸硫酸混合酸反应，产生具有混凝作用的硫酸铁和硝酸盐。吴敦虎等介绍了采用硼泥复合混凝剂处理印染废水的效果，当剂量为 0.3~0.6g/L、pH 值为 4.0~11.5 时增强除色率至92% 以上，优于 PAC。研究发现明矾石在 700℃ 煅烧后可溶于水，有助混凝的效果。

④ 天然混凝剂和絮凝剂。由于高残留铝对人体健康的危害，引发了世界范围的对新型无毒、无害混凝剂和絮凝剂的研究。有研究者认为壳聚糖同合成絮凝剂如聚丙烯酰胺（PAM）、聚乙烯等相比是一种高效絮凝剂。将 0.4U/mL 过氧化物酶、2mg/L 壳聚糖和 $8×10^{-4}$ mol/L 过氧化氢混合使用可使水中氯酚去除率达 95% 以上。有研究发现pH 条件对壳聚糖絮凝效果影响不大，电中和并非壳聚糖絮凝的主要机理。热带植物 Moringa oleifera 种子中含有一种可食用油和具有优絮凝性能的水溶性物质。Ndabig-engesere 等指出其中的絮凝活性物质是分子量为 13kDa、等电点为 10~11 的二聚体阳离子蛋白质。这种天然絮凝剂的优点是无毒、可生物降解、且不影响出水 pH 值和电导率，其污泥产生量亦只有铝盐絮凝剂的 1/4~1/5。有研究者研究了秋葵种子、汁液、茎和根的提取物的絮凝效果。有研究发现木质素的网状结构具有强的吸附和网捕能力，对 pH 值小于 4 的高岭土悬浮液有良好的絮凝效果，且不受电荷状态的影响。

⑤ 生物混凝剂和生物絮凝剂。某些生物絮凝剂性能优异，而且不对环境造成二次污染。Suh 等从土壤样中分离并鉴定了能产生优良絮凝物质的杆状菌株。Yokoi 等从杆状菌株培养中获得的谷氨酸（gamma-PGA）是一种无毒高效的絮凝剂，另外还指出 sp. By-29菌株和属于杆状菌株的 PY-90 菌株所产生的絮凝物质的絮凝能力可被 A^{3+}、Fe^+ 和 Ca^{2+} 等无机离子加强。有研究者筛选出的 27 种菌株能产生对高岭土有絮凝作用的物质，其中分子量高于 106Da 的有高效除浊和除色功能，并能被 Ca^{2+}、Mn^{2+}、Mg^{2+} 等增效。有研究者利用超离心、萃取及硅胶色谱技术分离提纯了一种脂类生物絮凝剂，该絮凝剂可用乙醇等直接从红平红球菌（Rhodococcus erythropolis S-1）细胞中萃取得到。有研究者利用多步沉淀的方法从 Archuadendron sp. TS49 培养基中得到的絮凝物质在 pH3.0 时絮凝效果最佳，且能被 $FeCl_3$ 或 $FeSO_4$ 等无机盐增效。有研究者从腐叶中分离出可产生絮凝的物质 Pestan，在剂量为 1mg/L 时效果最佳，并可被 $CaCl_2$ 或 $FeCl_3$ 等无机盐增效。

（4）混凝法在废水处理中的应用

1）垃圾填埋场废水处理

经过生物或物化方法处理的垃圾填埋场渗滤水一般仍有较高的 COD 和盐度值，有研究者采用混凝/絮凝法在优化的 pH 值条件下对其浊度的去除率达到 97%。墨西哥城的两大污水流具有高碱度、多细菌及理化性质多变的特征，有研究者采用 $FeCl_3$ 与阳离子丙烯酰胺共聚物结合的方法取得了最佳处理效果。有研究者发现经预先充臭氧（最佳剂量为 1.5mg/L）并调节被处理污水为酸性的条件，铝盐混凝剂的除浊效率提高 30%，在达到浊度去除要求的情况下可减少 64% 的混凝剂用量。有研究者采用从山葵提取的过氧化酶与阳离子絮凝剂结合的方法有效去除了酚类污染物。有研究发现酪氨酸酶与含氨基的阳离子絮凝剂配合可顺利去除有色的致癌性酚和芳胺。

2）洗涤剂废水处理

洗涤剂废水具有高 COD（2400～26400mg/L）、低 BOD/COD 值的特征，其中有机物很难通过生化处理的途径去除。有研究者用石灰（pH=9～10）和明矾结合的方法使废水中的 COD 减少 41%。另外，有研究者利用 $Ca(OH)_2$ 沉淀结合碱式 $FeCl_3$ 混凝的方法处理皮革废水，两轮处理后 COD 的去除率达 87%，而继续重复处理并未取得明显去除效果，其中第一轮处理的污泥有物料回收的潜力。有研究者利用 30mg/L 的明矾处理甲肝病毒（HAV），最大去除率达 88.4%，而同 1mg/L 的阳离子聚电解质配合使用时 HAV 去除率达 98.3%。有研究者发现调整 pH 值至 11.8～12（不用加入镁盐）可使微藻大量絮凝。明矾在混凝处理污水的同时，能通过其化学毒性除去水中的贻贝寄生幼虫。有研究发现含硅 PAC 絮凝剂在处理低温水时效果显著，仅需 2.5～5min。有研究发现加入 10～100mg/L 的 $FeCl_3$ 可将 PAC 对多果定（dodine）的去除率提高至 98%以上，同时可使 PAC 剂量减少到一半。

3）含铜电镀废水处理

有研究者以 $FeSO_4$、PAC 作为絮凝剂去除低浓度电镀废水中的 Cu^{2+}，考察了絮凝剂投加量、溶液 pH 值、搅拌速度和时间等影响因素，结果表明，在各自最佳条件下，PAC 和 $FeSO_4$ 对 Cu^{2+} 的去除可达到 99.37% 和 99.20%，达到《污水综合排放标准》（GB 8978—1996）中一级排放标准。最后通过对 $FeSO_4$、PAC 和 NaOH3 种药剂的综合分析和比较，发现 $FeSO_4$ 絮凝处理低浓度电镀废水中的铜比 PAC 絮凝、NaOH 沉淀法操作简单，污泥产生量少，工业应用性强而且去除率高。

2.4 电絮凝法

（1）概述

电絮凝技术具有构造简单、污染物去除效果好、污泥产生量少、易于操作等特点，在饮用水及废水处理领域受到广泛关注。该技术多以铝、铁等金属为阳极，在电场作用下原位产生絮凝剂，以絮凝沉淀、气浮等形式实现污染物的去除，而电化学氧化还原是去除污染物的有效途径之一。电絮凝产生的絮体尺寸远小于传统化学絮凝，分散度更均匀，有利于絮体与污染物的碰撞接触，其污染物去除效果优于传统混凝技术。电絮凝技术在水处理领域具有一定的应用潜力。电絮凝的优点如下。

① 设备简单，结构紧凑，占地面积小，操作维护方便，易与其他工艺组合使用。

② 与化学絮凝法相比，电絮凝法溶解的金属离子成分纯净，没有杂质，电极金属消耗量低，污泥产量小，对原水的适用范围广，反应过程中不需投加化学药剂，不存在二次污染的风险。

③ 电极溶解所生成的金属离子活性高，形成的胶粒结合水含量低，絮凝性能强；生成的微小气泡起到搅拌作用的同时还可以完成颗粒物的浮选，处理效果好。

④ 阴阳极板间的电场分布，可改变水中悬浮颗粒的双电层分布，使正负电荷分别偏向颗粒一侧，有利于颗粒间的相互吸引、凝结和脱稳。

⑤ 在处理低温低浊水时，化学絮凝难以达到令人满意的效果，但电絮凝有其独特优势。

⑥ 可以通过风能、太阳能、燃料电池等绿色能源驱动。

电絮凝技术也存在一些缺点，其缺点如下。

① 电絮凝过程中，阴极易产生钝化现象，形成致密的氧化膜，阻碍反应的继续进行，降低了处理效果。

② 电絮凝适于农村、小型居民点使用，但这些地方往往电力资源较为紧缺，难以满足高耗能电絮凝技术的使用。

③ 根据反应器的设计形式，对溶液的最低电导率有要求，限制了电絮凝对低溶解性固体水的处理。

④ 电絮凝在处理含有高浓度胡敏酸和富里酸的污水时，易生成三卤甲烷。

⑤ 某些情形下，凝胶状氢氧化物可能溶解，无法实现凝聚去除。

⑥ 由于阳极极板氧化溶解，需要定期更换。

（2）电絮凝技术反应机理

电絮凝是指在外加电场作用下，阳极析出可溶性阳离子（M^{n+}），与阴极产生的 OH^- 形成 $M(OH)_n$，通过吸附架桥、网捕卷扫、电荷中和等反应机制实现污染物的去除，同时电极析出的气泡裹带有污染物的微小絮体，形成气浮作用，强化污染物的去除。电絮凝技术在电化学反应、絮凝沉淀、气浮等共同作用下去除污染物，反应机理如图 2-6 所示。

电絮凝的影响因素包括电流密度、初始 pH 值、污染物类型及浓度、电解质浓度、极板间距等。增大电流密度能提高金属离子析出量，产生更多的絮凝剂，进而提高污染物去除率。阳离子析出速率与施加电压之间满足法拉第定律。由于不同污染物及金属离子水合物的存在形态差异，初始 pH 值对污染物去除的影响尚未形成统一认识。增大电解质浓度有助于降低反应所需能耗。极板间距对系统的水力条件及电阻有影响，但对污染物去除效果影响较小。污染物初始浓度越高，电絮凝技术所需的反应时间及电流密度越大。延长反应时间能提高污染物去除效果，但去除速率会逐渐降低，因此要合理控制反应时间，降低处理成本。

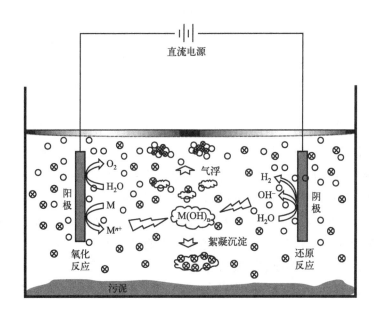

图 2-6 电絮凝反应机理示意图

（3）影响电絮凝处理效果的因素

1）极板间距以及组合方式的影响

极板间距主要影响极板间的电压，两者呈反比，故减小极板间距能降低电压，从而有利于降低能耗，但过小的极板间距易导致短路和阻塞。在电絮凝实际应用中，为了获得较大的极板面积，常将极板串联或并联，即单极并联、单极串联和双极串联。极板组合对污染物的处理效果不尽相同，双极串联处理屠宰场废水取得最好效果，而和双极极板相比，单极极板去除含油废水中的有机物更具优势，因为单极极板处理费用较低。另一方面，单极串联中各极板的电流密度可精确计算，据此可计划极板更换的时间；而双极串联由于结构更为简单，替换极板简单易行，可减少因更换极板所造成的停机时间。故在确定极板类型和极板间距时，既要充分考虑极板的处理效果，也要考虑经济效益和操作、施工难度。

2）电流密度的影响

电流密度是运行过程中直接可调的参数。由法拉第定律知，电流密度直接影响阳极的溶解和气泡生成的速度，进而影响溶液的混合、电极的传质和污染物的分离模式。允许的最高电流密度不一定使反应器处于最有效的分离模式，且过高的电流密度会使能耗成倍增加。另一方面，电荷加载速率会随着电流密度的增加而增大，阴极产生的 OH⁻ 未能及时与溶解的金属离子反应而进入废水中，使废水的 pH 值升高。电流密度的选择不仅取决于污染物种类和浓度，还要考虑建设和运行成本。设计过小会导致极板的面积增加，极板材料的投资增加；若过大，则会导致能耗增加，从而增加运行成本。

3）溶液 pH 值的影响

溶液 pH 值主要影响絮体种类及其表面电荷，从而影响污染物的去除。此外，pH 值还能在一定程度上反映某些污染物的去除效果。pH 值不同，铁/铝羟基化合物种类也不同。当 pH 值较低时，阳极产生的金属阳离子与废水中的带负电荷的胶粒结合，产生电中和作用，使胶体溶解性降低而沉淀。当 pH 值在中性和偏碱性时，金属氢氧化物可通过吸附去除废水中的有机物。由铁的氧化和 Fe^{2+}、Fe^{3+} 的水解反应可知，当溶液 pH 值较低时，水解产物带正电荷，电荷量随 pH 值的升高而减少；pH 值继续升高，水解产物所带电荷由正变负。当铝作为电极时，铝盐随着 pH 值的不同，双水解进行的方向不同，产生不同的铝化合物。一般认为聚十三铝（Al_{13}）是聚合铝中的最佳絮凝成分，而聚十三铝最佳形成的 pH 值可能为 5.6～6.6。因此，为了有效去除特定污染物，溶液的 pH 值必须保持在合适范围内。

（4）电絮凝法在废水处理中的应用

1）重金属废水的处理

水中含有的重金属污染物具有稳定性高、难以降解、污染范围广的特点。有研究者采用了美国 EITG 公司的电絮凝处理技术，将两个电絮凝反应器串联布置，出水 As、Pb 等各种重金属含量均达到《污水综合排放标准》（GB 8978—1996）一级标准和《地表水环境质量标准》（GB 3838—2002）Ⅲ类水质标准。有研究者发现电凝聚去除电镀废水中金属离子的效率随着电流密度的增加而增加，在 pH＞4 时，除镍率＞90%；pH 值在 4～8 之间时，除铬率＞80%；pH＞8 时，除铬率＜58%。有研究者通过与传统工程的处理方案对比，发现采用电絮凝工艺的 CURE 装置处理电镀及含重金属离子的污水时，在处理面积、管道长度、操作难易、装机容量等方面均显示出一定的优势。有研究者采用双铝极板处理含铜废水，发现最佳工艺条件：初始 pH 值为 5.0，电流密度为 $6\mu A/cm^2$，电极间距为 1cm，处理时间为 30min，此时废水中 Cu^{2+} 去除率可达 98.5%。有研究者在利用电絮凝法处理湘江霞湾港重金属底泥清淤尾水时，发现铝和铁电极联用能大大增强尾水中各污染物的去除效果，先用铁作阳极反应 20min，然后转换为铝反应 10min，这种方式去除效率更高。起始 pH 值也对处理效率有一定影响。

重金属 Hg、Cu、Pb、Cd 和 As 等，其去除率均随着 pH 值的升高而增大，但是对于两性金属，在 pH 值不断上升时就会发生反弹。有研究者在去除电镀废水中的铜、铬、镍、锌等重金属离子时发现电流密度为 $4mA/cm^2$，pH 值为 9.56，通电时间为 45min 时，重金属离子去除率可达到 97% 以上，能源消耗约为 $6.25kWh/m^3$，证明电絮凝工艺在经济和规模上的可行性。有研究者在净化电镀废水中发现相较于铁电极，铝电极的处理效果更好，在初始 pH 值为 6，电流强度为 30A，时间为 2min 时，废水中的铜和镍的去除率可以达到 98.98% 和 95.29%，均达到国家排放标准的规定，此时工艺的能耗约为 $6kWh/m^3$。有研究者在电絮凝反应中持续曝气去除废水中砷，发现在未调整 pH 值的条件下，砷的去除率在 90s 内就能达到 99%。有研究者利用不锈钢电极对金属镀液中的重金属离子进行电絮凝处理，发现在不添加任何电解质且不调节 pH 值的条件下，电流密度为 $9mA/cm^2$ 时，总有机碳（TOC）去除率达到 66%，镍、锌离子去除率能达到 100%。

2）饮用水除氟

饮用水除氟是电化学絮凝的主要研究方向之一。传统的除氟方法包括石灰沉淀法、混凝沉淀、吸附离子交换、电絮凝、电渗析、反渗透等多种工艺；其中，电絮凝工艺能够有效降低饮用水中的含氟量。

有研究者在双铝极板电絮凝法的基础上引入了锌电极，发现锌铝电极电絮凝对高氟饮用水中氟的去除有较好的效果，研究发现当原水的氟离子浓度为 $6mg/L$ 时，以锌、铝极板面积比为 $1:3$，控制电解电压为 $18V$，pH 值为 6，反应 $20\sim30min$ 即可使出水达标。有研究者用双极铝电极电絮凝法处理高氟地下水。在电流密度为 $30A/m^2$ 时，极板间距为 $1.5cm$ 的条件下，去除 $1g$ 氟的能耗仅为 $0.45\sim1.5kWh$。在此条件下，除氟效率极高且工艺安全无害。有研究者同样利用电絮凝法处理高氟地下水，发现在将水保持在流动状态下时，使电极间距为 $5\sim8mm$，电流密度为 $30\sim60A/m^2$，氟去除率能达到 70% 以上。有研究者在不改变 pH 值和不添加可溶性盐的条件下运用电絮凝法去除地下水中氟，研究表明在阳极面积与反应器容积比为 $52.5m^2/m^3$，电极间距为 $1.0cm$，电流密度为 $30A/m^2$ 时，反应 $10min$ 后，出水氟化物浓度小于 $1.0mg/L$，完全符合了相关直饮水标准。

有研究者将电絮凝技术运用于高氟、高砷的河套地区地下水净化中，由实验结果得知在反应时间为 $20min$，电流为 $22A$，电压为 $24V$，极板间距为 $10mm$，每隔 $10min$ 进行一次极板换向时，除氟和除砷率均高达 80%。含氟、铜、铝、锌、氰化物等杂质的地下水，在采用电絮凝法进行污染物去除和净化后，能高概率达到预处理标准。有研究者分别采用双极铝电极和单极动电位极化实验，以研究在水中与氟离子相混合的其他阴离子的种类和浓度对除氟效率的影响，实验发现，大部分除氟反应都发生在阳极表面，且在没有其他共存阴离子的情况下，工艺的除氟效率几乎接近于 100%。而在溶液同时含有 F^-，Cl^-，NO_3^- 时，除氟率会下降至 $80\%\sim90\%$；在同时含有 F^- 和 SO_4^{2-} 时则跌至 $20\%\sim60\%$。在含有多种类型阴离子的水质中，铝电极会发生不同类型的腐蚀，且除氟所需的铝量也会大大提高。

有研究者在电絮凝-浮选工艺中采用十二烷基硫酸钠（SDS）作为阳极活化剂，以产生持续稳定的气泡，实验表明多种阴离子的干扰可以通过加大 SDS 投入来削弱影响，但过高的酸度会影响絮凝体的生成和水中氟离子和水中悬浮固体（SS）的去除效率。有研究者采用反渗透-过滤-电絮凝法，用铝作为阳极处理含氟废水，在通电量为 $600C/L$ 时，氟表面活性剂的去除率在 $71\%\sim77\%$，过滤后进入反渗透系统，此时去除率可达到 $99.94\%\sim99.97\%$。还有研究者研究了不同的实验参数对除氟效率的影响，实验表明，废水 pH 值在 $6\sim8$ 之间，水中含铝浓度在 $120\sim155mg/L$ 之间，电荷密度为 $60000\sim70000C/m^2$ 时，除氟效率最高。

3）采油污水处理

目前，我国大部分油田的开采已经进入了三次采油阶段，出油含水量占比达到70%～90%，在开采过程中产生的采油废水量非常大，如若任其排放，会对周围土壤及水质造成极大破坏。二级沉降和二级过滤的传统方法具有操作复杂、成本高的特点，电絮凝技术则是一个新的研究方向。

有研究者采用电絮凝法处理含聚采油污水，COD 和聚合物的最佳去除率分别达到68.5%和49.7%。有研究者在利用电絮凝处理油田含油污水中发现在电流密度为 7mA/cm^2，电解时间为 20min，极板间距为 2cm，污水体积与极板有效面积的比值为 25 时，含油废水的去除率能达到 92%。有研究者探究发现酸性条件更有利于聚驱采油废水中污染物的降解，pH 值为 3.25、电流强度为 0.8A、反应时间为 3min 时，HPAM 去除率为 99.63%，COD 去除率达到 85.24%。有研究者通过配置含聚废水，改变电絮凝装置的各种工艺参数，并进行优化实验，在构建数学模型后得出的最优化实验条件为电流密度 40mA/cm^2、极板间距 4.0cm、电解时间 25min，此时的出水降黏率能够达到86.2%，COD 去除率为 72.5%。

有研究者利用三批三次采油废水对电絮凝工艺的不同参数进行了正交实验，并使用连续流处理进行动态试验，在此基础上投入了脉冲电絮凝法，并与电絮凝进行了对比研究。实验结果发现脉冲频率对处理效率的影响并不大，装置最佳参数：以铝为极板，pH 值为 4，反应时间为 20min，极板间距为 1cm，采用直流电源，供电量为1.848Aomin。有研究者进一步利用分批试验和连续试验处理已受石油污染的水体，发现在以钢为阳极，铁为阴极，pH 接近中性时，将电流密度由 2mA/cm^2 逐渐提高至18mA/cm^2，TPH 去除率也随之提高，同时持续曝气能加快反应进程。

2.5 超声技术

（1）概述

自 20 世纪初以来，超声波由于在许多过程中增强了化学和物理效应而获得了相当大的关注。在 20 世纪 30 年代，人们发现超声波可以诱导聚合物降解。在水溶液中羟基自由基形成的第一个实验证据是由 Parke 和 Taylor（1956）报道的。自旋捕获技术可以验证水声波中氢和羟基自由基的形成。然后提出了"热点"理论来解释超声引起的热自由基现象。这一理论被广泛接受，因此，超声波应用于去除水中有机污染物的扩散大大增加。

利用超声波降解水中的化学污染物，尤其是难降解的有机污染物，是近年来发展起来的一项新型水处理技术。它集高级氧化技术、焚烧、超临界氧化等多种水处理技术的特点于一体，降解条件温和、降解速度快、适用范围广，可以单独或与其他水处理技术联合使用，是一种很有发展潜力和应用前景的技术。近年来利用超声波强化有机废水的降解或直接利用超声波降解有机废水的研究报道日益增多，研究内容涉及降解机理、降解动力学、中间体检测、影响超声降解过程的因素和优化条件实验等。

（2）超声波工作原理

超声波是指频率高于人耳可探测频率的声波。它的频率范围为 20～10000kHz。通常，超声波分为三个区域：低频、高频和极高频。低频和高频超声用于化学过程，而极高频则用于医疗诊断。

超声波由一系列疏密相间的纵波构成，并通过液体介质向四周传播。当声能足够高时，在疏松的半周期内，液相分子间的吸引力被打破，形成空化核。空化核的寿命约为 0.1μs，它在爆炸的瞬间可以产生大约 4000K 和 100MPa 的局部高温高压环境，并产生速度约 110m/s 具有强烈冲击力的微射流，这种现象称为超声空化。这些条件足以使有机物在空化气泡内发生化学键断裂、水相燃烧、高温分解或自由基反应。功率超声波的频率范围为 20～100kHz，声化学研究使用的超声波频率范围为 200kHz～2MHz，其中前者主要利用了超声波的能量特性，而后者则同时利用了超声波的频率特性。化学反应和传递过程的超声强化作用主要是由于超声空化产生的化学效应和机械效应引起的。

（3）超声降解反应的类型

在空化效应作用下，有机物的降解过程可以通过高温分解或自由基反应两种历程进行。例如，在氩气存在的条件下，用超声波辐照 $Fe(CO)_5$ 的癸烷溶液可以得到无定形铁。该实验证明了空化泡在崩溃瞬间产生高温，挥发性 $Fe(CO)_5$ 进入空化泡内并在其中发生高温分解反应。Hirai 等研究了 CFC-113 等制冷剂水溶液的超声降解过程。结果表明，CFC-113 在高浓度下的降解速度远超过 OH 自由基的产生速度，这说明 OH 自由基对 CFC 的分解影响不大，空化气泡内的热分解是 CFC 降解的主要途径。

在超声空化产生的局部高温、高压环境下，水被分解产生 H 和 OH 自由基（OH 的氧化能力仅次于元素 F），另外溶解在溶液中的空气（N_2 和 O_2）也可以发生自由基裂解反应产生 N 和 O 自由基。这些自由基会进一步引发有机分子的断链、自由基的转移和氧化还原反应，可见超声降解本质上同光催化一样也属于自由基氧化机理。实验发现，在超声降解过程中，会产生一系列复杂的中间化合物，这与溶液中存在着众多的自由基种类有关。例如，在仅由 N_2、O_2 和 H_2O 组成的体系中发生的自由基反应就多达 20 多个，产生大量的、复杂的自由基中间体。只要降解条件合适，反应时间足够长，超声降解的最终产物都应该为热力学稳定的单质或矿化物。

（4）影响因素

1）超声功率强度

超声降解反应的速率一般总是随功率强度的增大而增加，但功率强度过高会适得其反。

2）超声波频率

最近的研究表明，高频超声波有助于提高超声降解速度，这是由于 OH 自由基的产率随声源频率的增加而增加。事实上，在超声降解过程中，超声强度和频率之间可能有一个最佳匹配问题，而且频率的选择与被降解有机物的结构、性质以及降解历程有关，并不是在所有情况下高频超声波都是有利于降解的。例如，900kHz 的超声波对 CS_2 没有明显的声解作用，20kHz 的超声波能将它分解为碳和单晶硫。因为该降解反应的机理为空化气泡内的高温裂解，因此，降解速度与 OH 自由基的产率无关。另外，随着超声波频率的升高，超声波功率强度将下降，从而降低超声降解的速率。作为高级氧化技术，超声降解可以通过调整频率和饱和溶解气体来达到最佳效果。目前制造高频率低功率（如超声波诊断仪）和低频率大功率的超声波发生器（如大尺寸超声波清洗槽）的工艺技术都已成熟，但高频率大功率超声波发生器的制造还存在技术上的困难，因此，工业上应用的功率超声的频率一般均低于 60kHz。

3）超声波反应器结构

反应器设计的目的就是在恒定输出功率条件下尽可能提高混响场强度，增强空化效果。反应器可以是间歇的或连续的工作方式，超声波发生元件可以置于反应器的内部或外部，可以是相同频率的或不同频率的组合。

4）溶解气体的影响

溶解气体对超声降解速率和降解程度的影响主要有两方面的原因：一是溶解气体对空化气泡的性质和空化强度有重要的影响；二是溶解气体如 N_2、O_2 产生的自由基也参与降解反应过程。超声空化产生的最高温度和压力总是随绝热指数 r 的增大而升高。对单原子气体 $r=1.666$，而多原子气体（如泡腔内的空气，水蒸气或有机物蒸气）的绝热指数总是小于单原子气体，例如，N_2 饱和的水溶液 $r=1.33$。可见，在超声降解过程中，使用单原子稀有气体总能提高降解的速率和程度。

5）液体的性质

液体的性质如溶液黏度、表面张力、pH 值以及盐效应都会影响溶液的超声空化效果。

6）温度

温度对超声空化的强度和动力学过程具有非常重要的影响，从而造成超声降解的速率和程度的变化。温度升高会导致气体溶解度减小、表面张力降低和饱和蒸气压增大，这些变化对超声空化是不利的。一般声化学效率随温度的升高呈指数下降，因此，声化学过程在低温下（<20℃）进行较为有利，超声降解实验一般都在室温下进行。

7）协同效应

用超声波降解水中的污染物作为一个新兴的研究领域，目前尚处于探索阶段，该技术要实现工业化需要提高声能的利用率和降解速度。超声空化产生的机械效应可以极大地改善非均相界面间的传质和传热效果，如何有效地利用超声空化是声化学的主要研究方向。将有机物水溶液的超声降解与其他降解方法相结合，有可能在充分发挥超声波的化学效应的同时也使其机械效应通过对其他过程的强化效应得到发挥，从而产生协同效应，提高有机物的降解速率和程度。例如，将超声降解与臭氧降解联合应用，可以强化臭氧对偶氮染料的脱色效果，提高天然有机物富烯酸的 TOC 去除效果，也可以促进硝基苯、4-硝基苯酚和 4-氯苯酚的分解。

（5）超声技术在废水处理中的应用

1）印染废水

在印染废水中有机物含量多、色度大、毒性强、碱性和 pH 值变化大，处理很困难。据测算，我国每生产 1t 染料，需要排放约 800m^3 的废水，在生产和使用过程中，还有一部分染料会污染水体。随着印染废水中的难降解助剂大量增加，传统的物理法和生物法处理已经无法满足要求。许多学者开始研究运用超声波技术来处理印染废水。在运用超声波技术的同时往往与 Fenton 试剂联合起来协同处理印染废水，利用二价铁离子与过氧化氢在酸性条件下，通过链反应催化生成羟基自由基，有效降解废水中有机污染物，可降低废水的 COD 和色度。

有研究者采用甲基橙模拟印染废水，研究了超声波和 Fenton 试剂协同氧化的效果。研究表明，超声波-Fenton 体系对亚甲基橙模拟的印染废水有良好的处理效果，COD 的去除率达到 83% 以上，色度的去除率达到 90% 以上。而且超声波和 Fenton 试剂有良好的协同作用，色度的去除速度明显加快。两者协同作用的最佳反应条件：原水浓度为 100mg/L，pH＝4，H_2O_2 浓度为 400mg/L，Fe^{2+} 浓度为 8mg/L。而且在紫外光照条件下能促进两者的协同作用。有研究者采用超声波-Fenton 试剂处理模拟印染废水亚甲基蓝溶液。在超声波和 Fenton 试剂协同作用下对其进行研究，从而得出超声波-Fenton 试剂处理亚甲基蓝染料废水的最佳条件：1mmol/L 的亚甲基蓝溶液 50mL，加入 6‰ 的 H_2O_2 溶液 22.5mL，加入 20mmol/L 的 $FeSO_4$ 溶液 2.5mL，调节 pH＝2.8，超声波处理 1h，COD 的去除率达 85% 以上，亚甲基蓝溶液的色度去除率可达 96% 以上。运用超声波-Fenton 试剂协同法处理亚甲基蓝溶液，处理后水质好，处理效率增高，反应时间减少，同时不会产生氢氧化铁沉淀，没有二次污染问题和污泥处理问题。有研究者研究了超声波-Fenton 耦合后对印染废水的去除效果。实验选择 H_2O_2（30%）、$FeSO_4$·$7H_2O$、pH 值、超声波时间、超声功率五因素作为正交实验的五个因素，正交实验结果表明，pH 值为 3，最佳实验时间为 1.5h，H_2O_2（30%）用量为 5mL，$FeSO_4$·$7H_2O$ 用量为 0.7g，超声功率为 142.5W。在最佳的条件下，COD 的去除率能够达到 94.6%，色度去除率能够达到 87.5%。实验证明使用超声波-Fenton 耦合试剂处理印染废水优于单一法处理。

2）制药废水

制药废水其特点为构成复杂、有机物种类多且含量大、固体悬浮物 SS 浓度高、氨氮浓度高。其次由于生产工艺和药物种类的异同，使得废水的水量和水质极不稳定，是工业废水中较难处理的一种。而且制药废水中的难降解污染物长时间残留在水中时，大部分污染物都具有毒性和"三致"作用。传统水处理方法效率相对较低，无法达到排放要求。目前，许多学者在研究利用超声波耦合其他技术来处理制药废水，且取得了一定进展。

有研究者以高浓度发酵制药废水为主要研究对象，对超声协同 Fenton 的高级氧化处理组合工艺的最佳反应条件进行了探究。通过单因素变量实验表明最佳值为：废水初始 pH 值为 4，H_2O_2 浓度为 4.7mmol/L，Fe^{2+} 浓度为 6.5mmol/L，超声波功率为 75W，反应时间为 30min，此时 COD 的去除率达到 71.5%。且对 COD 去除率影响大小顺序为 pH 值＞$FeSO_4 \cdot 7H_2O$ 浓度＞H_2O_2 浓度＞超声波功率。有研究者将超声波与混凝法相结合处理制药废水。其中混凝剂选择的是聚合氯化铝（PAC）。实验结果表明，单独利用超声波处理制药废水（COD 为 6000～9000mg/L，pH 值为 5）时，超声波时间为 1000s，功率为 300W 时，对废水中的 COD 和 NH_3-N 去除效果最好，分别达到 27.80% 和 45.34%。如果将超声波和混凝剂（PAC）联合起来处理制药废水，先利用超声波辐射处理后，再施加 0.3g/L 的 PAC 时对 COD 和 NH_3-N 的去除率较高，分别达到 61.24% 和 58.63%。有研究者研究了超声波-Fenton 对制药废水中的金刚烷胺降解效果。结果表明，使用超声波-Fenton 方法对于金刚烷胺废水的降解更有效。TOC 最高去除率达到 65.6%，高于 Fenton 和超声波分别处理的总和。监测处理后的废水，超声波-Fenton 处理能有效去除废水中的有机物，特别是对含苯系物的污染物质有很好的效果。

3）焦化废水

煤是中国的主要能源，由于社会的快速发展，焦炭的产量也明显增长，随之而来则会排放出大量的焦化废水。焦化废水包含数百种有机污染物（包括酚类、氰化物、氨、多核芳烃和含氮、氧和硫的杂环化合物），其特点为色度大、毒性大，大多数化合物是高度浓缩的，对环境和生态具有长期的影响。焦化废水的水质特点表现为较高的 COD、酚浓度和氨氮。处理焦化废水中的 COD 和氨氮大多采用生化法，出水的 COD 难以达到排放标准。

有研究者研究了用超声波-Fenton 对焦化废水进行高级氧化处理。实验结果表明，原污水 COD 值为 8287mg/dm^3，TOC 值为 2251mg/dm^3，当超声波振幅为 61.5μm，超声波处理时间为 8min，硫酸亚铁试剂为 4g/mL 时，经过处理的原污水 COD 值降低了 84%，TOC 值降低了 75%。有研究者研究了超声波技术对焦化废水中难降解有机物的处理。实验结果表明，焦化废水原水的 BOD/COD＝0.03，属于难降解废水。而经过最优条件，即频率达到 45kHz、时间为 120min、pH＝7～8、超声功率 200W、废水处理量 100mL 时，超声波对原水样进行处理，得到的水样的 BOD/COD＞0.3，属于可生物降解废水，证明了超声波处理对焦化废水可提高其生化性。有研究者研究了超声波再生的焦化废水吸附饱和活性炭。利用超声波生成的空化泡对活性炭进行冲击，使得活性炭吸附的物质解吸。实验结果表明，超声波对其作用 20min，频率为 33kHz，功率为 200W，活性炭/自来水的质量比为 1∶15 时，对再生焦化废水吸附饱和活性炭的效果最佳，再生率保持在 50% 左右，最高可以达到 69.39%。活性炭的再生液可生化性要明显高于焦化废水的二级生化出水，其中 BOD/COD 值为 0.33，能够直接回流至焦化废水厂生化处理系统。

4）食品废水

有研究者利用 CASS 技术处理蛋糕加工废水，结果表明，在 pH 值为 6.0，混凝剂 PAFC 投加量为 400mg/L，沉淀时间为 3h 的条件下，出水 COD 为 89mg/L，TP 为 0.40mg/L，符合《污水综合排放标准》(GB 8978—1996) 的一级标准要求，COD、TP 去除率均高于 85％；整个系统沉淀稳定，几乎不产生泡沫。CASS 运行过程不需要排泥，具有经济节约的特点。

3

生物处理法

在自然水体中存在的大量各种微生物对有机物质进行降解作用。生物处理法的原理是通过微生物酶的催化作用，产生微生物的吸附能力和新陈代谢能力，可以把污水中的有机污染物经过氧化分解为无毒、无害的稳定无机物。通过大量工程及实践验证方法，生物处理法是一种设备简单、运行费用低廉、效率较高，且适合处理食品工业废水的有效方法。目前，常用的食品加工废水生物处理方法主要有生物法是指在生物膜、活性污泥等以微生物为主的生物处理工艺，去除污水中污染物，改善污水水质。生物处理方法有好氧处理法［序批式活性污泥法（SBR）、循环式活性污泥系统（CASS）］、厌氧处理法［升流式厌氧污泥床（UASB）、厌氧膨胀颗粒污泥床（EGSB）］、厌氧-好氧处理法［连续搅拌反应器（CSTR）＋UASB、UASB＋CASS］及生物膜法（生物接触氧化法、内循环生物流化床和生物膜反应器等）。

3.1 好氧处理法

（1）膜生物反应器（MBR）

MBR是一种将生物处理与膜截留作用相结合的废水处理工艺，废水中的有机污染物通过好氧活性污泥中微生物的吸附与降解作用被去除，而膜组件则相当于传统活性污泥工艺中的二沉池，可将微生物截留在反应器内，保证反应器中较稳定的活性污泥浓度，从而使处理后的出水水质大为改善。MBR工艺被广泛应用于造纸、印染、化工、酿酒等多个行业，在这些领域的废水处理方面，均取得了良好的处理效果。Valderrama等采用MBR工艺对酿酒废水进行处理，其出水水质能够满足城市绿地、农业的掩灌用水及景观用水要求。然而，由于MBR工艺在生产加工过程中受到制膜成本、生产技术、膜组件寿命等因素的制约，MBR 处理工艺在实际工程中所占比例仍然较低。

（2）移动床生物膜反应器（MBBR）

MBBR 工艺是在传统活性污泥法的曝气池中投加一定数量的悬浮载体填料，供微生物附着生长。MBBR 工艺为连续运行，无需反冲洗，水头损失低，在载体填料表面可以形成一个特定的微生物膜表面，其运行效能取决于反应器内部填料的投加比例、生物载体的表面积、系统内部的溶解氧以及有机负荷等。MBBR 工艺在运行过程中，需在反应器出水口处设载体截留装置，以防止反应器内部载体流失而造成的微生物量减少。MBBR 工艺结合了生物膜系统和悬浮活性污泥系统的优点，是一种高效的废水处理技术，具有处理效率高、基建投资和运行维护成本低、操作管理简单、对废水水量适应能力强等特点。因此，近年来 MBBR 工艺在水处理领域得到了广大研究人员的青睐。

（3）氧化沟（OD）

氧化沟是一种基于连续环式流程原理的反应池，它是通过废水在闭合环路中连续的流动，再经过硝化、反硝化以及碳源代谢等生物降解过程，兼具了反应器及完全混合反应的优点，以及具备完全混合流态及推流流态的优势，表现为池中溶解氧浓度梯度明显、脱氮除磷的功能强、其处理后的水质好、工艺流程简单、处理效果稳定。

（4）AB 法

吸附生物降解法的简称是 AB 法，是将曝气池分为各自独立的沉淀和污泥回流这高低负荷两段。A 段为高负荷段，在 20～40min 以生物絮凝吸附作用下，进行的不完全氧化作用，微生物为短世代的细菌群落，其 BOD 去除能力达 50% 以上；B 段为低负荷段，负荷较低的泥龄时间较长，是一种类似于活性污泥法。经过实践表明，它比传统的活性污泥法的优势在于 AB 法的有机污染物、悬浮固体和氮磷去除率较高，适合水量水质变化大，有机废水的污染物浓度高且处理效果明显。

（5）SBR 法

SBR 法即序批式活性污泥法，通过控制运行方式，可实现对氮、磷的去除，且脱氮除磷效果良好。SBR 法的优点为工艺流程简单、造价低、占地少、布置紧凑，操作管理方便等。通过工程实践表明，利用本工艺在废水 COD900～2500mg/L 时，满足一级的排放处理出水标准。

（6）生物接触氧化法

生物接触氧化法是在曝气池内安放填料，通过进水曝气使之混合后，使填料与混合液充分接触，利用生物膜的吸附和代谢降解作用净化水质，是一种高效的生物水处理技术。该工艺兼备了生物膜法与活性污泥法的优点，其主要优势为反应池含有较高的生物固体，较短的水力时间，较低的投资运行费用，占地面积少，较强的抗冲击负荷能力，无污泥膨胀问题，处理效率高，BOD 负荷率高，能够实现间歇运行，操作简单，管理方便，还具有较强的脱氮除磷能力。

采用缺氧水解-生物接触氧化工艺对玉米淀粉废水的处理过程中，取得较好的处理效果。有实践表明，当玉米淀粉废水 COD 的平均浓度为 10000mg/L 时，处理后的出水水质 COD 去除率能达到 99% 以上。此工艺在食品工业废水处理领域的良好应用价值使得其应用广泛。

（7）曝气生物滤池（BAF）

BAF 作为第三代膜生物技术于 80 年代末至 90 年代初兴起，在欧美和日本等发达国家广为流行的污水处理工艺。主要用于去除污水中的有机物，以及脱氮、除磷、除有害物质，工艺特点为氧传输效率高，出水水质好，水力停留时间短，水力负荷、容积负荷较高，所需基建投资少，不产生污泥膨胀，运行能耗低，运行费用省等。此外，BAF 工艺还集生物氧化和截留悬浮固体于一体，省去了二沉池。BAF 可应用于生活废水及食品工业废水处理中，但 BAF 工艺一般要求 SS<100mg/L，所以对进水 SS 较敏感，需要进行进水预处理。BAF 工艺在进行反冲洗时需水量及水头损失较大。

3.2 厌氧处理法

3.2.1 厌氧生物处理的阶段原理

厌氧生物处理废水是指利用厌氧微生物进行的代谢作用，而且是在没有氧存在的条件一下，把所需要处理的废水当中污染物的有机成分转化成为小分子状态的无机物大量的是、H_2S、CO_2、CH_4 和有机物以及细胞性物质。有关于有机物的厌氧降解过程，有很多种理论，归纳起来主要包括二段论、三段论和四段论，在这其中三段论是目前在领域当中应用最为广泛的一个理论。

厌氧生物处理废水的三阶段理论是 Bryant 在 1979 年初提出来的，这个理论将厌氧消化的处理分为三个阶段、四个过程——水解发酵的阶段（由水解反应和发酵反应共同组成）、产氢产乙酸的阶段（产氢气的过程和产乙酸的过程同时存在）、产甲烷的阶段（产生甲烷的过程）。与二段论的理论模式相比较而言，这个理论更加强调了产氢产乙酸过程的重要作用与决定性地位，而且也把它们独立地划分为一个重要阶段。

（1）水解过程

高分子有机物因为分子量大，不能通过细胞膜，必须经过水解酶转变成小分子有机物溶解在水里才能够被微生物利用。例如，淀粉被淀粉酶水解为麦芽糖和葡萄糖，纤维素被纤维素酶水解为纤维二糖与葡萄糖，脂类转化成了脂肪酸和甘油，蛋白质被蛋白酶水解为短肤与氨酸等。

（2）发酵过程

在水解的过程中，在发酵细菌的细胞内部所产生的小分子有机物转化为了结构更加简单的化合物，以乙酸、丙酸、丁酸等挥发性脂肪酸为主，另外还有乳酸、醇类、二氧化碳、氨、氢、硫化氢等。而且上述的这些小分子化合物（如多糖类、脂肪、氨基酸或短肽等）在发酵细菌的作用下转化为乙酸、丙酸、丁酸、乙醇、CO_2、H_2 等。

（3）产乙酸过程

产氢产乙酸细菌把比如丙酸、丁酸脂肪酸、醇类、乳酸等物质，除了甲酸、乙酸、甲醇以外的由水解发酵所得到的中间产物，进一步地处理而转化成了乙酸、CO_2、氢、碳酸等。

（4）产甲烷过程

在前面的几个降解过程当中，都可以被产甲烷细菌最终转化为甲烷和前面所产生的甲酸、乙酸、甲醇、氢等。

水解过程和发酵过程都是由同一种类的细菌来完成的，而发酵过程和产乙酸的过程则是由不同种类的细菌分别完成的两个产酸过程，但是它们的主要产物却都是以有机酸的形式存在的。

二阶段理论则认为厌氧生物降解处理有机物的过程可以分为酸性发酵阶段即水解过程和发酵过程，以及碱性发酵阶段即产甲烷阶段，但却没有考虑其中的产乙酸过程，该理论虽然较为明确地描述了厌氧生物降解处理的过程，但是也由于一些因素的影响而具有一定的局限性，没有全面而且系统地反应厌氧消化处理过程中最本质的内涵。

四阶段理论则是在三阶段理论的基础上，又增加了一步由同型的产乙酸细菌把 H_2/CO_2 转化为乙酸的同型耗氢的产乙酸过程，但是由于这类细菌所产生的乙酸的量往往根本达不到整个反应过程当中所产生乙酸总量的 5%，一般我们普遍认为是可以忽略不计的。

3.2.2　厌氧生物处理反应装置

从 19 世纪中叶以后，人们已经开始有目的地将厌氧消化处理技术用于处理有机废水和产生的污泥，至今已有 150 余年的历史了。而最近几十年以来，随着人们对厌氧技术原理和理论认识的深入和生物科学技术的不断发展，厌氧生物反应器的技术得以飞速的发展，并且为高浓度工业有机废水和生活生产污水的工业化提供了重要的理论手段。总的来看，厌氧反应器的发展经历了以下几个重要的阶段。

（1）传统的厌氧反应器阶段

在 1860 年，法国的工程师 Mourns 采用了厌氧的方法处理经沉淀的固体物质；在 1896 年，英国出现了全世界第一座用于处理生活生产污水的厌氧消化池；在 1904 年，德国的 Inhoff 开发研制了双层沉淀池腐化池；在 1910 年至 1950 年间，高效的、可加温和可搅拌的消化池也得到了最快的发展；到了 20 世纪 40 年代，在澳大利亚出现了连续搅拌的厌氧消化池。在这种完全混合式的厌氧反应器内，由于厌氧污泥与废水是完全混合在一起的，所以污泥的停留时间与废水的水力停留时间是基本相同的。由于废水在反应器里的停留时间一般都很长，一般在中温 30～35℃的停留时间为 20～30 天，因而反应器的体积就需要很大，同时由于反应器的污泥浓度低，处理效果差，此时的厌氧消化技术还不能较为经济地适用于工业生产废水的处理。直到 1955 年，Schroepher 等提出了厌氧接触消化工艺法，在出水沉淀池当中增加了污泥回流的装置，实现了水力停留时间（HRT）和污泥停留时间（SRT）的分离，使得 SRT 远远大于 HRT，这是厌氧处理技术史上的一个重要的发展，这也标志着现代废水厌氧处理技术的诞生。人们把这些反应器总称为传统的厌氧反应器或者第一代厌氧反应器。

（2）第二代厌氧反应器阶段

在生物工程中固化技术的发展使得人们认识到了提高反应器内污泥浓度的必要性和重要性，于是在微生物固化原理的基础上，第二代厌氧反应器即高效厌氧反应器得以发展起来，这一发展阶段的厌氧反应器是以上流式厌氧污泥反应床反应器和厌氧生物滤池作为代表。在 1969 年 J. C. Yong 开发并研究出了用于生产的厌氧生物滤池，首次研制出了厌氧生物膜法，从而有效地增大了污泥龄，提高了处理效率，这是现代厌氧生物处理技术发展史上的一个里程碑，同时，也开创了在常温下对中等浓度有机废水的厌氧生物处理的应用范围。Lettinga 等在 20 世纪 70 年代末又开发了上流式厌氧污泥反应床，这是生物固体的颗粒化开辟了全新的生物固化途径，从而大大提高了厌氧生物反应器的有机负荷能力，大大地推动了厌氧生物处理技术在工业上的应用。大量的厌氧颗粒污泥都能够被形成和所保持，并且也会使得厌氧处理高浓度废水的从过去的几十天或几天缩短至几天甚至几小时。在这一发展阶段还开发出了一些其他类型的厌氧反应器，在 20 世纪 70 年代中期，Pretoerious 和 McCarty 开发出了厌氧生物转盘之后，McCarty 又在此基础上于 1981 年初改进开发出了厌氧折流板反应器。

（3）第三代厌氧反应器阶段

为了满足厌氧反应器的高效运行，就必须使反应器中的进水和存在于反应器中的污泥之间保持一个最为良好的接触。为此，首先应该保证反应器当中水分布的均匀性，这样可以最大限度地避免短流现象的发生。新型厌氧反应器内没有设置机械搅拌的装置，完全是由产生的气体搅动和进水混合来完成对反应器内部的混合作用。因此，在当进水无法采用高的水力和有机负荷的时候，比如在低温的情况下也只能采用低负荷的时候，这样就会使得产气的搅动作用和水流的冲击作用大幅度减小、发生短流的现象加剧、污泥床内部的混合强度相对降低。考虑到了这一问题的出现，从而经过了研究开发出了第三代厌氧反应器。

第三代厌氧反应器是以厌氧膨胀颗粒污泥床（EGSB）反应器、厌氧升流式流化床

（UASB）反应器和厌氧内循环（IC）反应器为代表，它们都是在 UASB 的基础上开发出来的。EGSB 反应器仅仅是在运行方式上与 UASB 反应器不同，它是在高的上流速度（一般可达 2.5～6m/h，有时更高可以达到 10m/h）下使得颗粒污泥处于悬浮状态而保持了进水与颗粒污泥的充分接触；IC 反应器则是由 7 个 UASB 反应器单元重叠而成的，上部单元处于极端低负荷，底部单元处于极端高负荷，在反应器内部能够形成流体循环状态，使得有机物与颗粒污泥之间的传质过程得到加强厌氧升流式流化床反应器介于 UASB 和流化床之间，使得进水和污泥之间得到良好的混合。

由厌氧反应器发展的过程可以反映出在不同的发展阶段改进的重点都有所不同。在第一阶段主要是为了达到分离污泥停留时间和水力停留时间的目的，减少水力停留时间就能减少反应器的容积。第二阶段主要是使反应器内部能够保持有大量的活性污泥，从而提高负荷来增强处理效果。第三阶段主要是为了加强污泥和废水之间的混合接触程度以提高传质的效率，最终的目的仍然是要提高处理效率。总而言之，厌氧反应器的发展过程中始终围绕着如何提高反应器的污泥浓度和负荷、将污泥停留时间和水力停留时间分离并尽可能延长污泥停留时间、逐渐用水流与产气的搅拌作用取代机械搅拌。

1）UASB 反应器

UASB 反应器采用下进上出式进出水，废水流过厌氧污泥床的过程中会与其中的微生物接触而实现对污染物的降解作用。厌氧过程中产生的气体在反应器内部向上运动过程中会使液体产生湍流，实现了系统内部泥水混合的目的，从而能够省去机械搅拌所需的能量。此外，该反应器内的 H 相分离区实现了废水与颗粒污泥固体及产生的生物气的分离。Claudia 采用 UASB 反应器处理含有硫酸盐的发酵废水，在硫酸盐浓度为 4000mg/L、COD 浓度为 2.7～10g/L 的条件下，硫酸盐去除率达到 98%，COD 去除率达到 84%。但是 UASB 由于没有设计回流装置，对于高浓度废水不能实现很好的去除，同时对废水中有毒物质的适应能力较弱。

2）EGSB 反应器

EGSB 反应器是对 UASB 反应器的变形与改进。与 UASB 处理技术相似，EGSB 反应器也是利用了厌氧微生物在厌氧颗粒污泥内部自固定的特性以及反应器内部颗粒污泥的良好沉降性能。然而，与 UASB 反应器不同的是，EGSB 反应器依靠出水回流和较大的高径比在主反应区获得较大的上升流速（一般＞7m/h）。在 EGSB 反应器内部，颗粒污泥可在高液体上升流速（12.5m/h）以及高气体上升流速（＞7m/h）条件下生长并维持其颗粒形态。在 UASB 反应器内部，更强的液体混合能促进底物与微生物的接触，进而会提高反应器的处理效能和运行稳定性。

3.3 厌氧-好氧处理法

（1）缺氧好氧活性污泥法（A/O 法）

缺氧好氧活性污泥法简称 A/O 法，其主要优点在于降解有机污染物的同时，还可以实现脱氮除磷。A/O工艺将缺氧段和好氧段串联在一起。A段是将DO控制在0.2mg/L以下，O段是将DO控制在2～4之间。缺氧段的主要作用为反硝化脱氮，提高污水的可生化性及提高后续好氧段氧的利用效率。好氧段主要作用为去除有机物，氨化、硝化去除氨氮，并通过回流脱氮，最终实现废水生物处理的目的。处理食品工业废水时采用A/O法生物处理装置，处理效果表明其出水完全符合《污水综合排放标准》(GB 8978—1996)规定的一级排放标准。A/O法具有工艺程流程简单、有机物降解效率高、废水停留时间短、水质和水量适应范围广、不产生沼气、具有较好脱氮效果，以及可防止污泥膨胀等优点。

（2）厌氧缺氧好氧活性污泥法（A^2/O）

A^2/O工艺也称为厌氧-缺氧-好氧法，其具有同步实现生物脱氮除磷的功能。在废水处理中，将原废水与含磷回流污泥一并放入厌氧池，通过除磷菌释放磷及摄取有机物，再将混合液由厌氧池放入缺氧池，实现反硝化脱氮，这里硝态氮是通过混合液回流由好氧池送来的。然后，混合液进入曝气池，在曝气池内实现去除BOD、硝化和吸收磷等作用。最后，通过沉淀池进行泥水分离后，排放剩余污泥来除磷。

（3）水解好氧生化处理技术（H/O）

根据有机废水的特点，相关学者研究开发了一项新的污水处理工艺，即水解好氧工艺。该工艺具有先进技术和抗冲击负荷能力，且操作管理方便、流程简单、启动迅速、处理效果佳、性能稳定、投资及运行费用低、经济适用性强。水解段有水解和酸化两个作用，水解作用主要是将难生物降解的固体大分子有机物分别转化成易生物降解的溶解性小分子有机物；酸化作用是把可以生物降解的有机物转化为低分子有机酸。通过水解工艺串联好氧工艺后，最终形成水解好氧生化处理技术。水解工艺具有的特点是不需要将反应池密封，无搅拌器，无液、固三相分离器，停留水力的时间较短、造价低、维护方便、管理简单。其废水经水解反应处理后，可生化性提高，后续反应时间缩短，投资及运行费用降低。水解过程中空气良好，没有臭味产生。在实际工程中水质水量变化适应强，细菌培养繁殖快，处理装置运行启动快，调试时间较短，水解菌温度能适应5～40℃，变化不很敏感，与好氧工艺串联所形成的新工艺能有效进行生物脱氮。

在哈尔滨秋林糖果采用该工艺处理废水，进水COD1030～2670mg/L，经过该工艺的处理之后，出水标准符合排放要求。在处理食品酿造的废水时，该工艺也实现了非常好的处理效果。水解好氧技术在处理工业废水的过程中，其废水的有机污染物、悬物等得到了较高的滤除效果，运行稳定。此废水处理工艺具有去污泥能力强、经济效率高、运行管理便捷等优点，使得其应用前景十分广泛。

各国专家、学者都相继研发出了许多新型的组合工艺，具有优良的经济适用性以及良好的技术特性，在污水处理中广泛应用，例如水解好氧生物处理工艺等。通过研究和实际的应用，由于食品加工工业的废水处理带有投资成本以及实际运行费用较高、抗冲击负荷能力及处理效率差、维护管理及监管复杂、剩余的活性污泥成分大、出水氨氮不符合标准等一系列不稳定因素，需要有效整合以上工艺，才可实现开发出一套具有先进的技术、高效的经济，令人满意的污水处理工艺。如何实现环境效率与经济效率并举，来保证环境及水资源的可持续发展，这些都将成为我们进一步提高污水处理技术发展进步的努力方向和重要责任。

3.4 生物膜处理法

3.4.1 生物膜法原理

微生物固着于反应器内的载体上，污水进入反应器后与载体上的微生物接触，微生物通过利用污水中的底物进行生长、繁殖，在微生物的生长过程中，污水中的污染物被去除。由于微生物固着于载体上，不会随污水流出反应器，因此实现了在活性污泥法中不能实现的污泥停留时间和水力停留时间的分离。生物膜工艺的这一优点保证了系统不会发生污泥膨胀问题。同时，由于生物载体的存在，使系统内曝气更加均匀，传质更加稳定。

生物膜是生物膜系统的核心，生物膜的培养状态直接影响工艺的处理效果。生物膜是由高度密集的好氧菌、厌氧菌、兼性菌、原生动物以及藻类等组成的生态系统。生物膜自载体向外可分为厌氧层、好氧层、附着水层、流动水层。由于传质作用，流动层中的底物通过附着水层后进入生物膜，底物在生物膜上经过微生物的代谢活动而被降解。在底物的降解过程中，微生物不断生长、繁殖，同时，生物膜厚度不断增加。在传质过程中，选择适当的进水负荷，底物基质从液相传递到生物膜表面的传质阻力不需要考虑，底物在生物膜内的传递和底物在生物膜内被降解是同时进行的。当生物膜的厚度增长到 DO 透不进去时，载体与生物膜结合的地方出现厌氧层。随着微生膜的继续增厚，载体表面的微生物与底物的接触空间被切断，此处的微生物只有靠自身体内的碳源维持代谢生长，最终结果是微生物慢慢死亡，这就导致了生物膜与载体之间的附着力大大降低。在进水和进气的系统环境中，生物膜最终在系统内剪切力的作用下脱落。在生物膜脱落的地方，载体又开始长出新的生物膜，维持系统内足够的生物量。

生物膜的结构和活性影响生物膜系统的运行效能，生物膜的结构与活性取决于底物浓度、底物特性、底物在膜中的扩散系数、污染负荷，以及其他各种物理化学因素。目前，生物膜结构及生物活性可以通过荧光显微镜法及 INT 标记法得到。

与传统的活性污泥法相比，生物膜法具有以下特点。

① 微生物多样化，生物的食物链长，有利于提高单位面积的处理负荷。

② 功能菌群分区代谢活动，有利于提高微生物对有机污染物的降解效率和增加难降解污染物的去除率，提高脱氮除磷效果。

③ 对进水水质、水量变动有较强的适应性，提高系统冲击负荷。

④ 剩余污泥产量少，降低污泥处理费用。

⑤ 适合低浓度污水的处理。

⑥ 易于维护，运行管理方便，耗能低。

3.4.2 生物膜法主要工艺

生物膜法按生物膜与污水的接触方式可分为填充式和浸渍式两大类。在填充式生物膜法中包括生物滤池和生物转盘。在浸渍式生物膜法中包括生物接触氧化法和生物流化床。

（1）曝气生物滤池

曝气生物滤池（biological aerated filter，BAF）是20世纪80年代末和90年代初兴起的污水处理工艺。工艺原理：污水流经时，利用生长在反应器内滤料上的生物膜中微生物的氧化分解作用净化污水，同时利用滤料粒径较小的特点及生物膜的生物絮凝作用截留污水中的悬浮物；当出水水头损失增加到影响反应器出水水质时，对滤池进行反冲洗，以释放截留的悬浮物以及更新生物膜。曝气生物滤池的主要工艺特点：抗冲击负荷高，处理能力大，除污能力强，出水质量高，工艺流程短，省去二次沉淀池，氧利用率高，维护管理方便，占地面积小，建设投资少，运行费用低，易挂膜，启动快。

（2）生物转盘

生物转盘（rotating biological contactor，RBC）是污水灌溉和土地处理的人工强化工艺。这种处理工艺在生物转盘填料载体上形成由微生物组成的生物膜。污水与生物膜接触后，生物膜上的微生物利用污水中的有机污染物进行代谢、生长，在这个过程中污水中的污染物被去除。在曝气生物转盘中，微生物代谢所需的DO通过设在生物转盘下侧的曝气管供给。转盘表面覆有空气罩，从曝气管中释放出的压缩空气驱动空气罩使转盘转动，当转盘离开污水时，转盘表面上形成一层薄薄的水层，水层也从空气中吸收DO。但由于生物转盘在冬季温度较低的华北地区不易挂膜，而且适宜小型污水处理厂规模采用，因此使用不普遍。作为固着型生物膜处理工艺，生物转盘主要有以下工艺特点：能耗低，机械驱动的生物转盘的运行费用仅为活性污泥的$40\%\sim50\%$，易于维护管理，生物转盘不需经常调节混合液悬浮浓度（mixed liquid suspended solids，MLSS）和曝气量，不存在活性污泥法中污泥膨胀的问题，没有复杂的机械装置，因此无需高难度运行技术，管理方便。

（3）生物接触氧化法

生物接触氧化池一般由池体、生物载体及曝气系统组成。生物载体浸没在水中，污水通过载体时，水中一些溶解性有机物吸附在生物膜的胞外聚合物内，最终被微生物降解去除；有些悬浮物则被载体截留，为微生物有了栖息、繁殖的场所。生物接触氧化法具有处理时间短、体积小、净化效果好、出水水质好且稳定、污泥不需回流也不膨胀、耗电小等优点。生物接触氧化法的缺点：滤料间水流缓慢，水力冲刷力小，生物膜只能自行脱落，剩余污泥不易排走，滞留在滤料之间易引起水质恶化，影响处理效果，滤料更换、构筑物维修困难。由于生物膜对微生物的截留，实现了 HRT 和 SRT 的分离，因而在有机物、氮和磷的去除方面显示出巨大潜力。

（4）生物流化床

生物流化床技术（biological fluidized bed，BFB）是 20 世纪 70 年代初发展起来的一种新兴污水处理技术，在城市污水处理和工业废水领域有广泛的应用前景。生物流化床又分为厌氧生物流化床和好氧生物流化床。好氧生物流化床结合了传统活性污泥法与生物膜法的优点，得到环境工程界的广泛关注。该工艺的核心部分是以密度接近于污水的填料直接投加到曝气池中作为微生物的活动载体，依靠曝气池内的曝气搅拌作用使之处于流动状态。好氧生物流化床具有以下优点：单位体积内的生物量大，加速系统内传质过程，不会因为生物量的累积而引起体系阻塞；容积负荷高，处理效果好；占地面积少，投资省。

3.4.3 生物载体填料的进展

填料是生物膜法中微生物栖息的场所，在污水处理工艺中的作用十分重要。生物载体填料在国内外有近百年的历史，尤其最近几十年间，填料在材质和结构上均有了长足的发展。

填料是生物膜技术的核心，它的性能与污水处理工艺运行的效率、能耗、稳定性以及可靠性均有直接关系。近几十年，填料的形态经历了以下几个发展阶段。

（1）固形块填料

蜂窝直（斜）管形块状填料是最有代表的固块形填料。由于它具有材料耗费少，比表面积大和孔隙率高等的优点，因此在 20 世纪 70 年代被广泛采用。但它有一个致命的缺点就是易于堵塞。

（2）悬挂式填料

悬挂式填料是 20 世纪 80 年代末期兴起的一种新型填料。它克服了固形块填料易堵塞的弊端。但是悬挂式填料的应用需要有配套的支架系统，给施工带来麻烦。此外，在处理高浓度有机废水时，填料丝易出现结团，断裂等现象。

（3）悬浮式填料

20 世纪 90 年代初，悬浮填料开发成功开启了水处理新的方向。悬浮填料比表面积远高于其他固定式填料，因此保证了处理系统内微生物的量，大大提高了系统处理负荷，减少池体的容积，节省了工程投资。在系统运行过程中，填料传质速率快，生物膜活性高，系统无需反冲洗，维护简单，填料的投配率根据水质或工艺而定，不产生填料积泥问题。

4 —

酒类废水处理工艺及工程实例

发酵是利用微生物在有氧或无氧条件下制备微生物菌体，或直接产生代谢产物或次级代谢产物的过程。所谓发酵工业，就是利用微生物在生命活动中产生的酶对无机或有机原料进行加工获得产品的工业，包括传统发酵（有时称酿造）工业，如某些食品和酒类的生产，也包括近代的发酵工业，如酒精、乳酸、丙酮-丁醇等的生产，还包括新兴的发酵工业，如抗生素、有机酸、氨基酸、酶制剂、单细胞蛋白等的生产。在我国常常把由复杂成分构成的并有较高风味要求的发酵食品，如啤酒、白酒、葡萄酒、黄酒等饮料酒，以及酱油、酱、豆腐乳、酱菜、食醋等副食佐餐调味品的生产称为酿造工业，而把经过纯种培养、提炼精制获得的成分单纯且无风味要求的酒精、抗生素、柠檬酸、谷氨酸、酶制剂、单细胞蛋白等的生产叫作发酵工业。迄今发酵工业产值已经成为国民经济的主要支柱，其产生的环境问题也日趋严重。

4.1 酒类生产工艺

一般来讲，淀粉、制糖、乳制品加工工艺为：原料——→处理——→加工——→产品；而酒类发酵产品的生产工艺为：原料——→处理——→淀粉——→糖化——→发酵——→分离与提取——→产品。

4.1.1 啤酒生产工艺

每生产 1t 成品酒，排出废水中 COD_{Cr} 约 25kg，BOD_5 约 15kg，悬浮物 15kg，其特点是产水量大，无毒有害，属于高浓度可降解有机废水。

啤酒生产工艺如图 4-1 所示。

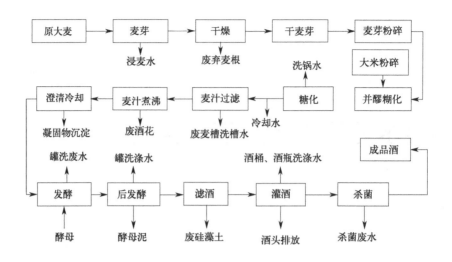

图 4-1 啤酒生产工艺

啤酒废水水质与水量如表 4-1 所列。

表 4-1 啤酒废水水质与水量

废水种类	来源	废水量占总废水量比例/%	COD_{Cr}/(mg/L)	综合废水 COD_{Cr}/(mg/L)
高浓度有机废水	麦槽水、糖化车间洗锅水	5~10	20000~40000	1000~1500
	发酵车间前罐、后罐发酵罐洗涤水、洗酵母水	20~25	2000~3000	
低浓度有机废水	制麦车间浸麦水、洗锅水、冲洗水	20~25	300~400	
	灌装车间酒桶、酒瓶洗涤水、冲洗水等	30~40	500~800	
冷却水及其他	各种冷凝水、冷却水、杂用水等		<100	

4.1.2 白酒生产工艺

（1）原料配方

凡含有淀粉和糖类的原料均可配制白酒，但不同的原料酿制出的白酒风味各不相同，粮食类的高粱、玉米、大米；薯类的甘薯、木薯；含糖原料甘蔗及甜菜的渣、废糖蜜等均可制酒。此外，高粱糠、米糠、淘米水、淀粉渣、甘薯拐子、甜菜头尾等，均可作为代用原料。野生物，如橡子、菊芋、杜梨、金樱子等，也可作为代用原料。

我国传统的白酒酿造工艺为固态发酵法，在发酵时需添加一些辅料，以调整淀粉浓度，保持酒醅的松软度，保持浆水。常用的辅料有稻壳、谷糠、玉米芯、高粱壳、花生皮等。

（2）酒曲、酒母

除了原料和辅料之外，还需要有酒曲。以淀粉原料生产白酒时，淀粉需要经过多种淀粉酶的水解作用，生成可以进行发酵的糖，这样才能为酵母所利用，这一过程称为糖化，所用的糖化剂称为曲（或酒曲、糖化曲）。曲是以含淀粉为主的原料做培养基，培养多种霉菌，积累大量淀粉酶，是一种粗制的酶制剂。目前常用的糖化曲有大曲（生产名酒、优质酒用），小曲（生产小曲酒用）和麸曲（生产麸曲白酒用）。生产中使用最广的是麸曲。

此外，糖被酵母菌分泌的酒化酶作用转化为酒精等物质，即称为酒精发酵，这一过程所用的发酵剂称为酒母。酒母是以含糖物质为培养基，将酵母菌经过相当纯粹的扩大培养，所得酵母菌增殖培养液。生产上多用大缸酒母。

（3）原料处理及运送设备

设备有粉碎机、皮带输送机、斗式提升机、螺旋式输送机、送风设备等。

1）拌料、蒸煮及冷却设备

润料槽、搅拌槽、绞龙、连续蒸煮机（大厂使用）、甑桶（小厂使用）、晾渣机、通风晾渣设备。

2）发酵设备

水泥发酵池（大厂用）、陶缸（小厂用）等。

3）蒸酒设备

蒸酒机（大厂用）、甑桶（小厂用）等。

我国的白酒生产有固态发酵和液态发酵两种。固态发酵的大曲、小曲、麸曲等工艺中，麸曲白酒在生产中所占比重较大，故本书仅简述麸曲白酒的生产工艺。

（4）工艺流程

白酒生产工艺如图 4-2 所示。

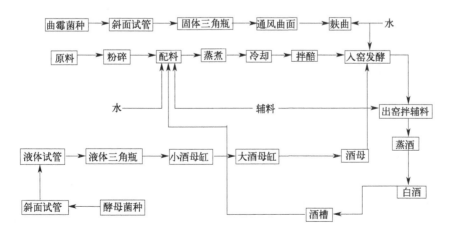

图 4-2　白酒生产工艺

（5）制作方法

1）原料粉碎

原料粉碎的目的是便于蒸煮，使淀粉充分被利用。根据原料特性，粉碎的细度要求也不同，薯干、玉米等原料，通过 20 孔筛者占 60％以上。

2）配料

将新料、酒糟、辅料及水配合在一起，为糖化和发酵打基础。配料要根据甑桶、窖子大小，原料的淀粉含量、气温、生产工艺及发酵时间等具体情况而定。配料得当与否的具体表现，要看入池的淀粉浓度，醅料的酸度和疏松程度是否适当，一般以淀粉浓度 14％～16％、酸度 0.6～0.8、润料水分 48％～50％为宜。

3）蒸煮糊化

利用蒸煮使淀粉糊化，有利于淀粉酶的作用，同时还可以杀死杂菌。蒸煮的温度和时间视原料种类、破碎程度等而定。一般常压蒸料 20～30min。蒸煮的要求为外观蒸透，熟而不黏，内无生心即可。

将原料和发酵后的香醅混合，蒸酒和蒸料同时进行，称为混蒸混烧。前期以蒸酒为主，甑内温度要求 85～90℃，蒸酒后，应保持一段糊化时间。若蒸酒与蒸料分开进行，称为清蒸清烧。

4）冷却

蒸熟的原料用晾渣方法，使原料迅速冷却，使之达到微生物适宜生长的温度。若气温在 5～10℃时，品温应降至 30～32℃；若气温在 10～15℃时，品温应降至 25～28℃；夏季要降至品温不再下降为止。晾渣同时还可起到挥发杂味、吸收氧气等作用。

5）拌醅

固态发酵麸曲白酒，是采用边糖化边发酵的双边发酵工艺，扬渣之后，同时加入曲子和酒母。酒曲的用量视其糖化力的高低而定，一般为酿酒主料的 8％～10％，酒母用量一般为总投料量的 4％～6％（即取 4％～6％的主料作培养酒母用）。为了利于酶促反应的正常进行，在拌醅时应加水（工厂称加浆），控制入池时醅的水分含量为 58％～62％。

6）入窖

发酵入窖时醅料品温应在 18～20℃（夏季不超过 26℃），入窖的醅料既不能压得过紧，也不能过松，一般掌握在每立方米容积内装醅料 630～640kg 之间为宜。装好后在醅料上盖上一层糠，用窖泥密封，再加上一层糠，就进入蒸酒工序。

（6）综合利用

随着白酒工业的发展，白酒生产的副产品——白酒糟的利用已成为行业工作的重点。实践已经证明，白酒糟综合利用程度直接影响企业的发展，而白酒糟加工饲料的水平又关系国家饲料政策的落实。

长期以来，白酒糟主要是直接用作农村饲料，对促进农村饲养业的发展及生物链的良性循环发挥了重要作用。但是，鲜白酒糟的营养结构已不能满足饲养业科学喂养的要求及规模发展的需要，特别是鲜酒糟含水量高达60%以上，贮存极其困难，管理不好极易霉变，大量的白酒糟任意堆放严重污染环境，困扰了企业的发展。

饲料工业的发展为白酒糟的综合利用提供了机遇。1998年我国白酒产量为650万吨，白酒糟排放高达1000多万吨。固态法发酵白酒因所用原料、工艺不同，白酒糟的主要成分含量亦不同。白酒糟的营养成分除来自因糖化、发酵不彻底残留部分原料外，主要来自菌体及其代谢产物和菌体自溶物。目前，白酒企业为节粮降耗，消除白酒糟对环境的严重污染，在白酒糟加工饲料方面已经取得了很大进展，如稻壳分离技术、菌体蛋白生产技术、白酒糟干燥技术、以白酒糟为原料生产配合饲料等，并不同程度地形成一定的生产规模。大量饲养试验表明，白酒糟去稻壳加工的干饲料可做猪牛饲料，其饲养效果不低于等量的粮食饲料。一个年产1万吨的白酒厂，其白酒糟可生产7700t饲料，所节省的饲料用粮相当于酿酒用粮的30%，如果全国白酒厂的白酒糟全部被利用，全年可节省饲料用粮500万吨。它将有利于白酒生产-饲料工业-养殖业一体化。下面介绍从白酒糟分离稻壳工艺、白酒糟干燥工艺与设备、利用白酒糟生产菌体蛋白饲料技术。

1）白酒糟分离稻壳工艺

自然干燥后的白酒糟经谷壳分离机（可用挤压、摩擦等机械方法除去稻壳），从而生产白酒糟蛋白粉，用于猪饲料或牛饲料。

白酒糟经自然干燥，稻壳分离后制成的猪用混合饲料，经实际喂养，效果优于常规猪用混合饲料，且因蛋白质含量高，可部分替代豆饼、麸皮生产全价配合饲料。

利用揉磨机进行稻壳分离，除去稻壳的白酒糟蛋白粉，其粗纤维含量明显低于含稻壳白酒糟干粉，不仅提高了饲料的营养价值和产品质量，而且可以取代电磨、节约能源、简化工艺、降低设备投资。

2）白酒糟干燥工艺和设备

鲜白酒糟干燥工艺，设备是关键。由于所用热源、干燥温度以及干燥后的加工工艺不同，再加上鲜白酒糟质量的差异，加工生产出的干糟制品的质量差别较大，饲喂效果亦不相同。目前白酒糟干燥设备一般采用滚筒式热风直接干燥、流化床（或圆盘式）蒸汽间接干燥、自然晾晒干燥三种方式。

① 滚筒式热风直接干燥。利用燃煤加热炉产生的热量，经鼓风机将热风送入滚筒干燥机内，与连续进入滚筒内的湿白酒糟进行热交换，干燥后的酒糟经除杂、冷却、粉碎成为要求的白酒糟干粉。该干燥工艺始温650～800℃，尾温110～120℃。白酒糟干粉质量：水分<12%，粗蛋白>8%～15%，粗纤维<16%～22%。

滚筒式热风直接干燥白酒糟工艺与设备较为简单、处理量大，是消除白酒糟污染环境较为有效方法。但因干燥温度高，稻壳焦糊现象较为明显，糖与蛋白在高温下生成黑色氨基糖引起营养物质的破坏，因此只能作为配合饲料原料。

② 流化床蒸汽间接干燥。鼓风机将蒸汽通过缓冲槽分别送入两台串联的振动流化

床干燥器，干燥开始温度160～180℃，尾温110～120℃。流化床蒸汽间接干燥工艺干燥温度低、营养破坏少、产品色泽好、适口性好、质量优于直接热风干燥，但能耗大、稻壳未能有效分离，致使粗纤维含量高，设备需经常拆卸清理，劳动强度大。

③ 自然晾晒干燥。鲜白酒糟直接摊晾于晒场，不断扬翻加速干燥。自然干燥投资少、节能、营养物质及各种生物活性物质不易被破坏，但因晒场占地面积大，受自然界气候变化影响大，难以形成工业化大生产，中小酒厂可采用此法干燥。

3）利用白酒糟生产菌体蛋白饲料技术

利用白酒糟培养多种微生物（曲霉菌、根霉菌、假丝酵母菌、乳酸杆菌、乳酸链球菌、白地霉等）进行再发酵，生产多酶菌体蛋白饲料（粗蛋白＞30％、赖氨酸＞2％，18种氨基酸总量＞20％，粗灰分＜13％、纤维素＜18％、水分＜12％）。它与同一鲜糟生产的干粉相比，蛋白质含量大幅度提高（由17％提高到30％）、粗纤维含量下降（由22％下降到17％）。

4.1.3 黄酒生产工艺

黄酒是我国特产。它是一种酒精度低、营养成分十分丰富的发酵饮料酒。黄酒的品种繁多，按糖含量的划分，可分为甜酒（糖含量高于10％，如丹阳甜黄酒、福建沉缸酒）、半甜味酒（含糖量为5％～10％，如绍兴善酿酒）、干酒（糖含量低于5％，如加饭酒、普通黄酒）。由于普通黄酒用途较广，近年生产发展较快。黄酒的生产主要包括：原料预处理、发酵、澄清、煎酒及装坛贮存等几个工序，黄酒生产工艺见图4-3。

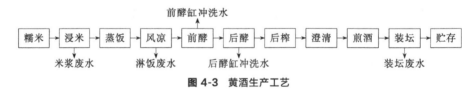

图4-3 黄酒生产工艺

黄酒的生产具有明显的季节性，因而黄酒废水的产生与排放也表现出相应的季节性。传统黄酒最适宜冬季酿造，生产时间一般为10月至次年3月，其余季节进行瓶酒灌装生产，7～8月高温季节一般停产。黄酒生产排放废水分为高浓度废水（COD_{Cr}＞10000μg/g）和中低浓度废水（COD_{Cr}＜10000μg/g）。高浓度废水主要有米浆废水、酵缸冲洗废水、带槽洗坛废水、淋饭废水，废水水质组成主要为长链淀粉、短链淀粉、糊精、糖类、植物蛋白等有机物质。中低浓度废水主要是瓶装车间杀菌废水、厂内的生活污水等。一般混合废水水质COD_{Cr}为2500μg/g，SS约250μg/g，pH值6.5左右。

4.2 酒类废水处理工艺

酒类废水处理工艺流程如图4-4所示。

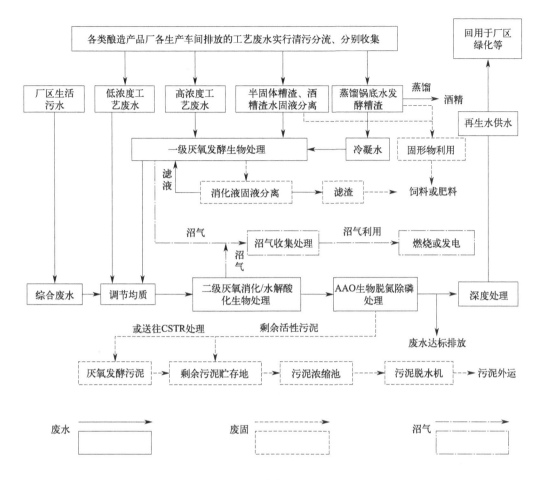

图 4-4　酒类废水处理工艺流程

4.2.1　废水的资源回收与循环利用

（1）固形物回收

固形物回收处理工艺流程如图 4-5 所示。

① 各类酒糟、葡萄酒渣和白酒锅底水等宜采用蒸馏工艺优先回收酒精。

② 啤酒废水应回收麦糟和酵母，酵母废水和麦糟液应采取离心或压榨或过滤等固液分离方法回收酵母和麦糟并干燥制成饲料。

③ 采用固态发酵的白酒和酒精行业应回收固体酒糟，应采用压榨＋干燥等工艺制高蛋白饲料。

④ 半固态发酵工艺产生的酒糟渣水，可采用过滤＋离心/压榨＋干燥工艺制高蛋白饲料。

⑤ 液态发酵工艺产生的废醪液，尤其是以糖蜜为原料的酒精废醪液，宜采用蒸发/浓缩＋干燥/焚烧工艺制无机或有机肥。

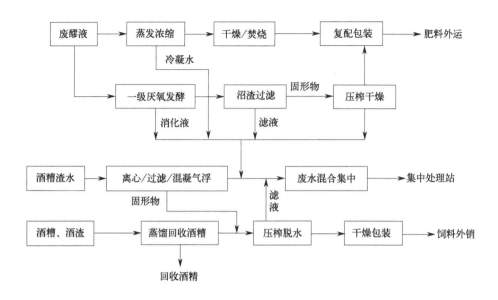

图 4-5　固形物回收处理工艺流程

⑥ 悬浮物浓度较高的工艺废水（如一次洗水），宜采用混凝＋气浮/沉淀工艺进行固液分离，固形物经干燥，可回收利用制作饲料。

⑦ 葡萄渣皮、酒泥等经发酵后可回收利用制成肥料。

⑧ 各类酒糟、酒糟渣水如不适宜回收利用制成饲料、肥料，可采取厌氧发酵技术回收沼气能源，沼气可替代酿造工厂燃煤的动力消耗。

⑨ 回收固形物产生的压榨滤液应送往一级厌氧反应器进行处理，湿酒糟等含水固形物可以采用厌氧生物处理产生的沼气进行烘干。

⑩ 冷凝水可以根据其污染物浓度（COD_{Cr}），或按工艺废水单独处理，或混入综合废水进行集中处理。

（2）废水循环利用

适宜循环利用的低浓度工艺废水的 COD_{Cr} 一般不超过 100mg/L。低浓度废水循环利用工艺流程如图 4-6 所示。

① 冷却水宜采用混凝＋过滤＋膜分离（除盐）工艺进行循环处理，加强循环利用，提高浓缩倍数，减少新鲜水补充量和废水排放量。

② 酒瓶洗涤废水宜通过采用混凝＋气浮/沉淀或过滤＋膜分离工艺的在线处理，实现闭路循环。

③ 原料洗涤废水宜采用过滤/沉淀工艺实现循环利用或用于其他生产工序。污染物浓度较高的原料浸泡水、容器冲洗的一次洗水和蒸发、蒸馏的冷凝水不宜用于循环利用，应混入综合废水进行集中处理。

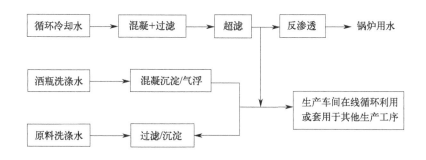

图 4-6　低浓度废水循环利用工艺流程

4.2.2　高浓度废水的一级厌氧发酵处理

污染物浓度超过综合废水集中处理系统进水要求的各类高浓度废水和回收固形物产生的各种滤液（酒糟压榨清液或废醪液的滤液），应单独收集并进行消减污染负荷的一级厌氧发酵处理，符合综合废水处理系统的进水要求后方可混入综合废水。

一级厌氧发酵处理可供选择的厌氧反应器包括：连续搅拌反应器（CSTR）、升流式厌氧污泥床（UASB）、厌氧膨胀颗粒污泥床（EGSB）、汽提式内循环厌氧反应器等技术。优先采用 CSTR，也可以根据污水悬浮物的浓度、自然气候条件和污水特性，以及后续综合废水处理使用的相关厌氧工艺的匹配性，确定适宜的厌氧反应器。当厌氧生物处理对进水悬浮固体（SS）浓度有要求时，宜采用物化处理工艺进行预处理。混凝剂和助凝剂的选择和加药量应通过试验筛选和确定，同时应考虑药剂对厌氧处理和综合废水集中处理系统中微生物的影响。

薯类酒精和糖蜜酒精的废醪糟、黄酒的浸米水和洗米水、白酒的锅底水和黄水、葡萄酒渣水，以及上述酒类生产设备的一次洗水和酒糟等固形物回收的压榨滤液等高浓度有机物、高浓度悬浮物的工艺废水，应优先选用 CSTR。玉米、小麦酒精、啤酒、酱、酱油、醋等行业的高浓度废水，可以选用 EGSB 等类型的厌氧反应器，或者选用混凝＋气浮/沉淀＋厌氧的物化＋生化的组合处理技术。高浓度废水一级厌氧发酵处理工艺流程如图 4-7 所示。

4.2.3　综合废水的集中处理

酿造综合废水集中处理应根据进水水质和排放要求，采用"前处理＋厌氧消化处理＋生物脱氮除磷处理＋污泥处理"的单元组合工艺流程。

前处理包括中和、均质（调节）、拦污、混凝、气浮/沉淀等处理单元。其中均质（调节）处理单元是必选的前处理单元技术。酿造综合废水的 pH 值调节应尽可能依靠各类工艺废水与酸、碱废水混合后的自然中和，混合后废水的 pH 如仍然不符合进水要求，可以利用废碱液进行中和。综合废水前处理系统工艺流程如图 4-8 所示。

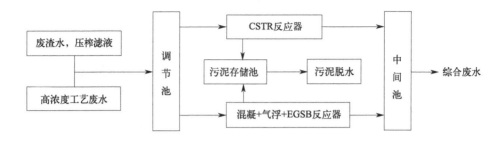

图 4-7 高浓度废水一级厌氧发酵处理工艺流程

图 4-8 综合废水前处理系统工艺流程

相对于高浓度废水厌氧预处理，酿造综合废水处理的厌氧系统是二级厌氧消化处理，适用于处理高浓度废水的一级厌氧处理出水，也适用于直接处理啤酒、葡萄酒、酱、酱油、醋等酿造制品的酿造综合废水，应当根据系统的进水水质选择适宜的厌氧反应器。二级厌氧消化处理系统工艺流程如图 4-9 所示。

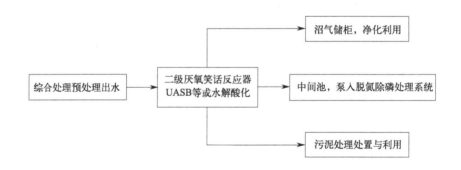

图 4-9 二级厌氧消化处理系统工艺流程

酿造综合废水的生物脱氮除磷处理系统包括：厌氧段（除磷时）、缺氧段（脱氮时）、好氧曝气反应池、二沉池等，宜根据有机碳、氮、磷等污染物去除要求，选择缺氧/好氧法、厌氧/缺氧/好氧法、序批式活性污泥法、氧化沟法、膜生物反应器法等活性污泥法污水处理技术，也可选用接触氧化法、曝气生物滤池法和好氧流化床法等生物膜法污水处理技术。综合废水生物脱氮除磷处理系统工艺流程如图 4-10 所示。

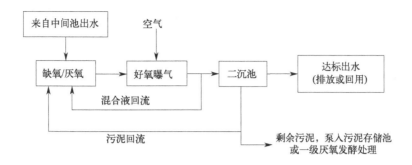

图 4-10 综合废水生物脱氮除磷处理系统工艺流程

4.3 啤酒废水处理工程实例

4.3.1 啤酒废水设计参数

　　根据对国内外现有生产性运行资料的收集与分析，啤酒废水采用各种生物处理技术时，其主要设计运行参数列举于表 4-2～表 4-4 中，设计者可根据实际情况选用。

表 4-2 活性污泥法处理啤酒废水的主要设计运行参数

工艺	进水容积负荷 /[kgBOD$_5$ /(m^3·d)]	污泥负荷 /[kgBOD$_5$ /(kgSS·d)]	混合液悬 浮固体 /(kg/m^3)	需氧量 /(kgO$_2$ /kgBOD$_5$)	产泥率 /(kgSS /kgBOD$_5$)	BOD$_5$ 去除率 /%	回流比 /%
普通活性 污泥法	0.3～0.80	0.2～0.4	1.5～2	0.8～1.1	0.2～0.4	90～95	50～100
两段活性 污泥法	0.6～1.2	0.3～0.5	2～4	0.7～1.0	0.4～0.6	90～95	100～150
完全混合 活性污泥法	0.6～2.4	0.2～0.4	3～6	0.7～1.1	0.4～0.6	85～90	50～150
射流曝气	2.5～5.0	0.8～1.5	3～5	0.8～1.0	0.5～0.8	90～95	100～150
延时曝气氧化沟	0.15～0.25	0.05～0.15	2～5	1.4～1.8	0.15～0.3	≥95	50～150
单级纯氧曝气	0.1～0.2	0.05～0.15	2～6	1.5～2.0	0.2～0.4	95～98	50～100
二级纯氧曝气	2.4～3.2	0.4～0.6	6～8	0.5～0.6	0.1～0.3	90～95	25～50

表 4-3 生物膜法处理啤酒废水的主要设计运行参数

工艺	进水有机负荷/ [kgBOD$_5$/(m^3·d)]	水力负荷 /[m^3/(m^2·d)]	池高(H) 或直径 (D)/m	产泥率 /(kgSS /kgBOD$_5$)	气水比(r) 或回流比 (R)/%	去除率/%
高负荷生物滤池	0.8～1.2	10～40	2 (H)	0.4～0.6	100～400 (R)	75～85

工艺	进水有机负荷/[kgBOD$_5$/(m^3·d)]	水力负荷/[m^3/(m^2·d)]	池高(H)或直径(D)/m	产泥率/(kgSS/kgBOD$_5$)	气水比(r)或回流比(R)/%	去除率/%
塔式生物滤池	2.5~4.5	80~200	8~12 (H)	0.4~0.6	300~500 (R)	60~80
超速生物滤池	4~6	80~150	4~6 (H)	0.4~0.6	300~500 (R)	50~60
生物转盘	30~40	0.05~0.08 (以盘面计)	1.8~4.0 (D)	0.4~0.69	—	80~85
生物接触氧化池	4~6 (1.5~2)[①]	—	2~3 (H)	0.4~0.6 (0.3~0.5)[①]	50~100 (6~10)[①]	90~95 (60~70)[①]

① 作为第二级生物处理时的数据。

表 4-4　厌氧生物法处理啤酒废水的主要设计运行参数

工艺	反应温度	进水有机负荷/[kgBOD$_5$/(m^3·d)]	污泥负荷/[kgCOD/(kgVSS·d)]	水力停留时间/h	反应器高/m	沼气产率/(m^{3}沼气/kgCOD去除)	污泥产率[①]/(kg VSS/kgCOD去除)	去除率(COD)/%
UASB反应器	常温	6~8	0.3~0.35	6~8	4~5	0.4	0.1~0.2	≥85
UASB反应器	中温	8~14	0.35~0.5	4~6	4~5	0.5	0.1~0.2	≥85
升流式厌氧滤池	常温	6~7	—	7~9	4~5	0.4	0.1~0.2	≥85
厌氧接触法	中温	2~5	0.1~0.2	72~96	—	0.4~0.5	0.1~0.1	≥90

① 包括出水 VSS。

在实际的啤酒废水处理工艺中，应考虑具体的啤酒废水特点进行适当的调整。例如啤酒废水易于腐败发臭，采用好氧生物处理工艺时，调节池内往往要进行预曝气。采用生物接触氧化法处理啤酒废水，由于 BOD$_5$ 的浓度较高，确定氧化池型式时，可分为两段或三段，即把氧化池分隔成两个或三个。由于第一段的进水有机负荷较高，氧化池填料上的生物量较多，脱落的生物膜也较多。为提高生化处理效果和节省曝气用量，可考虑在前段氧化池后设中间沉淀池，及时去除脱落的生物膜。

4.3.2　啤酒废水处理工程

（1）北京某啤酒厂 UASB 工艺

北京某啤酒厂处理能力为 4500m^3/d 的 UASB 反应器。废水通过厌氧处理有机污染物去除率可以达到 85%~90% 以上。

该啤酒废水进水水质如下：COD 为 2300mg/L；水温为 18~32℃；BOD$_5$ 为 1500mg/L；总氮为 43mg/L；TSS 为 700mg/L；总磷为 10mg/L；碱度为 450mg/L。

该啤酒厂地处市区，下游有高碑店城市污水处理厂，因此，啤酒厂仅仅进行一级厌氧处理，处理后的废水需达到排入城市污水管道的水质标准（COD 浓度小于 500mg/L）。UASB 工艺流程如图 4-11 所示。

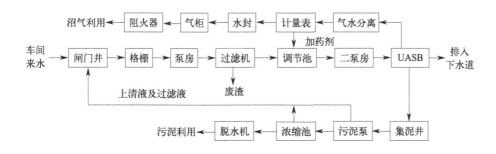

图 4-11　北京某啤酒废水处理 UASB 工艺流程

图 4-11 工艺是我国第一个啤酒废水厌氧处理工艺，其中 UASB 反应器总池容为 2000m³，为了便于运行管理，在设计上将 UASB 分成 8 个单元，每个单元的有效容积为 250m³。当废水温度低于 25℃时，反应器 COD 负荷为 7～12kg/(m³·d)，HRT 为 5～6h，COD 去除率为 75%～93%，出水 COD 低于 500mg/L，沼气产气率为 0.42m³/kg，剩余污泥产率 VSS 为 0.109kg/kg。

（2）上海某公司 CIRCOX 工艺

该啤酒废水处理能力为 4800m³/d，处理工艺流程见图 4-12。

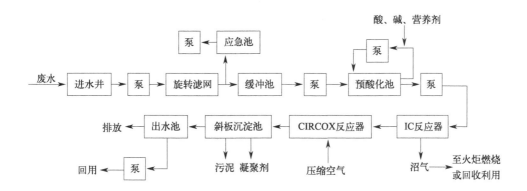

图 4-12　上海某公司啤酒废水 CIRCOX 处理工艺流程

厌氧内循环（IC）反应器根据 UASB 的原理，20 世纪 80 年代中由荷兰帕克（PAQUES）公司开发成功。它由混合区、污泥膨胀床、精处理区和循环系统四个部分组成。

CIRCOX（封闭式空气提升好氧）反应器为双层立式筒体（外层为下降筒体，内层为上升筒体），水由底部进入反应器，与压缩空气一起从内层筒体（也称上升管）向上流，使进水与微生物充分接触，微生物黏附在载体（细砂类物质）表面，形成生物膜，使活性污泥有良好的沉降性能，不易被出水带离反应器而在系统内循环，筒体的上部做成帽状（直径放大约 1/3），气、水和污泥的混合液进入反应器上部帽状的三相分离区分离；气体从上面离开反应器，澄清水从出水口流出，污泥经过沉降区返回到反应器底部。CIRCOX与其他厌氧处理工艺相比有以下特点。

① 因反应器为立式结构，高度与直径比大，高度为 16～25m，故占地面积小，同时沼气收集也方便。

② 剩余污泥少，约为进水 COD 的 1%，且容易脱水。污泥回流在同一反应器内完成，靠沼气的提升产生循环，不需要外部动力进行搅拌混合和使污泥回流，节省动力消耗。

③ 因该反应器为封闭系统，可以容易地控制污水中易挥发物质，可根据需要设置生物过滤器或活性炭过滤器处理废气。生物气纯度高（CH_4 为 70%～80%，CO_2 为 20%～30%，其他有机物为 1%～5%），可作燃料加以利用。

IC反应器应用于高浓度有机废水，CIRCOX反应器适用于低浓度的废水，两者串联起来是较优化的工艺组合，具有占地面积小、无臭气排放、污泥量少和处理效率高等优点。其中IC反应器和CIRCOX反应器的关键部件是从荷兰引进的，废水处理站采用全自动控制。

啤酒废水汇集至进水井，由泵提升至旋转滤网。其出水管上设温度和 pH 值在线测定仪，当温度和 pH 值的测定值满足控制要求时，废水就进入缓冲池。当前段工艺出现事故时，可将啤酒废水排至应急池。

缓冲池内设有淹没式搅拌机，使废水均质并防止污泥沉淀。废水再由泵提升至预酸化池，在其中使有机物部分降解为挥发性脂肪酸，并可在其中调节营养比例和 pH 值。啤酒废水由泵送入IC反应器，经过厌氧反应后，流入CIRCOX反应器，出水流至斜板沉淀池，加入高分子絮凝剂以提高沉淀效果。污泥用泵送至污泥脱水系统，出水部分回用，其余排放。主要处理构筑物的设计参数如下。

预酸化池：直径为 6m，高为 21m，水力停留时间为 3h。IC反应器：直径为 5m，高为 20.5m，水力停留时间为 2h，COD 负荷为 15kg/($m^3 \cdot d$)。CIRCOX反应器：下部直径为 5m，上部直径为 8m，高度为 18.5m，水力停留时间为 1.5h，COD 负荷为 6kg/($m^3 \cdot d$)，微生物 VSS 浓度为 15～25g/L。

各个反应器的废气由离心风机送至涤气塔，用处理后的废水送稀碱液吸收。废水进水、出水数据见表 4-5，出水的各项指标均达到排放标准。

表 4-5 上海某公司啤酒废水进水、出水数据

项目	进水水质		出水水质	
	平均	范围	平均	范围
COD/(mg/L)	2000	1000～3000	75	50～100
BOD_5/(mg/L)	1250	600～1875	≤30	—
SS/(mg/L)	500	100～600	50	10～100
NH_4^+-N/(mg/L)	30	12～45	10	5～15
磷酸盐/(mg/L)	—	10～30	—	—
pH 值	7.5	4～10	7.5	6～9
温度/℃	37	30～50	<40	—

（3）某啤酒厂 UASB+ A/O 工艺

某啤酒厂设计废水量：8000m³/d。该工程的设计进出水水质参数见表4-6。

表 4-6　某啤酒厂废水处理工程的设计进出水水质参数

项目	原水	处理出水
pH 值	4～9	6～9
COD/(mg/L)	≤2500	≤150
BOD₅/(mg/L)	≤1400	≤60
SS/(mg/L)	332～454	≤200
温度/℃	<35	

本工艺选用 UASB 技术与 A/O 技术，以及预处理＋A/O 技术，对废水进行了分流处理，具体的工艺流程见图4-13。

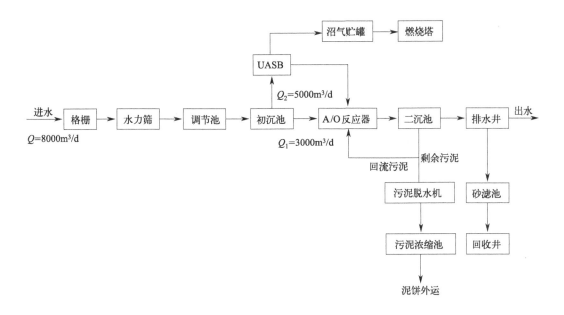

图 4-13　某啤酒厂废水处理工艺流程

本工艺的预处理是两套处理系统共享的。预处理由格栅滤渣、细筛机分离、调节池、初沉池四部分构成，其主要目的是为了去除废水中的大块杂质，以保障污水输送顺畅且满足后续处理构筑物的进水条件。预处理工段可去除废水中 COD 约50%以上，SS去除90%以上。废水经预处理后被分流进 UASB 反应器及 A/O 反应器。其中3000m³/d 的污水直接进入 A/O 反应器，另一部分5000m³/d 的废水经 UASB 处理后再进入 A/O 反应器。

本工艺的 UASB 反应器是从荷兰 PAQUES 公司引进的，该装置反应器主体和三相分离器装置由两部分组成，其中反应器主体由钢筋混凝土建造而成，底部设有均匀布水装置；三相分离器为预制的组合体，由沼气分离、废水沉降、集水坝槽、沼气收集等部分组成。布水装置材质为高密度聚乙烯（HDPE），三相分离器材质为聚乙烯（PE），上部再覆盖有纤维增强复合材料（FRP）活动槽盖。这种处理装置运行正常后有机负荷可达 $10\sim20kgCOD/(m^3 \cdot d)$ 时的 HRT 为 $4\sim24h$，COD 除率可达 $80\%\sim90\%$，操作温度为 $15\sim40℃$，pH 值为 $6\sim8$；整个系统的布置紧凑、便于施工、耐腐蚀性能好、能耗低、运行时无噪声和异味的困扰。

本工艺 UASB 反应器的接种污泥主要有两种，一种是从荷兰进口的厌氧颗粒污泥，共 $32m^3$；另一种是国内处理啤酒废水的 UASB 反应器中的厌氧污泥 10t，含水率约为 80%。启动时，反应器有机负荷按 $2\sim3kgCOD/(m^3 \cdot d)$ 进行控制，启动时 pH 值控制在 $6.8\sim7.5$，未投加营养盐。启动后 5 个月，污泥负荷提高到 $5\sim23kgCOD/(m^3 \cdot d)$，COD 去除率为 50% 以上，产气率 $0.4m^3/kgCOD$ 左右，至此，厌氧污泥的驯化基本完成，UASB 正常运行。

A 池的停留时间较短，约为 $1.0h$。在启动运行初期，控制废水进水量，同时控制混合液的 pH 值为 $6.5\sim8$，DO 为 $2\sim4mg/L$。污泥经二沉池沉淀后全部回流，MLSS 由接种时的 $500mg/L$ 左右逐渐增加到 $3000mg/L$ 左右。经过 1 个月的驯化，进水量为 $2500\sim3500m^3$ 时 COD 去除率达 70% 以上，用显微镜观察生物相发现有钟虫等，生物相稳定且比较活跃，据此判断 A/O 系统已进入连续正常运行阶段。A/O 正常运行时，系统中污泥的沉降性能良好，其 SVI 一般为 $80\sim150mL/g$；同时筛选作用抑制了丝状菌的繁殖，有效地避免了污泥膨胀现象。

监测表明：在一般情况下，系统出水 COD 通常在 $100mg/L$ 以下。当遇有连续较高负荷冲击如 COD 浓度高达 $1000\sim7500mg/L$ 的情况，系统恢复能力很强，能很快满足出水要求。

本工程将废水分流处理，一方面减轻了 UASB 的负荷，另一方面又可以保证 A/O 系统满足微生物生长利用，有利于提高整个系统的处理效果。UASB 与 A/O 反应器工艺运行进出水水质见表 4-7。

表 4-7　工艺运行进出水水质

UASB 反应器			A/O 反应器		
进水/(mg/L)	出水/(mg/L)	去除率/%	进水/(mg/L)	出水/(mg/L)	去除率/%
1400~2500	250~450	70~85	900~1300	<150	88

污水处理厂建筑物、构筑物一览表见表 4-8。

表 4-8　污水处理厂建筑物、构筑物一览表

名称	尺寸	数量	结构
抽水井	4.0m×4.0m×3.85m	1	除控制室为混合结构外,其余均为钢筋混凝土结构
调节池	25.0m×18.0m×5.0m	1	
初次沉淀池	$\phi21.0m×4.0m$	1	
酸化池	21.0m×10.4m×4.86m	1	
UASB 反应器	13.95m×5.3m×4.75m	2	
	13.95m×7.8m×4.75m	1	

名称	尺寸	数量	结构
A/O 处理系统			
A 级	8.4m×5.3m×5.0m	2	
B 级	12.5m×12.5m×5.0m	5	
二次沉淀池	ϕ16.0m×4.0m	2	除控制室为混合结构外,其余均为钢筋混凝土结构
排放井	3.0m×3.0m×4.5m	1	
回收井	3.0m×2.0m×3.0m	1	
污泥浓缩池	ϕ7.0m×5.0m	1	
厌氧污泥槽	6.0m×4.0m×4.5m	1	
控制室	12m×7.0m 二层	1	

污水处理厂设备一览表见表 4-9。

表 4-9 污水处理厂设备一览表

名称	规格	数量	备注
格栅	B=10mm,人工清理,SUS304	1	
抽水机	Q=350mm^3/h,H=20m,N=30kW	2	
细筛机	B-1mm,人工清理,SUS304	1	
调节池潜水搅拌机	N=8.5kW	2	
初沉池刮泥机	ϕ=21.0m,周边转动,N=0.37kW	1	
UASB 进水泵	Q=190m^3/h,H=10m,N=11kW	3	
UASB 模块	50m^3/组,含标准模组单元及其他附属配件等	21	荷兰 Paques
沼气贮槽	60m^3	1	
沼气燃烧器	约 200m^3/h	1	荷兰 Paques
A 级	N=5.5kW	2	
B 级	N=22~30kW	5	
二次沉淀池刮泥机	ϕ16.0m,周边转动,N=0.37kW	2	
污泥回流泵	Q=233m^3/h,H=11m,N=15kW	2	
污泥浓缩池刮泥机	ϕ7.2m,中心转动,N=0.75kW	1	
砂滤槽	ϕ2.5m SS-41	1	
回流泵	Q=43m^3/h,H=20m,N=5.5kW	2	
污泥脱水机	B=1.0m,带式压滤机	1	瑞士 Vonroll
加药设备	含 NaOH、HCl、高分子凝聚剂、$CO(NH_2)_2$、H_3PO_4 加药设备	5	德国 Alltech
仪控设备	pH 检测计	4	日本 DKK
	温度检测计	3	
	流量计	4	德国 Alltech
	沼气流量计	1	德国 Alltech
	PLC 程序控制器	1	日本 Koyo
	液位控制器		

该工程总投资 1487.5 万元,其中土建投资 497 万元,设备投资 990.5 万元。啤酒废水处理年运行费用 263 万元,包括设备折旧、年直接运行费用 152 万元,单位直接处理成本为 0.85 元/m^3。

（4）某啤酒厂一级厌氧处理工艺

某啤酒厂产量为 $10 \times 10^4 \mathrm{t}$，原设计废水最为 $2600 \mathrm{m}^3/\mathrm{d}$，在生产旺季实行运行废水量为 $4500 \sim 5000 \mathrm{m}^3/\mathrm{d}$，变化系数为 4。废水的水质指标列举于表 4-10。

表 4-10　某啤酒厂废水水质

项目	COD/(mg/L)	SS/(mg/L)	碱度(CaCO₃)/(mg/L)	pH 值	水温/℃	TN/(mg/L)
设计数据	2200	300~500	350~450	6~9	20~26	25~83
实测数据	700~4000	200~13300②	230~2700①	6.4~13.5①	20~30	—

① 当设备清洗和消毒时排出大量碱水，使废水的 pH 值和碱度大大提高。
② 当糖化车间洗刷糖化锅和麦糟流失时，废水中的 SS 浓度大大提高。

由表 4-10 中数据可知，设计水质与实际水质有很大差异，实际水质情况变化很大。处理后出水要求为 $BOD_5 \leqslant 300 \mathrm{mg/L}$，$COD \leqslant 500 \mathrm{mg/L}$，$SS \leqslant 400 \mathrm{mg/L}$，pH 值为 6~9。

某啤酒厂一级厌氧处理工艺流程如图 4-14 所示。

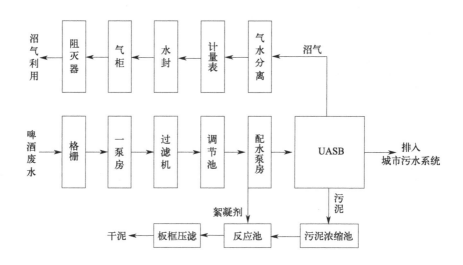

图 4-14　某啤酒厂一级厌氧处理工艺流程

啤酒废水经格栅去除粗大颗粒及杂物，由水泵提升经转鼓式过滤机，去除麦糟等悬浮物后进入调节池。调节池中的废水由配水泵均匀地分配到各个 UASB 反应器，经 UASB 反应器处理后的出水排入城市排水系统。UASB 反应器产生的沼气，经气水分离后通过沼气计量表和水封后进入沼气柜贮存，沼气柜可起调节气量和稳定压力作用。沼气柜内的沼气经阻灭器后由输气管道作为能源利用，该厂用作锅炉和厨房燃料。

主要处理构筑物尺寸和功能如下。

1）筛滤

啤酒废水中有时含有大量悬浮固体，主要是麦糟和洗瓶脱落的纸片。为保护 UASB 反应器的正常运行，设置了转鼓式筛滤机，可有效地去除上述悬浮固体。

2）调节池

调节池容积按日平均流量 6h 设计，在最高水位处设溢流管。为了防止调节池内积泥，配水泵直接从池底吸水坑抽水，池内的悬浮固体随时被泵提升到反应器内。

3）UASB 反应器

UASB 反应器的设计负荷为 $3kgCOD/(m^3 \cdot d)$，处理水量为 $2600m^3/d$，反应器总容积约为 $2000m^3$。实际运行负荷达 $4 \sim 10kgCOD/(m^3 \cdot d)$，平均负荷约 $6kgCOD/(m^3 \cdot d)$，处理水量达 $4500m^3/d$。反应器在常温下运行，不必外加热源，反应器内温度随季节而变。夏季为 $25 \sim 30℃$，冬季为 $20 \sim 25℃$。反应器的水力停留时间 HRT 为 $6 \sim 8h$，设计 COD 去除率为 $>80\%$，实际为 $70\% \sim 94\%$，平均为 85% 左右。沼气表观产率约为 $0.4m^3$ 沼气/$kgCOD$ 去除，污泥表观产率设计为 $0.15kgVSS/kgCOD$ 去除，实际为 $0.05 \sim 0.1kgVSS/kgCOD$ 去除。反应器内 pH 值维持在 $6.7 \sim 7.2$。该反应器的实际处理负荷和处理水量能大幅度提高，关键是该反应器实现了污泥颗粒化，污泥具有良好的生物活性和沉降性能，$SVI \leqslant 20mL/g$。

4）沼气柜

原设计按 8h 平均日产气量计算，沼气柜容积为 $800m^3$，采用湿式浮罩式低压气柜，沼气作为本厂锅炉房和本厂服务公司餐厅燃料利用。

该工艺处理后出水水质：pH 值为 $6.7 \sim 7.2$，COD 为 $100 \sim 500mg/L$，SS 为 $100 \sim 400mg/L$，达到了排入城市废水处理厂排水系统的标准。

工程总投资约 350 万元，占地面积为 $93 \times 36 = 3348m^2$，药剂费、电费和人工费处理成本约为 0.3 元/m^3，操作管理人员共 17 名，其中操作工 12 名，维修工 1 名，化验工 2 名，技术员 2 名。

（5）某啤酒厂废水超速过滤+二级接触氧化工艺

该啤酒厂生产规模为年产啤酒 $3 \times 10^4 t$，将来计划扩建到年产啤酒 $6 \times 10^4 t$。目前最高日的废水量为 $1500m^3/d$，时变化系数为 4.0，最大时流量为 $250m^3/h$。

该啤酒废水的主要水质指标为：$BOD_5 = 800mg/L$，COD$=1000mg/L$，SS$=200 \sim 300mg/L$，pH 值 $6 \sim 7$，要求处理后水质为：$BOD_5 \leqslant 20mg/L$，COD$\leqslant 100mg/L$，SS $\leqslant 50mg/L$，pH 值为 $6 \sim 8$。

该厂废水排放水质要求较高，通过方案比较后，确定采用二级好氧生物处理工艺，其处理工艺流程如图 4-15 所示。

啤酒废水经过格栅由一级泵站污水泵提升到调节池（兼沉淀功能），二级泵站提升泵把调节池的废水提升到超速生物滤池，二级泵站内回流泵把中间沉淀池的出水以循环方式提升到超速生物滤池，起稀释和提高超速滤池水力负荷作用。超速生物滤池出水进入二段生物接触氧化池，氧化池出水经斜板沉淀池沉淀后出水可达标排放或农灌。调节池、中间沉淀池和斜板沉淀池的污泥自流至污泥泵站。由污泥泵提升至污泥浓缩池，浓缩后的湿污泥送农村作为农肥加以利用。

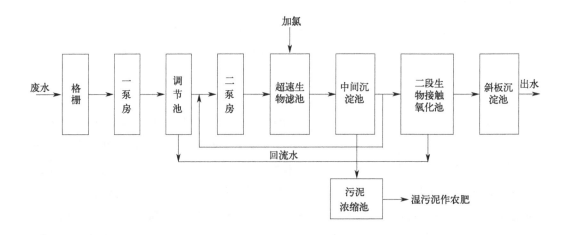

图 4-15　二级好氧生物处理工艺流程

主要处理构筑物尺寸和功能如下。

1）调节池

按 6h 平均日设计流量 62.5m³/h，长 12m、宽 5.6m，有效水深 3.0m，共 2 座，每座各设 2 个污泥斗。调节池兼行调节水质水量和沉淀作用。

2）超速生物滤池

超速生物滤池的高度约为塔式生物滤池高度的 1/2，填料高为 4m，有机物去除负荷为 4kgCOD/(m³·d)，回流比为 4.5，滤池的水力负荷可达 120m³/(m³·d)，选择立体波纹塑料填料，填料分两层安装，滤池直径为 6.6m，采用旋转布水器布水。

3）中间沉淀池

中间沉淀池与超速生物滤池合建，位于滤池下，充分利用了空间，节省占地面积，中间沉淀池水力停留时间为 0.5h。其作用是去除滤池脱落的生物膜，减轻接触氧化池的处理负担，并可节省氧化池的空气量。中间沉淀池的直径为 6.6m，有效水深为 1m，污泥斗深为 3.75m。

4）生物接触氧化池

有机物去除负荷为 2.0kgCOD/(m³·d)，填料有效高为 3.0m，采用半软性填料。氧化池分为两段，有利于提高出水水质，采用穿孔管供空气，气水比为 10∶1。

5）斜板沉淀池

表面负荷为 4m³/(m²·h)。斜板长为 1.0m，斜板水平夹角为 60 度，停留时间为 23.5min。

6）污泥浓缩池

浓缩时间为 12h，湿污泥用作农肥。

该工艺 COD 去除率可达 90% 以上，BOD₅ 去除率可达 95% 以上，出水 COD≤100mg/L，BOD₅≤20mgL。设计基建投资为 105 万元，实际投资 170 万元，占地面积

$52\times41=2132m^2$。啤酒废水耗电为 $1.02kWh/m^3$。操作管理人员 13 人,其中运行 8 人,化验员 2 人,维修 1 人,技术员 1 人,总负责人 1 人。处理成本包括电费和人工费(未考虑加氮、磷药剂费和折旧费)约为 0.20 元$/m^3$。

(6)唐山某啤酒废水 UASB+ 生物接触氧化工艺

该啤酒厂废水处理水量为 $10000m^3/d$,废水中 COD 为 2000mg/L,SS 为 400mg/L,BOD_5 为 1000mg/L,pH 值为 7.5~9.4。按当地废水排放要求,该公司的啤酒废水经处理后应达到 COD≤150mg/L,BOD_5≤60mg/L,SS≤200mg/L,pH=6~9。

该啤酒厂废水所含有机物大多为易生物降解的(BOD_5/COD≥0.45),实际啤酒废水处理工艺采用 UASB+生物接触氧化组合工艺,工艺流程见图 4-16。

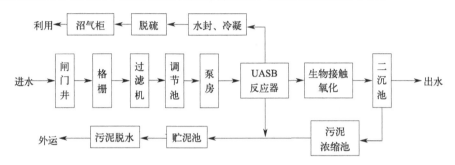

图 4-16 唐山某啤酒厂 UASB+ 生物接触氧化组合工艺流程

UASB 反应器是整个工艺的核心,共设 4 个 UASB 反应器,每个反应器的尺寸为 $20m\times10m\times6m$。常温下运行,COD 容积负荷为 $4.4kg/(m^3\cdot d)$,COD 去除率为 80%。UASB 反应器由池体、配水系统、三相分离器、出水系统、排泥系统组成。池体采用钢筋混凝土,配水系统采用穿孔管,排泥系统与配水系统共用一管,在配水的同时实现了排泥管的反冲,既节省了反冲装置,也有效地解决了管道堵塞问题。出水系统采用三角堰溢流出水,由支渠汇入出水渠,然后通过管道进入接触氧化池。

生物接触氧化池的作用是进一步降解啤酒废水中残余的有机物。接触氧化池的基本尺寸为 $20m\times23m\times5m$,COD 容积负荷为 $1.85kg/(m^3\cdot d)$。为降低电耗和防止鼓风机噪声,本设计中采用 SBQ-Ⅱ/3 型水下曝气机,其充氧能力为 5.3~6.5kg/h,功率为 4.4kW,共 16 台。为克服固定型填料固有的堵塞问题,填料选用球型悬浮填料。

二沉池的基本尺寸:$\phi25m\times5.4m$(边深 3m),辐流式,表面负荷为 0.85m/h。排泥采用 CG25-BI 型周边传动刮泥机,驱动功率为 0.74kW。

本工程中其他设备的技术参数见表 4-11。

表 4-11 其他设备技术参数

设施项目	规格	备注
阀门井	$2m\times2.3m\times3.3m$	
格栅	$6.9m\times0.5m\times4.7m$	
过滤机	$Q=10000m^3/d$	3 用 1 备

设施项目	规格	备注
过滤机房	6m×12m×4m	建在调节池上
调节池	20m×18m×5m	停留时间 4h
加药间	6m×7.6m×5.3m	
泵房	6.2m×11.6m×9.3m	4 备 2 用
污泥浓缩池	ϕ12m×5.8m	边深 4m
贮泥池	5m×10m×5.8m	双层,上层好氧池,下层厌氧
脱水机房	8m×106m×4m	池,均设回流系统

在常温条件下,UASB 的 COD 容积负荷在 $4\sim6kg/(m^3 \cdot d)$ 时,COD 去除率 $75\%\sim85\%$。根据实地情况,厂内利用明沟排出废水,且厂区距处理站较远(大约 600m),因此冬季水温较低。本工程设计选用负荷为 $4.5kg/(m^3 \cdot d)$,并要求厂方把明沟改造为暗沟,保证冬季时水温不致过低。

对于接触氧化池,一般认为,当其 COD 容积负荷在 $2\sim4kg/(m^3 \cdot d)$ [BOD_5 容积负荷 $1\sim2kg/(m^3 \cdot d)$]时,COD_{Cr} 去除率可达 80%,本工艺中选用负荷为 $2kg/(m^3 \cdot d)$,COD 去除率可达 75%以上。

经过本工艺各主要构筑物的处理,原啤酒废水中的所含有的主要污染物去除情况见表 4-12。可以看出,啤酒废水经过本工艺处理后,可以达到预计的处理要求,满足排放标准。

表 4-12 主要污染物去除情况

项目	COD/(mg/L)		BOD_5/(mg/L)	
	进水	出水	进水	出水
UASB	2000	400	1000	150
接触氧化池	400	100	150	30
最终出水	—	100	—	30

该废水处理站于 1999 年 12 月建成,占地 $11200m^2$,总投资 1262 万元;其中土建投资 604 万元,设备投资 658 万元。一般啤酒废水中总氮为 43mg/L,总磷为 10mg/L,碱度为 450mg/L。厌氧反应器要求 COD∶N∶P=200∶5∶1,碱度为 1500mg/L 左右,故需补充 N、P 和纯碱。该处理站每天投加尿素 150kg 和磷酸二氢钠 30kg。根据各项技术经济指标的计算,该啤酒废水处理站的废水处理成本为 0.50 元/m^3。

4.3.3 啤酒废水处理方法技术经济比较

对于啤酒工业废水,不同处理方法的技术经济特点比较见表 4-13。

表 4-13　不同处理方法的技术经济特点比较

处理方法		主要技术经济特点
好氧工艺	生物接触氧化法	采用两级接触氧化工艺,可防止高糖含量废水仪器污泥膨胀现象,但需要填料过大,不便于运输和装填,且污泥排放量大
	氧化沟	工艺简单,运行管理方便,出水水质好,但污泥浓度高,污水停留时间长,基建投资大,曝气效率低,对环境温度要求高
	SBR 法	占地面积小,机械设备少,运行费用低,操作简单,自动化程度高,但还需曝气耗能,污泥产量大
厌氧好氧工艺	水解-好氧技术	节能效果显著,且 BOD/COD 值增大,废水的可生化性能增加,可缩短总水力停留时间,提高处理效率,剩余污泥少
	UASB-好氧技术	技术上先进可行,投资小,运行成本低,效果好,可回收能源,产出颗粒污泥产品,有一定的效益,操作要求严

好氧、水解-好氧和 UASB-好氧处理综合对比列于表 4-14。从表中可以看出厌氧-好氧联合工艺在啤酒废水处理方面有较大的优点。

表 4-14　好氧、水解-好氧和 UASB-好氧处理综合对比

($Q=10000\text{m}^3/\text{d}$,进水 $COD=2500\text{mg/L}$,$BOD_5=1400\text{mg/L}$)

工序	项目	好氧处理	水解-好氧处理	UASB-好氧处理
调节池	调节池容积/m^3	2000	2000	2000
	COD 去除率/%	10	10	10
	出水 COD/(mg/L)	2250	2250	2250
沉淀/水解/厌氧反应	处理单元	沉淀池	水解池	UASB 反应器
	HRT/h	3	3	8
	池容/m^3	1250	1250	3300
	相对比例/%	100	100	3330
	COD 去除率/%	20	40	90
	出水 COD(mg/L)	1800	1350	225
好氧处理	污泥负荷/[kg/(kg·d)]	0.5	0.5	0.5
	HRT/h	34.6	25.9	4.3
	池容/m^3	14400	10800	1800
	二沉池容积/m^3	1250(或无)	1250(或无)	1250
	相对比例/%	100	75	12.5
	进水 COD/(mg/L)	1800	1350	225
	COD 去除率/%	93.3	88.9	33.3
	出水 COD/(mg/L)	<150	<150	<150
	需氧量/(kg/d)	16500	12000	1000
	鼓风量/(m^3/min)	290.9	213.75	37.8
	风机型号	6×D120-1.5	4×D120-1.5	4×D40-1.5
	运转功率/W	4×185	3×185	55
	相对比例/%	133	100	10
污泥处理系统	污泥量/(kg/d)	12300	3630	2190
	污泥体积/(m^3/d)	1200	180	180
	贮泥池/m^3	600(HRT=12h)	200	200
	污泥浓缩池/m^3	600	100	100
	污泥脱水机	2(W=3000)	1(W=2000)	1(W=1000)
	药剂费/万元	50	16.0	10

工序	项目	好氧处理	水解-好氧处理	UASB-好氧处理
运转 费用	运力费/万元	245	184	18
	药剂和人工费/万元	63	49	39
	吨水直接处理成本/(元/t)	1.03	0.78	0.19
	吨水电耗/(kWh/t)	1.60	1.20	0.20

注：投资估算混凝土以 1100 元 m³ 计，电费 0.46 元/kWh。其他电耗和费用按 UASB-好氧工艺计。

4.4 白酒废水处理工程实例

（1）厌氧-好氧-气浮三级处理工艺

常德市武陵酒厂白酒生产（年产 2000t 白酒）废水采用清污分流，以厌氧发酵为主的三级处理工艺治理高浓度有机废水，工艺流程见图 4-17。

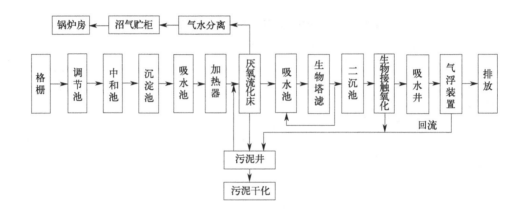

图 4-17 厌氧-好氧-气浮三级处理工艺流程

白酒生产高浓度有机废水水质：COD 为 17700mg/L、BOD_5 为 8900mg/L、$\rho(SS)$ 为 5500mg/L，pH＝3.8～5.0；"下砂"与"糙砂"工艺期间，COD 为 7000mg/L，BOD_5 为 2600mg/L，pH＝4。厌氧发酵采用上流式厌氧流化床，该反应器以砂为载体，其 COD 容积负荷为 15kg/（m³·d），COD 与 BOD 去除率达 80% 以上。厌氧消化液（COD 为 3500mg/L，BOD_5 为 1700mg/L）经生物塔滤、生物接触氧化、气浮池处理后，COD 和 BOD_5 分别为 70mg/L 和 50mg/L。

三级处理工艺减少了处理费，处理效果好，进水水质变化对整个处理系统的影响不大，可回收沼气（每千克 COD 产气量 0.4m³ 左右），但是该工艺流程长，操作难度大。

（2）好氧-气浮两级处理工艺

厦门酿酒厂将高浓度废水和冷却水等混合后直接采用好氧法处理，工艺流程见图 4-18。

图 4-18 好氧-气浮两级处理工艺流程

该工艺每天处理综合废水 2000m³，但调节池容积仅 160m³。这主要是由于该厂废水中啤酒生产废水占大部分，白酒生产废水量较小，这样污水处理站进水水质水量比较均匀，处理设施所承受的有机负荷变化很小，因此，处理效果很好。推流式曝气池对 BOD$_5$、COD 的去除率可达 95％和 90％以上。

好氧-气浮两级处理工艺与厌氧-好氧-气浮三级处理工艺相比，工艺较简单、易于操作管理、投资较低，但也存在以下问题。

① 需用冷却水等稀释高浓度有机废水，实际上还是增加了排入水体的有机物总量。

② 活性污泥法易出现污泥膨胀，且进水有机负荷变化大时，将严重影响曝气池的正常运行，使出水水质恶化。

（3）氧化沟工艺

某股份有限公司采用固态酒醅发酵和固态蒸馏传统工艺生产白酒。生产区生产污水由蒸酒锅底水、制曲污水、包装洗瓶水、曲酒车间冷却循环外排水和电站锅炉水组成；生活污水由浴池污水、公厕冲洗水、生活区污水构成。其中，曲酒锅底水 COD 量最大，占总废水的 71.48％；其次是包装洗瓶水，占 8.25％；生活污水的 SS 排放量，占 SS 总排放量的 45.57％，电站锅炉 SS 排放量占 SS 总排放量 23.64％；包装洗瓶水和生活污水各占污水排放量约 40.65％。

综合污水排放总量为 7380m³/d，平均流量是 307.5m³/d 时，COD 为 739.0mg/L，ρ(SS) 为 286.6mg/L，BOD$_5$/COD 值为 0.5～0.6，ρ（总氮）3.1mg/L，ρ（总磷）2.0mg/L，水温 20～30℃。该厂污水属高糖低氮低磷易降解有机污水。因此选定以氧化沟为主的二级生化处理工艺，COD 占总排放量 71.5％的蒸酒锅底水因流量很少，采用厌氧发酵生产沼气，产沼气量低，所以这部分废水与其他废水一起进入生化处理系统。氧化沟法处理白酒废水工艺流程见图 4-19。

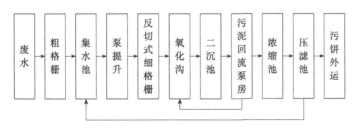

图 4-19 氧化沟法处理白酒废水工艺流程

该工程设计规模为 8000m³/d，水温为 20～30℃。主要构筑物及设计参数如下。

① 集水池与泵房合建（8m×12m×6.5m），有效水深 2～3.5m，容积 200～350m³，停留时间 0.6～1.0h，因氧化沟有较强的耐冲击负荷，故集水调节池停留时间很短；污水泵房建在集水调节池上，集水调节池内设潜水搅拌器，按时搅拌防止杂物沉

积影响水泵工作；用 3 台潜污泵将污水提升至反切式旋转细格栅（其间隙 0.2mm），以滤去稻壳和粗大砂粒杂物，以有利于氧化沟运行；3 台潜污泵均有自动控制装置。

② 氧化沟是一种延时曝气工艺。为增加操作灵活性，特设 2 条单沟式氧化沟（95m×15m，有效容积 10000m³），停留时间 30h，污泥 BOD_5 负荷为 0.11kg/kg，每条氧化沟装有 4 台双速转刷曝气机，沟内有溶解氧测定仪，可根据沟内溶解氧值自动调整转刷曝气机速度，以求降低电耗。

③ 每条氧化沟配套 1 座二沉池，直径 18m，型式是辐流式沉淀池，每座有效容积 800m³，停留时间 2～2.5h，池内设垂架式中心传动刮泥机 1 台，随时将沉泥排至污泥池中供污泥回流使用。

④ 污泥池和污泥回流泵房合建，污泥池为 5m×8m×4.5m，有效容积 160m³，污泥回流泵房建在污泥池上，将 3 台潜污泵回流污泥（回流比 60%）。另有 2 台小型潜污泵将剩余污泥打入污泥浓缩池。

⑤ 建 1 座污泥浓缩池，直径 10m，有效容积 230m³，停留时间 16h，内有中心传动浓缩机 1 台。

⑥ 干污泥产量约 1000kg/d，安装带宽 2m，带式压滤机 2 套；污泥脱水机房为 9m×18m。

⑦ 控制室和化验室面积为 8m×16m。

污水处理工程投资费用约 1000 元/m³，包括征地、围墙、道路、桥梁、深井供水设施、低压配电等费用。运行费用视进水口 COD 值不同而异，一般在 0.40～0.75 元/m³ 之间（包括折旧费在内）。

氧化沟法处理白酒废水具有投资少、处理效果好、耐冲击负荷、污泥产量少而且运行稳定和运行费用低的特点，运行中不需投加氮、磷营养元素，适应于污水高糖低氮低磷要求，污水处理达标合格率 100%。

5

调味品废水处理工艺及工程实例

调味品是食品工业的重要组成部分。调味品主要分为以下几大类：味精、柠檬酸、蛋白水解液、酱油、食醋、酱、肌苷酸和鸟苷酸。中国调味品行业的总产量继续突破千万吨大关，其中，酱油和食醋的产量持续领先，而味精和柠檬酸的产能则显示出缓慢增长或稳定的趋势。国家政策和环保要求的更新推动了部分小规模和污染严重的企业退出市场，提高了整体行业的集中度和生产效率。

2007年10月，国家发改委和环保局下发了《关于做好淘汰落后造纸、酒精、味精、柠檬酸生产能力工作的通知》（发改运行〔2007〕2775号）。按照通知的要求，对不符合国家产业政策、环保评审不达标和超标排放的落后生产能力依法实施淘汰。相关企业的化学需氧量（COD）排放量显著减少，累计减排COD量超过30万吨。

目前国家已出台了《调味品、发酵制品制造工业污染防治可行技术指南》（HJ 1303—2023）、《味精工业废水治理工程技术规范》（HJ 2030—2013）、《柠檬酸工业水污染物排放标准》（GB 19430—2013）。这些标准的出台，对提高调味品行业清洁生产，促进各企业工艺革新，提高调味品生产效率起到了一定的推动作用。

味精、柠檬酸等调味品生产规模较大，废水产生量大，污染严重，治理难度较大。酱油、醋、酱等调味品基本采用传统的工艺方法，厂家分布广，规模大小不一，生产废水污染严重，色度高，治理困难。由于各调味品厂家的生产工艺、原材料差别较大，具体的调味品废水性质与成分差别也比较大。因此本章重点选择生产规模较大、排污较为严重的柠檬酸、酱油和味精等调味品，介绍调味品废水的处理工艺及工程实例。

5.1 调味品行业概述

5.1.1 柠檬酸行业概述

柠檬酸是一种重要的有机酸,又名枸橼酸,化学名称 2-羟基丙烷-1,2,3-三羧酸。根据其含水量的不同,分为一水柠檬酸和无水柠檬酸。天然柠檬酸存在于植物如柠檬、柑橘、菠萝等果实和动物的骨骼、肌肉、血液中。人工合成的柠檬酸是用砂糖、糖蜜、淀粉、葡萄等含糖物质发酵而制得的,国内一般由玉米发酵制取。纯品柠檬酸为无色透明结晶或白色粉末,无臭,有一种诱人的酸味。

柠檬酸下游消费领域广泛,主要的应用范围有食品、饮料、医药、化工及洗涤等领域,其中在食品和饮料行业有"第一食用酸味剂"之称。由于有着广泛的市场需求,柠檬酸产品的需求量逐年提高,特别是疫情以来,国外柠檬酸工厂的正常运行受到较大影响,对市场的供应受阻,致使柠檬酸产品经历了较长时间的供不应求的市场行情。

全球柠檬酸的年需求量约为 130 万吨,且以年 5%~7% 的速度递增。中国目前有柠檬酸生产厂近百家,总年产能力约 50 万吨,是全球最大的柠檬酸生产国和出口国。其中 90% 用于出口,出口依赖严重。但柠檬酸生产存在着规模小而分散以及污染严重的问题。每生产 1t 柠檬酸大约需耗水 $200 \sim 500 m^3$,耗电 $3000 \sim 500 kWh$,耗薯干 $2.5 \sim 3t$,排放 $50 \sim 60t$ 废水。特别是生产中段的中和废水(每吨成品柠檬酸排放 $10 \sim 15 m^3$),污染物浓度高、偏酸性、变化幅度大、水质复杂,处理难度大。因此,生产过程中产生的大量高浓度废水已成为该行业发展的制约因素,若不加处理任意排放将会严重污染环境,应予以高度重视。

5.1.2 酱油行业概述

酱油是我国的传统调味品,其特有的色泽和风味深受人们喜爱。据统计,中国酱油在 2016 年至 2018 年产量下滑,2018 年后产量逐年回升,2021 年中国产量为 788.15 万吨,同比 2020 年增长 12.46%。酱油作为国民日常饮食生活的必备品,未来产量还会上涨。2020 年我国高端和超高端酱油市场规模达 250 亿元,结构升级趋势清晰。酱油行业目前已进入成熟期,高端化趋势显著,2020 年我国高端和超高端酱油(8 元以上)市场规模达 250 亿元,同比增长 11%,已初具规模。

根据中国饭店协会数据,2020 年上半年调味品在单菜成本中占比仅 12%,消费者占比更低,调味品升级成本低、倾向高,8 元以上的高端和超高端酱油市场规模 2015~2020 年复合年均增长率(CAGR)达 11.3%,高于中低端(8 元以下)酱油(8%),高端和超高端酱油占比亦由 2014 年的 25% 提升至 2020 年的 28%,结构升级趋势持续演化。

国内经济水平持续增长，人均可支配收入持续增长是酱油行业的发展关键经济基础。目前日本人均酱油消耗量是 9L，历史峰值为 11L，目前我国人均酱油消费量已处于较高水平，我国大陆的人均酱油消费量 7.14L，即便与酱油消费非常成熟的日本相比提升空间也不大。

酱油作为人们日常生活中的调味品，是经过原料处理、制曲、发酵、淋油、配制、加热等步骤而酿制成的。酱油生产绝大多数以大豆、麦麸、小麦、玉米等为原料，使原料中的蛋白质，淀粉等物质发生一系列生化反应，从而使酱油具有色、香、味。酱油的色素不是单一成分组成的，它是在酿造过程中受到多种因素的影响，经过一系列的化学变化产生的，生成酱油天然色素的酶褐变、非酶褐变反应的各种产物、中间产物以及人工着色剂焦糖色都会随着生产过程中各个工序的清洗水排出。它们都具有由 2 个或 2 个以上的生色基团共轭生成的生色基。

5.1.3 味精行业概述

味精化学成分为谷氨酸钠，是一种鲜味调味品，易溶于水，其水溶液有浓厚鲜味。与食盐同在时，其味更鲜。味精可用小麦面筋等蛋白质为原料制成，也可由淀粉或甜菜糖蜜中所含焦谷氨酸制成，还可用化学方法合成。味精还有缓和碱、酸、苦味的作用。谷氨酸钠在人体内参与蛋白质正常代谢，促进氧化过程，对脑神经和肝脏有一定保健作用。成年人食用量可不限制，但婴儿不宜食用。

味精是世界上除食盐之外，耗用量最多的调味剂。天然的谷氨酸钠以蛋白质组成成分或游离状态广泛存在于动植物组织中。目前，中国是世界上最大的味精制造生产国，其生产产品的数量占据世界总量的 75% 左右，世界范围内的产品出口额在 20% 以上。2014～2020 年，中国的味精生产规模一直维持在每年 200 万吨左右，2021 年中国味精产值达到 238 万吨左右。伴随着味精的制造技术的持续发展，它的产品生产成本在持续地降低，同时经济效益在持续地提高。然而，在这一过程中环保问题已经逐渐地影响到了味精行业的发展。在现代生产过程中，能够对味精产生的尾气和残余物进行有效的处理和再利用，而对其产生的废水进行有效的控制和利用却成为味精行业发展的限制性因素。

在味精生产过程中，由于其废水的大量排放，使得治理难度大大增加。根据统计，1t 味精的制取，需要 10～15t 经过提炼的谷氨酸钠浓缩液，这就导致我国一年就会有超过 1000 万吨的此类高浓缩有机废水被大量排放到环境中。尽管企业生产相关部门和科研院所都在对该废水的环境整治管理上做了不少的探讨研究，然而，因其一次性的投入成本太大，或是每日治理运营成本太高，导致大部分的企业难以负担得起。

5.2 调味品生产工艺

5.2.1 柠檬酸生产工艺

生产柠檬酸主要有两种方法：一种是从天然含柠檬酸的果实中用榨汁的方法制备；另一种是发酵法制备。目前，世界各国几乎都采用发酵法生产柠檬酸。发酵法生产柠檬酸是以淀粉质、糖蜜、石油烃、废果渣等为原料，利用霉菌和酵母菌进行发酵，发酵醪液再经提取、精制而获得高纯度的产品。目前我国柠檬酸生产以薯干、玉米等淀粉质原料为主，一般采用较为成熟的深层液体发酵法生产工艺，利用黑曲霉孢子自身产生的淀粉，将原料薯干或玉米糖化，合成柠檬酸。

淀粉质柠檬酸的生产工艺流程及主要污染物来源如图 5-1 所示。

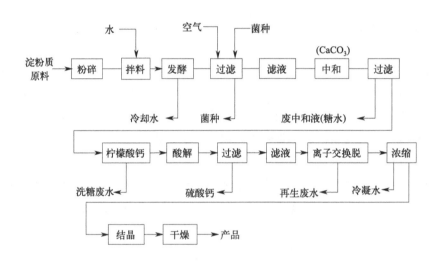

图 5-1 淀粉质柠檬酸的生产工艺流程及主要污染物

从图 5-1 中可以看出，淀粉质柠檬酸的生产工艺流程主要分为下面 4 个工段。

① 糖化玉米或甘薯经筛选后粉碎，在淀粉酶的作用下，淀粉转化成糖，将玉米渣或甘薯渣从糖液中分离出来，糖液进入后续工序。

② 发酵糖液进入发酵罐。在发酵罐中引入黑曲霉，使糖液在有氧中温条件下进行发酵。

③ 提取柠檬酸成熟发酵醪液中除了含有主要产品柠檬酸外，尚含有残糖、菌体、蛋白质、色素和胶体杂质、无机盐、有机酸以及原料带入的各种杂质，一般都采用钙盐法提取柠檬酸。发酵液过滤去除菌体等残渣后，加入 $CaCO_3$ 中和，使柠檬酸以钙盐的形式沉淀出来，废糖水和可溶杂质则被过滤除去，柠檬酸钙在酸解槽中加入 H_2SO_4 酸解，使柠檬酸游离出来，形成的硫酸钙被滤除。

④ 精制酸解后得到的粗柠檬酸溶液，通过脱色和离子交换，除去色素和胶体杂质以及无机杂质离子。净化后的柠檬酸溶液，通过浓缩，柠檬酸被结晶出来，成为成品。

5.2.2 酱油生产工艺

目前，我国酱油行业生产仍以天然古法酿造为主，国内酱油大厂多集中在中国南方。一般的酱油生产过程包括原料处理和蒸煮、制曲、发酵、浸出淋油等工序。

（1）原料处理和蒸煮

原料处理主要是把原料经适当的破碎后加水润胀，再经蒸煮使蛋白质适度变性至淀粉质，蒸熟糊化以便被酶利用。同时也可杀灭原料中的微生物，给米曲霉创造有利的条件。一般利用旋转式蒸锅加压蒸料。

（2）制曲

制曲的目的主要是使米曲霉在熟料上充分生长发育，同时分泌出酱油生产所需的各种酶类，如蛋白酶、淀粉酶、果胶酶、纤维素酶等，并促使原料发生变化，为以后发酵创造必要条件。目前多采用厚层通风制曲法。

（3）发酵

发酵是将成曲拌以适量盐水后，置于发酵容器中，在一定的温度下，利用微生物及其分泌的各种酶类，将酱醅中复杂的有机质进行一系列生化反应。例如，把蛋白质分解成氨基酸，淀粉分解成糖，产生醇、酸、酯，最终形成色香味体等诸项调和的成品酱油。

（4）浸出淋油

浸出淋油是从酱醅中提取酱油的有效成分的过程。浸出是把酱油的有效成分溶于盐水中。淋油则是把酱油和酱渣通过过滤分离出来。

（5）酱油的后处理

酱油的后处理包括灭菌、配制（勾兑）、质量检查和包装等工序，以保证成品酱油稳定的质量标准。

酱油生产工艺流程如图 5-2 所示。图 5-2 中实线部分为生抽酱油的生产工艺流程，虚线部分为老抽酱油的生产工艺流程。

5.2.3 味精生产工艺

生产味精的方法有发酵法和水解法两种，目前国内多采用发酵法。谷氨酸发酵主要

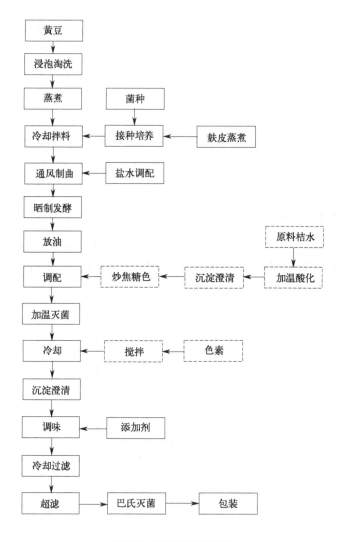

图 5-2　酱油生产工艺流程

以糖蜜和淀粉水解糖为原料，我国以淀粉水解糖为原料居多，而国外几乎都以糖蜜为原料生产谷氨酸。

味精生产工艺主要有淀粉水解糖的制取、谷氨酸发酵、谷氨酸的提取与分离和由谷氨酸精制生产味精。味精生产工艺流程如图 5-3 所示。

由图 5-3 可知，其主要废（渣）水来自：原料处理后剩下的废渣（米渣）；发酵液经提取谷氨酸（麦麸酸）后废母液或离子交换尾液；生产过程中各种设备（调浆罐、液化罐、糖化罐、发酵罐、提取罐、中和脱色罐等）的洗涤水；离子交换树脂洗涤与再生废水；液化（95℃）至糖化（60℃）、糖化（60℃）至发酵（30℃）等各阶段的冷却水；各种冷却水（液化、糖化、浓缩等工艺）。

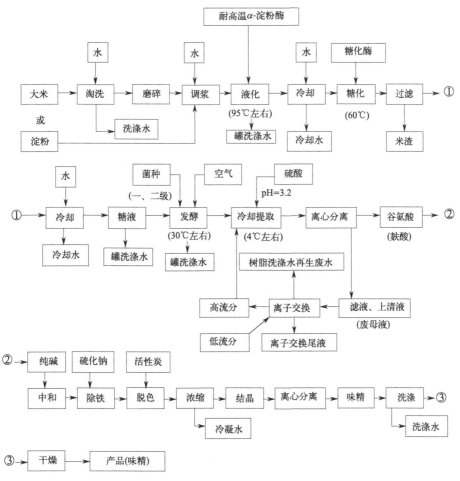

图 5-3　味精生产工艺流程

5.3　调味品废水的特点

5.3.1　柠檬酸废水主要来源和特点

柠檬酸生产过程中主要污染物及排放量如表 5-1 所列。

表 5-1　柠檬酸生产主要污染物浓度及排放量

项目	污染物名称	COD/(mg/L)	BOD$_5$/(mg/L)	SS/(mg/L)	总糖/%	还原糖/%	排放量/(m^3/t)
废水(薯干为原料)	废中和液	10000~40000	6000~25000				10~15
	再生废水	800	400				20~22
	洗糖废水	2000~4000	1000~2400	1000~1500	0.5~2	0.1~0.5	50~100
	冲洗水	2500	1500				6~7
	冷却水等	100~200	50~100				100~400
废水(玉米为原料)	高浓废水	6000~10000					
	再生废水	1000~3000					

项目	污染物名称	COD/ (mg/L)	BOD$_5$/ (mg/L)	SS/ (mg/L)	总糖 /%	还原糖 /%	排放量/ (m³/t)
废渣	菌体渣(含水70%, pH=5～6)			20000～30000			
	硫酸钙(含水50%)			50000			

由表 5-1 可见,柠檬酸生产的主要污染物来自废中和液和洗糖水。每生产 1t 柠檬酸,约产生 2.4t 渣石膏(折合 1.3t 干石膏),其主要成分为二水硫酸钙,含量可达 98%(质量分数)左右。由于在柠檬酸废渣石膏中,残留少量的柠檬酸和菌体,因此除少量用于水泥、铺路外,绝大部分废渣被堆积在厂内外,严重污染周围环境,成为柠檬酸行业一大难题。柠檬酸发酵菌丝渣和淀粉渣是困扰生产企业和污染环境的另一个大问题。生产 1t 柠檬酸大约可产生 0.2～0.25t 菌丝渣;1t 发酵液可得到 120kg 湿菌体。柠檬酸菌丝渣除含少量柠檬酸外,还含有丰富的营养物质。菌丝渣和淀粉渣主要成分为:蛋白质 4%(质量分数)、粗纤维 25%、水分 60%～70%,pH 值 5～6。由于 pH 值较低,蛋白质含量低,直接作饲料销售效果不理想。

(1)柠檬酸废水中污染物组成

① 原料在发酵过程中没有形成柠檬酸的部分,如糖类、杂酸等有机物。

② 由于提取率不能达到 100% 而流失的部分柠檬酸。

不同原料和工艺所产生的废水水质略有不同,但浓度差别较大。以玉米为原料的柠檬酸废水的污染物浓度最低,以薯干为原料的柠檬酸废水的污染物浓度最高,以木薯为原料的柠檬酸废水的污染物浓度居中。

(2)柠檬酸废水来源

1)糖化洗滤布水

在糖化过程中,糖化液必须过滤去除玉米渣。过滤机的滤布需要定期清洗,产生糖化洗滤布水,含有淀粉质、蛋白质、纤维素、玉米脂肪及钠离子等。

2)二压洗滤布水

糖液在发酵罐中发酵得到发酵液,经压滤机去除菌丝体,过滤后发酵清液送到提取车间。此时压滤机的滤布需要定期清洗,产生二压洗滤布水,含有柠檬酸、残糖、蛋白质及纤维素等。

3)刷罐水

发酵罐排放发酵液后,在下一次进料前,要用清水将发酵罐洗涤干净,从而产生刷罐水,含有柠檬酸、残糖、蛋白质、维生素、聚醚等。

4)浓糖水

发酵清液与 CaCO$_3$ 中和产生柠檬酸钙沉淀,上部母液为浓糖水,含有柠檬酸、柠檬酸钙、残糖、油脂、蛋白质、微量钠盐及聚醚、有机色素等。

5）洗糖水

中和工序得到的固相柠檬酸钙调浆后送入过滤机，继续使 80～90℃ 热水进一步洗去残糖及可溶性杂质，抽滤后排放出洗糖水，含有硫酸钙、柠檬酸钙、残糖、油脂、蛋白质、无机钙及有机色素等。

6）砂柱冲洗水

精制的第一步要把固体物质在砂滤器中除去，砂柱要定期冲洗，形成砂柱-冲洗水，含有硫酸钙、柠檬酸以及其他结成滤饼的固性物。

7）离子交换淡酸水

离子交换淡酸水有 4 个位置产生：砂柱、炭柱、阴柱、阳柱。离子交换柱再生前，将淡酸液排入后柱，然后用清水（无离子水）把残酸冲向后柱，所产生的废水为离子交换淡酸水，含有柠檬酸、铁、钙、氯等离子以及滤层微粒及破碎的阴阳树脂。

8）炭柱废碱水

酸解液经砂柱过滤后，进入活性炭柱吸附，炭柱每两周用 NaOH 水溶液再生，再生所排放的废水为炭柱废碱水，含有 NaOH、柠檬酸盐及有机色素等。

9）阳柱废酸水

来自炭柱的酸解液经过阳离子交换柱，再生时先放去浓酸水，用清水洗涤残酸，排放的废水为阳柱废酸水，含有 HCl、柠檬酸、金属离子等。

10）阴柱废氨水

来自阳柱的酸解液经过阴离子交换柱处理，交换柱再生时先放去浓缩液，用去离子水洗涤，放去淡酸水以后，用氨水溶液再生，排放的废水为阴柱废氨水，含有 NH_3、柠檬酸及非金属离子等。

11）再生冲洗水

交换柱再生冲洗水来自炭柱、阳柱、阴柱 3 部分。交换柱再生结束（浸泡结束）、放去再生废水（废碱水、废酸水、废氨水）后，用去离子水冲洗残留的再生废水，冲洗排放的废水为再生冲洗水，含有 NaOH、HCl、NH_3 及相应的盐类及破碎的树脂。

各废水排放统计、各工艺点所排放柠檬酸废水水质水量见表 5-2。

表 5-2　柠檬酸废水水质水量

废水名称	主要污染物	pH 值	COD/（mg/L）
糖化洗滤布水	淀粉质、蛋白质、脂肪、纤维素	5～6	3962
二压洗滤布水	柠檬酸、残糖、蛋白质、纤维素	3	1741
刷灌水	柠檬酸、残糖水、蛋白质、纤维素	1～2	38986
浓糖水	柠檬酸、残糖、蛋白质、脂肪	4.5～5.5	23780
洗糖水	柠檬酸、残糖、蛋白质、脂肪	5～6	3650
砂柱冲洗水	柠檬酸、硫酸钙		
离子交换淡酸水	柠檬酸、破碎树枝	1～2	3000～4000
炭柱废碱水	氢氧化钠、柠檬酸盐、色素	10～12	1000～3000
阳柱废酸水	氯化氢、柠檬酸及盐类	1～2	1000～3000
阴柱废氨水	氢氧化铵、柠檬酸及盐类	10～12	1000～3000
再生冲洗水	NaOH、HCl、NH_4OH 及相应盐类		500～1000

（3）各车间排放污染情况

废水主要来自柠檬酸提取车间的浓糖水和洗糖水，这两股废水浓度高，水量较大。而发酵车间的刷罐水虽浓度高，但水量相对较小。糖化和精制车间的废水浓度较低，水量也不大。某厂各生产车间废水的水量比例和COD浓度见表5-3。

表5-3 某厂各生产车间废水的水量和COD浓度

项目	水量 /(m³/t酸)	占总水量 /%	平均COD /(mg/L)	污染物量 /(kgCOD/t酸)	污染物/%
糖化车间	1.8	5.2	3900	7.1	1.7
发酵车间	0.9	2.6	13000	11.7	2.9
提取车间	25.9	74.1	14200	366.3	92.2
精制车间	6.23	18.1	2000	12.6	3.2
总废水量	34.83	100	11400	397.7	100.0

玉米和薯干生产柠檬酸综合废水水质水量如表5-4和表5-5所列。

表5-4 玉米生产柠檬酸综合废水水质水量

指标	数值	指标	数值
水量/(m³/t酸)	34.83	TN/(mg/L)	360~400
温度/℃	60~70	氨氮/(mg/L)	50~70
pH值	4~5	TP/(mg/L)	100~120
COD/(mg/L)	11000~13000	SS/(mg/L)	800~1000
BOD_5/(mg/L)	6000~7000	色度/倍	180~250

表5-5 薯干生产柠檬酸综合废水水质水量

指标	数值	指标	数值
水量/(m³/t酸)	40.0	BOD_5/(mg/L)	11000
温度/℃	60~70	氨氮/(mg/L)	50~70
pH值	4~5	SS/(mg/L)	800~1000
COD/(mg/L)	25000	色度/倍	3000

柠檬酸废水含高浓度可生物降解的有机物，废水主要成分为糖类、淀粉、草酸钙、蛋白质、胶体物质和部分可溶性无机盐类等。废水的BOD_5/COD值为0.5左右，可生化性较好。

5.3.2 酱油废水主要来源和特点

到2021年底，我国的酱油产量已达到788.15万吨。而生产1t酱油需要耗费7~10t的自来水，带来6~9t的酱油废水。废水中的主要成分为粮食残留物、洗涤剂、消毒剂、大量的盐分、各种微生物及微生物分泌物和代谢产物，废水呈现出较高的 BOD_5、COD、SS 值和色度。如果生产废水不经处理直接排放会对水环境产生很严重的污染。

酱油废水可分为普通酱油废水和老抽废水。老抽又称红酱油，是在天然发酵，自然生色的淡色酱油基础上经阳光暴晒浓缩，添加焦糖、蔗糖等人工增色剂后调制而成，其体态浓稠、黏度高、色度重，同时还含有大量盐分、清洗剂、防腐剂，而且有些企业兼顾生产其他副食品，废水中还夹杂有辣椒、花椒等调料。酱油废水因生产工艺的不同，水质差别很大，同时，由于各企业还会生产一些相关的调味品，使得酱油废水的成分更加复杂。

四川某酱油厂废水水质情况如表 5-6 所列。该厂废水主要来自包装车间、生产车间的制曲、发酵回淋等生产工段，其中生产车间废水占 35%，包装车间占 60%，其他车间废水占 5%。

表 5-6　四川某酱油厂废水水质情况

项目	COD/(mg/L)	BOD_5/(mg/L)	SS/(mg/L)	pH 值	色度/倍	NH_4^+-N/(mg/L)
污染物浓度	800～1600	40～46	40～47	4.0～4.8	40～49	40～50

某年产 2200t 的酱油厂采用稀醪发酵压榨工艺，酱油生产各车间各工段每天排水状况如表 5-7 所列。广东某酱油厂各生产车间排放废水水质如表 5-8 所列。

表 5-7　某酱油厂各车间各工段每天排水状况

项目	排水量/m^3	BOD_5/(mg/L)	SS/(mg/L)	pH 值
蒸煮罐和场地洗水	43	1520	1270	6.2
Z 型冷却器冷却水	36	38	11	7.3
空调机冷却水	34	15	7	7.7
曲室洗水	7.8	2470	1980	5.2
滤布洗水	6.7	1860	2180	5.4
空发酵罐洗水	7.4	1740	1880	5.7
压榨场冲洗水	3.8	1270	1200	6.2
加热灭菌场地洗水	3.7	1470	370	5.4
包装洗水及杂用水	35	110	75	9.6

表 5-8　广东某酱油厂各生产车间排放废水水质

项目	废水来源	COD/(mg/L)	色度/倍	水量/(t/d)	排放方式
制曲车间	浸豆废水、盐水池废水、洗地水、洗王曲房废水、油池废水	9910	125	47	连续排放
味极鲜车间	洗瓶水、装瓶机排水、洗袋水、手工洗瓶水、洗瓶身排水	373	20	28	连续排放

项目	废水来源	COD/(mg/L)	色度/倍	水量/(t/d)	排放方式
包装车间	洗储油罐水、洗瓶水	544	500	33	连续排放
成品车间	洗熟油油桶、洗生油油桶、洗什油锅	84847	5150	16	间歇排放
老抽酱油成品车间	洗老抽罐、洗过滤老抽池、洗煎老抽锅、洗过滤老抽袋	110071	3617850	10	间歇排放

从表 5-8 可知,广东某酱油厂废水的特点如下。

① 废水主要来自制曲车间、包装车间及成品车间,这和一般酱油厂家相同,但是它的各项水质均高于一般酱油废水。

② 间歇性产生的废水比例大,主要是污染严重的老抽废水,其有机物浓度及色度很高。

广州某调味品厂酱油生产典型工段废水水质状况如表 5-9 所列。

表 5-9 酱油生产典型工段废水水质状况

名称	pH 值	COD/(mg/L)	水量/m³
黄豆浸泡废水	6.63	625	48
发酵罐清洗废水	4.8	13600	2
放油池清洗废水	5.2	37500	1
巴氏灭菌废水	6.52	10000	12
澄清池清洗废水	5.13	300000	5
滤布清洗废水	5.28	6370	30
糖蜜罐废水	4.15	5000	30
炒色罐清洗废水	5.08	6000~17000	32
暂存罐清洗废水	5.16	8000	4
煮制废水	5.21	29500	12
洗瓶水 1	10.72	52	54
洗瓶水 2	7.01	10	32
蚝油工段清洗水	6.65	平均 50000	20
煮酱工段清洗水	7.8	平均 10000	40

由表 5-9 可知,广州某调味品厂酱油废水特点如下。

① 废水主要来自发酵车间、煮制车间、包装车间、煮酱车间、洗瓶车间和蚝油车间,这和一般的酱油厂类似。但由于该厂同时生产酱类和蚝油等其他调味产品,使得生产废水成分更加复杂,并且废水的平均 COD 明显远远高于一般的酱油厂家。

② 污染严重的生产废水主要有澄清池清洗废水、煮制废水和蚝油废水。废水有机物的浓度和色度都很高。

③ 生产废水的季节性变化大,淡旺季的水量水质差别较大。因此,废水的水质和

水量剧烈变化，对生物处理设施有一定的冲击。

④ 生产废水的色度高，一般平均在 700～1000 倍，其成色物质主要是酱油生产中添加的焦糖色以及食品发酵产生的色度，而由焦糖色素引起的色度一般生物不能完全处理。

⑤ 氨氮浓度高，一般在 200～400mg/L；pH 值一般在 5 左右，属酸性废水。

⑥ BOD_5/COD 值＞0.5，可生化较好，生产废水中无有毒有害物质。

⑦ 每天生产结束后，各生产车间都要使用消毒剂清洁消毒。每天用漂白粉 40kg，泰华净 AC（0.6％）60kg，食优 626（4％）40kg。剩余的消毒剂进入废水处理设施，会对生物处理设施造成一定的毒害作用。

一般酱油废水中营养成分（主要是 N 和 P）是充足的，酱油厂排放废水中氮磷比例关系如表 5-10 所列。

表 5-10　酱油厂排放废水中氮磷比例关系

项目	生化反应需要的比例/%	实际酱油废水中比例/%
BOD_5	100	100
N	5	20
P	1	3

从表 5-6～表 5-10 可以看出，一般酱油综合废水 COD 大约在 1000mg/L，属中等浓度的有机废水。酱油废水中的营养元素（主要是 N、P）可以满足生化反应需要。有些调味品厂同时生产其他产品，可能综合废水成分更加复杂，有机物浓度更高。某些车间 COD 浓度特别高，色度高，例如老抽废水的 COD 浓度可达到 120000mg/L，色度可达到 16000 倍。处理难度较大，需要对这部分污水进行预处理，否则会对污水处理站的生物处理设施造成一定的冲击和危害，直接影响出水水质。

综上所述，酱油废水有机污染物浓度高，含盐浓度高，BOD_5/COD 值＞0.5，可生化较好，生产废水中无有毒有害物质。在设备和管道清洗时，废水中含有一定量不利于微生物生长的抑制剂，是典型的高浓度难降解有机废水。

5.3.3　味精废水主要来源和特点

味精生产过程中，每生产 1t 味精需 4t 大米或 3t 淀粉、0.61～0.75t 尿素、140～150kg 硫酸，除部分原料转化成谷氨酸和排出的 CO_2 外，大部分以菌体蛋白、残留氨基酸、盐、有机酸以及酸根的形式随母液排出。味精生产过程中需要添加 0.15～0.8t 浓硫酸和 0.4～0.75t 浓氨水，排放高浓度废水 20t 左右。

以硫酸作为原料生产味精的厂家，其废水中 NH_4^+-N 浓度高达 7000～10000mg/L，SO_4^{2-} 浓度达到 28000mg/L，并且 pH 值偏低，一般为 3 左右。低 pH 值、高浓度的

SO_4^{2-} 和 NH_4^+-N 的废水将抑制微生物生长，不利于生化处理，属于高浓度难降解的废水。味精生产过程中，冲罐及洗涤过程也会排放大量废水，属于中浓度废水。而排水中还含有部分冷凝水和冷却水，污染较轻。各项废水混合后主要污染物、污染负荷及单位排放量见表 5-11。

表 5-11　主要污染物、污染负荷及单位排放量

污染物组成	pH 值	COD /(mg/L)	BOD_5 /(mg/L)	SS /(mg/L)	NH_4^+-N /(mg/L)	Cl^- 或 SO_4^{2-} (mg/L)	单位排放量 /(t 废水/t 味精)
高浓度发酵母液	3~3.2	30000~80000	20000~32000	12000~20000	500~7000	8000 或 20000	15~20
中浓度洗涤水、冲洗水	3.4~4.5	2000	1200	250	0.2~0.5	—	100~250
低浓度冷却水、冷凝水	6.5~7.0	100~500	60~300	60~150	0.2~0.5	—	100~200
混合后排放废水	3.0~4.0	1000~4500	500~3000	140~150	0.2~0.5	—	300~500

味精废水主要来自以下几点。

① 原料处理后剩下的废渣。

② 发酵液经提取谷氨酸后，产生的废母液和离子交换尾液。

③ 生产过程中各种设备（调浆罐、液化罐、糖化罐、发酵罐、提取罐、中和脱色罐等）的洗涤水。

④ 离子交换树脂洗涤与再生废水。

⑤ 液化（95℃）至糖化（60℃）、糖化（60℃）至发酵（30℃）等各阶段的冷却水。

⑥ 各种冷凝水（液化、糖化、浓缩等工艺）。

国内几个味精厂的废水水量和水质情况见表 5-12。

表 5-12　国内几个味精厂的废水水量和水质情况

项目	湖北某味精厂		山东某味精厂	山东某发酵厂		东北某味精厂	排放标准
	浓废水	淡废水	浓废水	浓废水	淡废水	浓、淡废水混合	
水量/(m³/d)	400	600	750	350	3000	10200	—
COD/(mg/L)	20000	1500	60000	50000	1500	2768	≤300
BOD_5/(mg/L)	10000	750	30000	25000	750	800	≤150
NH_4^+-N/(mg/L)	10000	200	10000	15000	200	—	≤25
SO_4^{2-}/(mg/L)	20000	—	35000	70000	—	3000~3200	—
SS/(mg/L)	200	—	10000	8000	—	5700~6500	≤200
pH 值	1.5~1.6	5~6	3.0~3.2	1.5~1.6	5~6	3.0	6~9

味精废水具有如下特点。

1）污染物浓度高

有机物和悬浮物菌丝体含量高，尤其是发酵母液和离子交换尾液，COD浓度高达 30000~70000mg/L，BOD_5 浓度高达 20000~30000mg/L，氨氮浓度高达 3g/L。

2）废水排放量大

生产 1t 产品需排放废水 300~500t，其中有机污染物 1t 以上，无机污染物 2t 以上。

3）pH值较低

一般为 3.0~4.0，具有较强的酸性，主要成分是 Cl^- 或 SO_4^{2-}。不易生化降解，对厌氧和好氧生物具有直接和间接毒性或抑制作用，处理难度较大。

5.4 调味品废水处理工艺

5.4.1 柠檬酸废水处理工艺

目前，国内主要以生物法对柠檬酸废水进行处理。此外，柠檬酸废水处理方法还有光合细菌法、乳状液膜法以及中和废水回用等。

（1）生物法

柠檬酸废水属于高浓度有机废水，COD极高，而且偏酸性。生物处理方法可分为厌氧生物法、好氧生物法、厌氧＋好氧生物组合法等。

1）厌氧生物法

厌氧生物法是指无分子氧条件下通过厌氧微生物（包括兼氧微生物）的作用，将废水中的各种复杂的有机物分解为甲烷等物质的过程。同时把部分有机质合成细菌胞体，通过气-液-固分离，使废水得到净化的一种废水处理方法。

目前，柠檬酸废水的厌氧处理技术主要有管道式厌氧消化器、高温厌氧消化池和升流式厌氧污泥床（UASB）、IC反应器等。

管道式厌氧消化器内充填填料作为微生物的载体，能滞留高浓度厌氧活性污泥，增强耐酸碱和污染物变化负荷大的能力。采用这种方法，对酸性的高浓度废水而言，无需进行调节可直接进入处理系统，从而减少药剂消耗量，降低运行费用，便于操作管理。但此方法存在污泥流失现象，需定期排泥。

高温厌氧消化池具有时间短，消化温度适应性强，运行费用低，有机物去除率高等优点。但废水升高温度需消耗额外的能量，仅适用于废水温度较高情况。

目前UASB反应器是应用最广泛的厌氧处理装置。20世纪90年代初，国内某些柠檬酸生产厂家就已经尝试应用UASB技术处理柠檬酸废水。应用UASB工艺处理柠檬酸废水，无论是实验室小试还是工厂内的中试，COD去除率一般均可达到90%以上。由于反应器内形成的厌氧颗粒污泥具有良好的沉降性能和较高的产甲烷活性，且污泥停留时间很长而水力停留时间很短，因此具有很高的处理能力和处理效率并且运行稳定，比较适用于柠檬酸废水的处理。但是实践证明，为了防止升流速度太大使悬浮固体大量流失，UASB 反应器在处理 COD 浓度在 1500～2000mg/L 的中低浓度废水时，反应器的进水容积负荷率一般限制在 5～8kgCOD/(m³·d)。在此负荷率下，最小 HRT 为 4～5h。在处理 COD 浓度在 5000～9000mg/L 的高浓度有机废水时，反应器的进水容积负荷率一般限制在 10～20kgCOD/(m³·d)，以免由于产气负荷率太高而增加紊流造成悬浮固体的流失。

为了克服 UASB 反应器的应用限制，20 世纪 80 年代中期开发了 IC 反应器。IC 反应器在处理中低浓度废水时，进水容积负荷率可提高至 20～24kgCOD/(m³·d)；处理高浓度有机废水时，进水容积负荷率可提高至 35～50kgCOD/(m³·d)。与 UASB 反应器相比，在获得相同处理速率的条件下，IC 反应器具有更高的进水容积负荷率和污泥负荷率，IC 反应器的平均升流速度可达处理同类废水 UASB 反应器的 20 倍左右。在处理同类废水时，IC 反应器的高度为 UASB 反应器的 3～4 倍，进水容积负荷率为 UASB 反应器的 4 倍左右，污泥负荷率为 UASB 反应器的 3～9 倍。

2）好氧生物法

好氧生物法分为活性污泥法和生物膜法两类，活性污泥法本身就是一种处理单元，它有多种运行方式。生物膜法有生物滤池、生物转盘、生物接触氧化池及生物流化床等。氧化塘和土地处理法为自然生物处理。氧化塘有好氧塘、兼性塘、厌氧塘和曝气塘等。土地处理法有湿灌法、渗滤法等。

活性污泥法是利用悬浮生长的微生物絮体，好氧处理有机废水的生物处理方法。微生物是活性污泥的主要组成部分，而细菌是活性污泥在组成和净化功能上的中心。活性污泥法能够去除废水中的有机物，是经过吸附、微生物代谢、凝聚和沉淀三个过程完成的。

序批式活性污泥法（SBR）自 20 世纪 80 年代以来在处理间歇排放的、水质水量变化很大的工业废水中得到了极为广泛的应用。SBR 法具有厌氧法和好氧法的协同作用，水质水量变化适应性强，出水水质好，不易活性污泥膨胀等问题，且操作简单，运行可靠，易于实现自动化。SBR 法处理柠檬酸废水 COD 的去除效果一般在 90％左右，好氧工艺流程如图 5-4 所示。

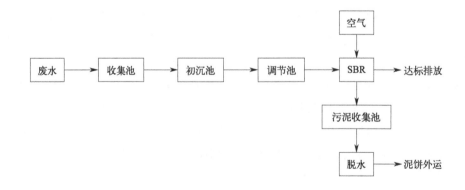

图 5-4 好氧工艺流程

3）厌氧＋好氧生物组合法

单独采用厌氧生物法或好氧生物法处理高浓度柠檬酸废水，往往不能达到国家规定的排放标准，需组合其他处理技术或将两种生物法组合起来，可以使出水达标排放。

厌氧＋好氧组合工艺处理柠檬酸废水如图 5-5 所示。

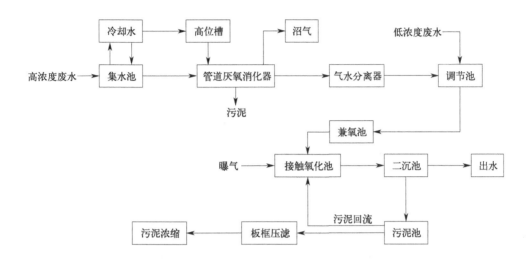

图 5-5　厌氧＋好氧组合工艺处理柠檬酸废水

两极厌氧＋接触氧化＋气浮＋氧化塘工艺处理柠檬酸废水如图 5-6 所示。

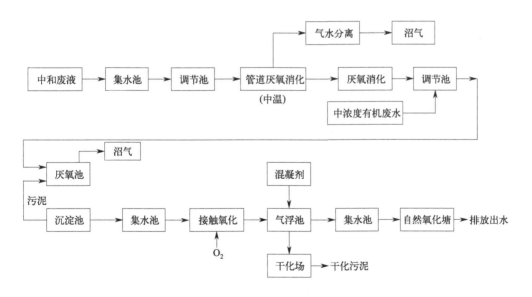

图 5-6　两极厌氧＋接触氧化＋气浮＋氧化塘工艺处理柠檬酸废水

4）光合细菌（PSB）法

日本自 20 世纪 60 年代起便开展利用 PSB 法处理高浓度有机废水的试验研究，建立了日处理量几十至几千吨废水的大中型实用系统，我国在利用光合细菌处理柠檬酸废水小试成功的基础上又进行了利用光合细菌处理柠檬酸废水的大量试验，并建立了日处理量 150～200t 柠檬酸废水处理装置，光合细菌处理柠檬酸废水如图 5-7 所示。COD 去除率＞91％，BOD_5 去除率＞92.2％。

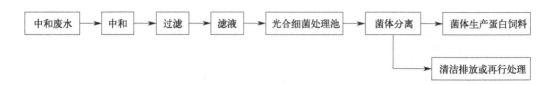

图 5-7　光合细菌处理柠檬酸废水

光合细菌法与其他柠檬酸废水处理方法相比，具有处理效果好、无二次污染、运行稳定、耐冲击负荷、管理方便、处理成本低等优点，是一种方便快捷的柠檬酸废水处理方法。

（2）乳状液膜法

液膜法在处理高浓度有机废水方面取得了显著的成绩。乳液与废水通过搅拌充分混合接触，废水中的柠檬酸透过液膜浓缩在膜内，从而达到分离的目的。该方法具有工艺简单、高效快速、易于工业化应用等特点。乳液使用后，经低压破乳，可重新制乳使用，复用多次处理效果基本不变。

（3）中和废水的回用技术

柠檬酸生产过程中排放的各股废水中，中和工序产生的废水水量最大，污染最严重，中和废水的回用技术具有重要意义。采用中和＋催化氧化＋砂滤＋吸附工艺处理柠檬酸废水，COD 可从 16642mg/L 降至 2308mg/L，去除率可达 86.1％，处理后的废水可以灌溉农田，实现了废水的回收利用。

（4）柠檬酸废水处理工艺选择要求

① 选择的工艺对各类污染物如 COD、BOD_5、悬浮物和有机氮、磷酸盐等有较高去除率，生物反应器要求有很高的容积负荷率。

② 占地少，基建和运行成本低，包括基建、设备、动力、操作、维修与日常管理等。

③ 工艺具灵活性，便于更新和改扩建。工艺系统在操作、维修和控制上应当简单，不同操作单元应当尽量少。

④ 不产生二次污染，应明显减少污染物的量。

⑤ 工艺可靠，效果稳定。

5.4.2 酱油废水处理工艺

酱油废水处理方法主要有物理法、化学法、生物法等。

（1）物理法

物理法亦称机械处理法，如筛滤、沉淀、气浮等，分离水中不溶解的悬浮固体污染物，通常应用在废水的一级处理，BOD_5去除率可达 20%～40%。

煤渣、砂滤具有一定的吸附作用，运行费用较低。重庆某酱油厂煤渣过滤酱油废水，色度平均去除率达到 83%。煤渣可采用压缩空气提渣，由底部提升出池。

（2）生物法

生物法亦称自然生物处理法，利用微生物的代谢作用，使废水中溶解的、溶胶状态的、细微的悬浮颗粒状态有机物转化成不造成污染的物质。这种方法用于废水的二级处理，分为好氧处理和厌氧处理，可使 BOD_5 去除率达 80～90%，经生物法处理的废水一般可达到排放标准。

（3）化学法

化学法亦称深度处理法，采用中和、电解、萃取和氧化还原等技术，去除水中呈溶解或溶胶状态的物质，通常用于深度处理。

（4）膜技术

日本处理酱油废水时，采用反渗透或荷电膜，可从清洗压榨酱油滤布的废水中得到含氨基酸的浓缩液，同时在膜外表面及细孔表面导入四级或三级氨基交联构造的各种荷电膜，可选择分离回收清洗酱油滤布液中的氨基酸，达到变废为宝的目的。

酱油废水含盐量较高，在酱油生产中，电渗析法不仅用于酱油的脱盐，还可用于回收酱油废水的盐，既有利于有机物的降解，也可回收盐。由于酱油废水 BOD_5/COD 值一般在 0.4 以上，可生化性良好，因此目前酱油的废水处理采用生物处理作为主要手段，再根据水质的实际情况辅以物理化学方法，适当增加预处理和后处理措施。各种酱油废水处理工艺举例如下。

① 重庆某酱油厂废水处理工艺流程如图 5-8 所示。

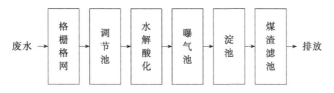

图 5-8　重庆某酱油厂废水处理工艺流程

该厂年产酱油 1.5 万吨，日排废水 120t，采用厌氧水解酸化-活性污泥法-煤渣过滤吸附工艺处理，当进水 COD 浓度为 800～1600mg/L 时，COD 、色度、 NH_4^+-N 、SS

的平均去除率分别为 85%、83%、94% 和 90%。处理运行费为 0.5～0.6 元/t。

② 某酱油厂废水处理工艺流程如图 5-9 所示。

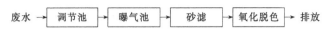

图 5-9　某酱油厂废水处理工艺流程

该工艺通过曝气处理去除 BOD_5、砂滤去除 SS，氧化去除 COD 和色度。该厂原水 COD 在 400～600mg/L 之间，通过此工艺处理结果为 BOD_5<20mg/L，COD<20mg/L，SS<30mg/L，pH 值为 6.2～8.2，油分<5mg/L，大肠杆菌<1500 个/L。

③ SBR 法处理桂林某酱料厂废水处理工艺流程如图 5-10 所示。

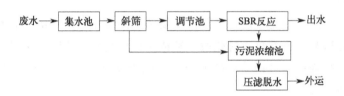

图 5-10　桂林某酱料厂废水处理工艺流程

桂林某酱料厂废水进水 COD 和色度分别为 1400mg/L 和 1000 倍，SBR 池的出水 COD 和色度分别为 100mg/L 和 50 倍以下，出水 BOD_5<30mg/L，SS<100mg/L，pH 值为 6～9，处理效果稳定，运行费用低，产泥量很少。

④ 无锡某食品有限公司采用过滤机＋初沉池＋SBR 工艺处理酱油、酱菜废水，当进水 COD 为 1000～3000mg/L，BOD_5 为 700～1800mg/L，SS 为 400～1200mg/L，pH 值为 3.5～6 时，出水对应数据为 200～400mg/L，20～60mg/L，80～200mg/L，6.5～7.5。该法工艺简单，稳定性好，能有效抑制污泥膨胀。

⑤ 广西某食品厂酱油废水处理工艺流程如图 5-11 所示。

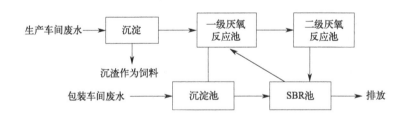

图 5-11　广西某食品厂酱油废水处理工艺流程

该工艺利用二级厌氧-SBR 酱油废水处理工艺处理酱油废水。在进水 COD 和色度分别为 660～3500mg/L 和 100～400 倍时，SBR 池的出水 COD 和色度分别为 58～93mg/L 和 50 倍以下，COD 和色度去除率分别为 97% 和 80% 以上，处理效果稳定。

⑥ 广东开平某调味品公司酱油废水 COD 平均 1100mg/L，色度为 500 倍，采用混

凝沉淀＋水解酸化＋二级 SBR＋气浮工艺，COD、色度的去除率超过 90％，出水可达到国家一级排放标准。该工艺通过混凝沉淀和气浮工艺去除色度，并可根据水质水量的变化及时调整运行时间和运行方式，污泥沉降性良好。

传统活性污泥法处理酱油废水有以下局限性。

① 有机物浓度高，造成污泥的产量大，污泥的处理成本很高，这对企业是一笔不小的负担，一些污水处理厂的污泥处理费用占其运行费用 40％左右。

② 废水中的色度不能完全处理，表现在 SBR 或传统活性污泥法出水不能达标，一般出水的色度在 120～150 倍之间，因此不能直接排放，必须在后续处理设施加上气浮或活性炭，将不能生物降解的色度除去。

③ 水质水量波动大，对生物处理设施有冲击负荷，在高浓度时必须采取稀释进水等手段，处理水量很难保证。

④ 运行费用高，出水稳定性不高，排放污水如达到回用标准仍需进一步处理。

5.4.3 味精废水处理工艺

目前，味精废水常用的处理工艺主要有物化处理技术、生物发酵技术、微生物处理技术。

（1）物化处理技术

物化处理技术主要包括以下几种方法。

1）高速离心技术

该技术是利用废水中各物质的密度差异，通过离心力差别的作用而达到固液分离的目的。由于谷氨酸菌体小，普通离心机不能分离。因此需要采用高速离心机。上海天厨味精厂利用该技术，先将发酵母液进行预处理，之后用高速盘片离心机进行离心分离菌体，回收率为 55％～66％，粗蛋白含量比率达到 75％，含 16 种氨基酸，可作为高效价蛋白饲料添加剂。

2）加热沉淀技术

该技术将废液加热，促使蛋白质的物理性质发生变化，然后在静态下使菌体和蛋白质沉淀，以达到分离菌体的目的。发酵母液中谷氨酸菌体加热变化后，再加入助滤剂（通常采用脱乙酰甲壳素）过滤得到，但是该絮凝剂价格昂贵，致使处理成本高，且操作比较麻烦。菌体蛋白中粗蛋白质量分数大于 50％，分离出的产品可作为饲料添加剂。

由于谷氨酸废母液的菌体主要由蛋白质组成，因此只要加热到 80℃，菌体和可溶性蛋白均可析出，形成较大絮状沉淀，效果优于其他工艺。味精废母液加热絮凝菌体蛋白工艺流程如图 5-12 所示。

3）絮凝沉淀技术

絮凝沉淀是在味精废水中直接加入铝、铁离子的絮凝剂和高分子絮凝剂，使废水中的菌体和高分子物质聚结沉淀。沉淀物经板框压滤机分离出液体后干燥得细胞菌体蛋白

图 5-12 味精废母液加热絮凝菌体蛋白工艺流程

（SCP），用于制作饲料添加剂。目前，已研究使用微生物絮凝剂代替铁盐、铝盐絮凝剂。

4）吸附技术

吸附使用固体吸附剂，如活性炭、粉煤灰、树脂等，通过物理或化学的作用力，使细胞菌体蛋白结合在吸附剂上，同时也会吸附废水中其他污染物。吸附处理后的水可以直接排放，也是净化废水的常用方法。该技术自 20 世纪 70 年代以来已开始应用于味精废水处理。

5）絮凝-吸附技术

把絮凝与吸附相结合而进行预处理，可提高 COD、悬浮物等的去除效率。有研究采用了聚丙烯酸钠作为主要絮凝剂，木质素作为助凝剂，天然沸石作为吸附剂预处理味精废水，取得了较好的效果，COD、SS、SO_4^{2-} 的去除率分别达到了 69%、91%和 43%。

6）离子交换技术

目前，我国味精生产中谷氨酸的提取率约为 87%，而废水中残留谷氨酸的质量分数为 1.2%～1.5%，有时高达 2%，占发酵醛液谷氨酸的 20%～25%，如果直接处理而不回收，不但增加了处理设备投资，也增加了运行成本，所以从味精废水中回收谷氨酸具有重要的经济价值。有研究通过 4 只串联的离子交换柱试验处理后，可使味精得率提高 4.5%，污染物 COD 排放量减少 25.6%。

7）从味精废水中回收核糖核酸（RNA）

味精废水中含大量的发酵菌体，质量分数为 1%～2%，可以提制核糖核酸（RNA）。同时，废液提取 RNA 后，COD 也得以削减，使废水得到处理。

8）蒸发浓缩等电点提取谷氨酸工艺

蒸发浓缩是指借助加热作用，使溶液中一部分溶剂气化而使液体体积减小，溶质浓度增大的过程。高浓度味精废水通过物理方法，去除菌体和悬浮物后加热蒸发浓缩，再使浓缩液冷却至室温时有大量的硫酸钱晶体析出，硫酸铵可作为农用肥料，剩下的浓缩液在等电点提取谷氨酸，废液再进一步加热浓缩并制成有机肥料。该法既回收了废水中的资源，又不产生二次污染，是一种高浓度味精废水处理的理想方法。

（2）生物发酵技术

味精废水含有丰富的营养物质，如还原糖、有机酸、氨基酸、腺嘌呤及无机盐等，可用作生物发酵的营养基质生产生物产品，实现以废治废，变废为宝。

1）酵母发酵工艺

味精废母液生产饲料酵母工艺流程如图 5-13 所示。

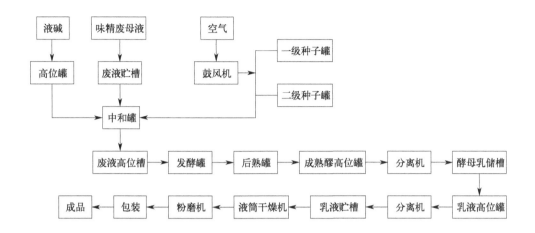

图 5-13 味精废母液生产饲料酵母工艺流程

　　酵母菌属于单细胞真菌，新陈代谢旺盛，繁殖速度快，能大量利用和降解味精废水中的各种有机物质，去除 COD，同时其菌体作饲料又能取得较好的经济效率，可用于高浓度味精废水的预处理，发酵废母液 COD 去除率最大值可达到 60% 以上，酵母粉的平均回收量为 35g/L。

2）苏云金杆菌发酵工艺

苏云金杆菌在生长过程中会产生芽孢和伴胞晶体（δ-内毒素），它们能有效地杀死鳞翅目昆虫的幼虫，是一种无毒、无公害、不易产生抗药性的高效生物农药。可利用味精废水，培养苏云金杆菌生产高效生物农药，具有较好的环境效率和经济效率。

3）固体发酵工艺

味精浓废水采用蒸发浓缩冷却处理，析出硫酸盐固体，制得除盐味精母液。除盐味精母液含有粗蛋白、糖、多种氨基酸和无机盐等营养成分，可作为固体发酵的原料，生产活性蛋白饲料。该方法既消除了环境污染，又开发了蛋白质饲料资源，具有较好的应用价值。

味精离子交换尾液泵入储存池，经一定时间自然发酵，消化分解后，加液氨，调pH 值 5～6 进入四效真空浓缩系统，浓缩后可作为液态肥料，也可进一步干燥成颗粒肥。味精离子交换尾液浓缩有机肥料工艺流程如图 5-14 所示。

味精离子交换尾液提取菌体蛋白工艺流程如图 5-15 所示，脱蛋白尾液处理工艺流程如图 5-16 所示。

（3）微生物处理技术

1）厌氧接触工艺

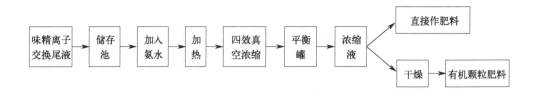

图 5-14　味精离子交换尾液浓缩有机肥料工艺流程

图 5-15　味精离子交换尾液提取菌体蛋白工艺流程

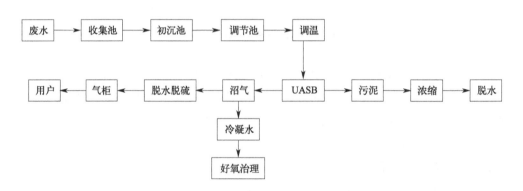

图 5-16　脱蛋白尾液处理工艺流程

其特点是在一个厌氧的完全混合反应器后,增加污泥分离和回流装置,从而使污泥停留时间大于水力停留时间,有效地增加了反应器中的污泥浓度,使系统处理负荷提高,水力停留时间得以缩短。COD 平均去除率可超过 90%,BOD_5 平均去除率达到 95%~97%。

2)升流式厌氧污泥床(UASB)工艺

UASB 反应器是目前应用最为广泛的高效厌氧反应器,占已投入生产实际应用的厌氧工艺的 67%。UASB 处理味精废水,COD 去除率在 80%~85%,耐冲击负荷,去除效果稳定。

3)厌氧生物膜工艺

厌氧生物膜工艺微生物被固定在填料上,使得反应器内可自行保留高浓度的微生物群体,污泥在反应器内的停留时间也得以极大地延长,所以系统的处理效率高,抗冲击负荷能力强。

4）两段厌氧消化工艺

味精废水含高浓度硫酸盐，在厌氧消化中硫酸盐还原菌（SRB）还原硫酸盐产生 H_2S，对产甲烷菌（MPB）活性起抑制作用，同时 SRB 因与 MPB 竞争共同底物乙酸和氢的能力强，也会对 MPB 产生竞争抑制作用，所以用一个厌氧反应罐发酵产甲烷活性弱，处理效果很差。两段厌氧消化法就是将硫酸盐还原与产甲烷阶段分开，使它们在两个独立的系统中进行，各自处于最佳的活性状态，从而提高处理效率。通常反应器第一段以酸化为主，COD 负荷较低，但硫酸根的去除率达到 95％以上；反应器第二段以产甲烷为主，COD 负荷较高，总 COD 去除率可达 85％～89％。

5）厌氧＋好氧处理工艺

厌氧污泥法处理高浓度废水，其容积负荷和 COD 去除率高，抗冲击负荷能力强，因此能减少稀释水量并能大幅度削减 COD，可以降低基建、设备投资和运行费用。但厌氧工艺出水很难达标，后续工艺需要好氧工艺进一步处理，可以实现达标排放。

（4）膜法

1）超滤膜法

采用截留分子量为 10000 的 PS/PDC 共混 UF 膜，对某味精厂排放的废水进行除菌体处理，在操作温度、运行压力、浓缩倍数等较佳操作条件时，废水中 SS、COD 的去除率分别为 99％和 30％，为后序的生物法减轻了处理负荷，回收的蛋白可以综合利用。

2）电渗析法

采用电渗析法，淡室水可以排放或回用，浓室回收 L-谷氨酸。

3）膜生物反应器法

日本某味精厂用孔径为 0.1μm 的聚乙烯中空纤维 MBR 法处理味精废水。在横置式 $\phi 2000mm \times L3000mm$、容积为 $6.89m^3$ 的玻璃钢槽内，放置 6 支中空纤维膜组件，24h 连续曝气运行，使废水的 BOD_5、SS、TN 从 1900～5500mg/L、467～2800mg/L、68～410mg/L 下降到 1～5.1mg/L，1mg/L 以下、0.8～29.8mg/L。

5.5 调味品废水处理工程实例

5.5.1 柠檬酸废水处理工程实例

（1）杭州某柠檬酸厂废水处理

杭州某柠檬酸厂年生产柠檬酸 3500t，投资 250 万元，采用一级厌氧-两级厌氧-接触氧化-加试剂气浮-氧化塘工艺处理废水，其一级厌氧工艺主要技术指标为：处理高浓度有机废水 120～150m³/d，进水 COD 为 20000mg/L，pH＝4.6～5.0，出水 COD 为 3000mg/L，pH＝7.2；COD 去除率 85％，厌氧发酵体积 COD 负荷率 8.5kg/(m³·d)，COD 产气率 0.53m³/kg，沼气甲烷含量 64％（质量分数）。厌氧消化液和低浓度废水混合后 COD1000mg/L 经接触氧化-加试剂气浮可降到 137mg/L。黄石柠檬酸厂、无锡第二制药厂、阜阳制药厂投资 60 万~80 万元，只采用厌氧工艺处理中和废水，COD 去除率 85％，将厌氧消化液与其他洗涤水混合排放，COD 指标仍高于国家排放标准。当然，厌氧发酵生产沼气尚有些经济效益。

接触氧化工艺按 2％~5％（体积分数）投入好氧活性污泥进行培养和驯化，然后处理厌氧消化液，停留时间为 2d，COD 去除率 60％左右。接触氧化池出水进入六级氧化塘进一步降解有机物，直至符合国家排放标准。接触氧化-氧化塘处理厌氧消化液投资大，处理成本高，但是能达国家规定排放标准。

1）厌氧-好氧处理工程

柠檬酸生产压滤分离柠檬酸钙排出的过滤废水，酸性强，有机污染物浓度高，拟采用厌氧-好氧处理工艺。

① 废水水量及水质废水分为如下两部分：高浓度废水，即压滤分离柠檬酸钙滤液，包括第一道洗涤废水；低浓度废水，即稀生产废水、车间排水以及生产区生活粪便污水。废水水量、水质如表 5-13 所示。

表 5-13 废水水量、水质

项目	pH 值	COD/(mg/L)	BOD$_5$/(mg/L)	水量/(t/d)
高浓度废水	4.5	15000~20000	5000~7000	200
低浓度废水	5~7	600	200	1700

② 处理工艺流程高浓度废水经集水池，提升到高位配水槽，由配水槽向管道厌氧消化器配水，进行厌氧发酵处理。废水中的有机污染物 COD、BOD$_5$ 大部分被除去。厌氧消化液经气水分离器后，接入调节池。

低浓度废水进入调节池，与厌氧消化液混合后，提升到兼氧接触曝气池，生物接触氧化池处理，再经二次沉淀池后，出水排入厂区排水总管。

二次沉淀池污泥部分回流到兼氧接触曝气池和厌氧消化器进行分解，剩余污泥浓缩后，用板框压滤机脱水。干污泥掺入煤中焚烧。

管道厌氧消化处理产生的沼气，经淋洗器、脱硫装置处理后，送入储气柜，经阻火器供用户使用。处理工艺流程如图 5-17 所示。

厌氧处理装置采用管道厌氧消化器，由 4 个系列并联组成。每个系列采用 100m³ 管串联而成。顶部设集气室，底部设排泥口，消化器内充填填料。管道厌氧消化器主要设计工艺参数如下。

中温厌氧消化利用废水的余热，取进水温度为 35℃左右。进水 pH 值约 4.5。高浓度废水的 pH 值一般在 4.5 左右，在消化器启动期间，加碱调至中性，启动完成后逐渐减少投碱量，直至原水直接进行厌氧处理。水力停留时间 2d，COD 去除率 82％。沼气产率为每去除 1kgCOD 产沼气 0.5m³，CH$_4$ 含量 60％（质量分数）。

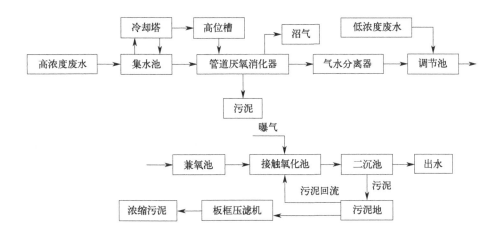

图 5-17 处理工艺流程

兼氧接触曝气池尺寸为 13.0m×6.0m×4.0m,填料区高度 1.5m,采用鼓风曝气。主要工艺参数为接触停留时间 4h,溶解氧 0.3~0.5mg/L。

好氧处理采用接触氧化法。生物接触氧化池尺寸为 13.0m×15.0m×4.4m,填料区高度 3.0m。接触停留时间 8h,鼓风曝气,控制溶解氧 2~4mg/L。二次沉淀池表面负荷为 $0.65m^3/(m^2 \cdot h)$。

2) 处理效果

① 厌氧处理效率消化器的启动。采用啤酒厂废水厌氧消化污泥及化粪池粪便污水作接种物,加入适量柠檬酸废水,经富集驯化后,转移到管道厌氧消化器中进行启动。逐渐减少 pH 值调整的碱投加量,直至原水不作 pH 值调整,直接进行厌氧处理。经过一定时间的驯化过程,使厌氧微生物逐渐适应了较低 pH 值的环境条件,并维持正常运行状态。

在进水 pH 值 3.38~4.28,COD 容积负荷平均为 $7.09kg/(m^3 \cdot d)$ 条件下,管道厌氧消化器出水 pH 值 7.0~7.5,COD 去除率平均为 81.1%,COD 沼气产率为 $0.43m^3/kg$。厌氧消化液出水 SS 高于进水 SS,说明消化器存在污泥流失现象。其原因主要是管道厌氧消化器近两年时间的试运行中,排泥次数较少,导致过剩污泥外流。运行中通过定期排泥,适当增加排泥次数可消除污泥溢流现象。

② 兼氧-好氧处理效率。兼氧接触曝气池和生物接触氧化池以活性污泥、化粪池粪便污水、淘米水作接种物,与混合废水一起投入兼氧-好氧处理池,闷曝气逐渐加大进水量,至启动完毕。

兼氧-好氧实际处理水量为 1080t/d(即 45t/h),比设计水量有所减少,但废水浓度大大增加,COD 浓度 1929mg/L。从容积有机负荷看,超过原设计值的 1 倍,COD 为 $2.43kg/(m^3 \cdot d)$。由于水量减少,实际接触时间为 6.0h,生物接触氧化时间为 13.0h。这样保证了比较充分的兼氧-好氧时间。此时,二次池表面负荷,在 $0.4m^3/(m^2 \cdot h)$ 低负荷条件下运行,泥水分离充分,能使整个兼氧-好氧处理系统保持较稳定的处理效果，出水水质达到国家排放标准。

③ 沼气产率运行期间，管道厌氧消化器每天产生沼气 $1000m^3$ 左右，沼气中 CH_4 含量大于 60%（质量分数），低位热值为 $2.1\times10^3 kJ/m^3$。管道厌氧消化器容积沼气产率为 $2.5m^3/(m^3\cdot d)$。按进水 $200t/d$，平均 COD 浓度 $14608mg/L$，COD 去除率 81.6% 计，每去除 $1.0kgCOD$ 沼气产率为 $0.43m^3$。

沼气的回收利用通过集气、净化、贮存及输配管网系统来完成。管道厌氧消化器集气系统将沼气收集后，送至净化装置，先经淋洗器，再用常温氧化铁脱硫剂进行脱硫处理，净化后沼气贮存在 $1000m^3$ 容积的储气柜中，储气柜的出气经阻火器进入沼气输配管网。

3）处理重点

① 管道厌氧消化器处理要点。管道厌氧消化器为推流式厌氧装置，具有两步厌氧消化性状。在消化器前后管段中，第一管段处于产酸阶段，对较低 pH 值的进水有一定的缓冲作用，后面的管段则以产甲烷为主，这样减少了不同阶段的厌氧微生物类群间的相互抑制作用。此外，消化器内充填填料作为微生物载体，能滞留高浓度厌氧活性污泥，增强耐进水低 pH 值和耐负荷变化能力。

② 兼氧接触曝气处理要点及作用。利用兼氧菌对 pH 值的适应性强、繁殖世代短、增殖快、代谢速率高等特点，降解部分有机污染物。控制兼氧池溶解氧，使系统处于缺氧状态，利用产酸阶段的作用，将废水中的有机物大分子降解为小分子。废水经兼氧池处理后，BOD_5/COD 值增大，提高废水的可生化性，改善后续好氧处理条件。在兼氧池充填填料和采用低强度曝气，增加生物附着量，促进衰老生物膜的脱落与更新，提高系统的处理效果和稳定性。经过驯化后，兼氧池内形成一个相对稳定系统，以耐受 pH 值的冲击，同时兼氧有分解处理二次沉淀池部分污泥的作用，减少整个处理系统的剩余污泥排放量，降低污泥脱水费用。

（2）山东某柠檬酸厂废水处理工程

山东某柠檬酸厂是以生产柠檬酸为主的企业，同时还根据市场行情生产其他一些医药产品。

1）水质及水量

根据企业现有排水管路，所排放的废水主要包括浓废水和淡废水两部分。浓废水主要包括废糖水原液和洗糖水。排放废水处理后要求达到《污水综合排放标准》（GB 8978—1996）二级标准。全厂废水水质和水量见表 5-14。

表 5-14　全厂废水水质和水量

项目	水量/(m^3/d)	pH 值	COD/(mg/L)	BOD_5/(mg/L)	SS/(mg/L)	NH_4^+-N/(mg/L)
浓废水	700	5～5.5	16000	6500	450	60
淡废水	700	5.5～6.0	1500(均值)	650	400	10
合计	1400		8750	3750(均值)	425(均值)	35(均值)

由表 5-14 可见,该厂废水浓度较高,偏酸性。全厂总废水量为 1400m³/d。分析研究后,确定该厂废水处理工艺流程如图 5-18 所示。

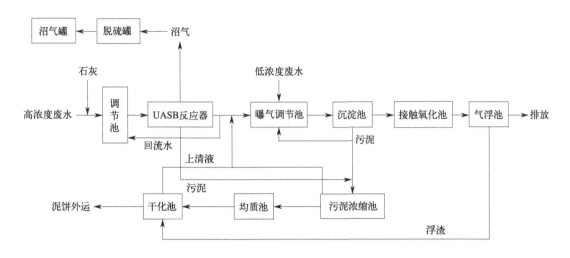

图 5-18　废水处理工艺流程

由车间排放的高浓废水自流至浓水调节池,调节 pH 值后由污水泵提升至 UASB 反应器,出水一部分回流至浓水调节池,它与 UASB 反应器形成集调节、厌氧降解为一体的处理系统;一部分自流至曝气调节池与低浓度废水混合,经曝气后由污水泵提升至沉淀池形成一级好氧系统。此时沉淀池出水已近达标,再自流至接触氧化池、气浮池进行好氧生化和物化处理。

2)设计参数

工程设计中着重强化厌氧处理单元,同时好氧工段采用较低的负荷,以稳定剩余污泥,减少污泥排放量,改善污泥脱水性能。主要构筑物及设备见表 5-15。

表 5-15　主要构筑物及设备

设备名称	设计参数	设备	备注
浓水调节池	HRT=8h	简易中和筛 污水泵	石灰投加量200kg/d $N=7.5$kW,1用1备
UASB 反应器	8.0kgCOD/(m³·d) $q=2.25\sim0.5$m³/(m²·d)	三相分离器 均匀布水器	
曝气调节池	HRT=9.5h	$N_v=3.2$kgCOD/(m³·d) 污水泵 $N=7.5$kW	微孔曝气器共300只 2用1备
竖流式沉淀池	HRT=3.5h	$q=1.0$m³/(m²·d)	泥回流比 $R=30\%\sim50\%$
接触氧化池	HRT=20h	$N_v=1.0$kgCOD/(m³·d) 组合填料	微孔曝气器共500只 共 800m³
气浮池	处理量 $Q=60$m³/h	溶气系统、加药系统等	

续表

设备名称	设计参数	设备	备注
机房	建筑面积＝200m³	风机 N＝65kW	利用原有建筑物
污泥浓缩池	有效容积＝200m³		
均质池	有效容积＝25m³	泥浆泵	
污泥干化池	干化面积＝200m³		

3）运行情况

山东省环保监测站监测项目为 pH 值、COD、BOD₅、SS、氨氮和流量共 6 项，监测频率每天采样 4 次，均测单样。运行情况监测结果见表 5-16。

表 5-16　运行情况监测结果

监测点位		监测指标					
		pH 值	COD/(mg/L)	BOD₅/(mg/L)	SS/(mg/L)	氨氮/(mg/L)	流量/(m³/d)
浓废水入口	最高值	5.89	20400	8164	472	69.0	890
	最低值	4.66	11000	4395	391	49.2	430
	平均值	5.43	16388	6555	421	61.0	675
淡废水入口	最高值	5.47	6385	2623	392	6.0	871
	最低值	4.34	182	66	89	3.9	644
	平均值	5.21	1481	519	153	5.2	750
总排口	最高值	7.54	220	20.9	104	0.697	1656
	最低值	6.80	126	11.2	56	0.338	1124
	平均值	7.12	170	15.6	77	0.465	1425
标准值		6~9	300	150	200	25	

监测结果表明，该治理工程设计合理，处理效果明显，达到国家规定的排放标准。

4）设计特点

工程设计中结合水力澄清池和厌氧反应器的特点，对布水系统进行了精心的设计，采用 8 套均匀布水系统。每套服务面积 36m²，可独立操作运行，通过人工控制，灵活调节各布水系统水力负荷，也可使整个系统形成脉冲进水。为提高局部进水点的流速，增强系统布水均匀性，设计采用较小的开孔比（15％）以形成污泥与进液间充分的接触，最大限度地利用反应器内的污泥和有效容积，防止反应器内形成沟流和死角。对于三相分离器，设计成双层分离隔板，采用适宜的表面负荷 $q=0.25\sim0.5\text{m}^3/(\text{m}^2\cdot\text{h})$ 和较低的出水堰负荷 $0.08\sim0.16\text{L}/(\text{m}\cdot\text{s})$，使三相分离器能保留尽可能多的污泥和排放沼气，提高出水净化效果。

该工程在设计中较好地解决了均匀布水、三相分离等问题，UASB 反应器的出水水质澄清、呈青灰色（感官与城市生活污水相似），COD 去除率高（平均去除率达

94.9%），启动周期短、调试迅速（3 个月），污泥床内形成了颗粒污泥（质软、有韧性，粒径在 0.5～1.5mm 之间），污泥沉降性能好。整个工程具备以下特点。

① 生化处理（厌氧、好氧单元）始终处于较高的处理水平，固液分离效果明显，COD 总去除率达到 98.5%，BOD_5 总去除率达到 99.6%，SS 总去除率达到 97.3%，氨氮总去除率达到 99.0%。

② 工程厌氧处理系统对温度变化适应性强。整个调试期间水温在 25～55℃之间变化，厌氧处理单元都能达到满意的处理效果。由于生产过程中排放的废水水温较高（80℃），根据气温变化，可通过调节废水水量，将厌氧反应池内的水温控制在适宜的范围内，设计中不需另考虑热交换设施。

③ 工程厌氧处理系统抗冲击负荷能力强。生产过程中排放的废水量大、呈周期性变化，浓废水 COD 为 40000～50000mg/L，每班（8h）为一变化周期，瞬时 COD 容积负荷在 3～3.5kgCOD/($m^3 \cdot d$) 之间变化，厌氧出水水质就能稳定在 1000mg/L 左右，因此，总排口出水水质波动不大。

④ 接触氧化池出水中有机污染物多以溶解状态存在，经气浮处理 COD 去除率不高（≤15%），故企业实际运行中气浮设施基本不开，只有当接触氧化池出水 COD≥200mg/L 时才启动气浮设施，工程技术经济指标见表 5-17。

表 5-17　工程技术经济指标

工程规模 /(m³/d)	工程投资 /万元	工程占地 /m²	总处理成本 /(元/m³)	直接费用 /(元/m³)	定员 /人	COD 削减 总量/(t/d)	电耗 /(kW/m³)
1400	307	3200	1.20	0.59	19	10.2	0.934

⑤ 由于进水 COD 以溶解状态存在，且绝大多数 COD 是通过厌氧反应去除的，而好氧工段采用较低的负荷，虽然调节曝气池容积负荷较高，为 3.2kgCOD/($m^3 \cdot d$)，但因活性污泥浓度较高，一般 MLSS 为 6500mg/L，其污泥负荷并不高，为 0.49kgCOD/(kgMLSS·d)，故剩余污泥排放量较低，沉淀池每天排放污泥 20m³，厌氧剩余污泥自调试以来（半年）共排放 80m³。

5）经验总结

柠檬酸废水浓度高，厌氧反应池处理效果的好坏是整个工程造价和运行成本高低的关键，因此该工程采用并强化了运行稳定、效果优良的 UASB 厌氧处理技术，以最大限度地提高厌氧处理单元的 COD 去除率。

以瓜干为原料的发酵废水通过生化处理，可以达到较高的 COD 去除率，但废水中的色度很难解决，最终出水经混凝气浮也难以达到满意的效果，物化工段色度去除率≤30%，氯氧化或臭氧氧化因成本过高未采用，工程最终出水澄清，但呈黄色，与淡茶水相似。柠檬酸废水 pH 值较低、呈酸性，在进入 UASB 前（特别是调试初期）应对其进行调节，使废水呈中性。原设计采用变速中和滤塔调节 pH 值，尝试在浓水调节池上改用简易石灰筛网。实践表明，该设施运行简单、效果稳定、成本较低，宜于在中小型废水处理工程中使用。

5.5.2 酱油废水处理工程实例

（1）重庆某酱油厂废水处理

1）概况

四川某酱油厂年产酱油 1.5 万吨，该厂为国内大型酱油厂，除生产酱油外，还根据市场供需情况生产调料、火锅底料等产品。原料以大豆、小麦、谷物、食盐、辣椒为主。废水中主要成分为粮食残留物、各种微生物及微生物分泌的酶和代谢产物，还含有一定量的消毒剂、洗涤剂、食盐、辣椒物等微生物生长抑制剂，废水浓度较高、色度较高，属较难处理的有机废水。该厂废水水质情况见表 5-18。

表 5-18　废水水质情况

项目	COD/(mg/L)	BOD$_5$/(mg/L)	SS/(mg/L)	pH 值	色度/倍	NH$_4^+$-N/(mg/L)
污染物浓度	800~1600	250~500	150~500	6~8	100~400	40~50

废水主要来自生产车间和包装车间的制曲、发酵回淋等生产工段。其中生产车间废水占 35%，包装车间废水占 60%，其他废水占 5%，日平均排水 140m³/d，高峰排水量 165m³/d。

2）处理工艺流程

在该厂废水处理方案确定前，对国内酱油厂废水处理情况进行了调研，并进行了部分处理工艺的小试，包括电解、接触氧化法等。经多方比较、论证，最后确定采用厌氧水解酸化活性污泥法-煤渣过滤吸附系统。废水处理工艺流程见图 5-19。

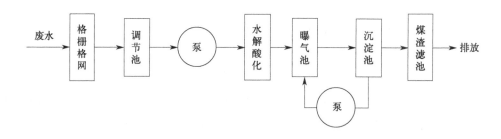

图 5-19　废水处理工艺流程

3）工程特点

① 水解酸化特点。酱油废水经厌氧水解酸化反应后发现有下列特点：固体物质降解为溶解性物质，大分子物质降解为小分子物质，由于颗粒有机物发生水解增加了系统

中溶解性有机物浓度，污水经厌氧酸化后，BOD_5/COD_{Cr} 值从进水的 0.3 提高到 0.4～0.6，更适合于好氧处理；厌氧酸化器不需密闭、不需加温、不需搅拌，容积小，大大降低了造价和运行费用；污水采用向上流，废水从底部进入直接接触高浓度污泥，反应速度提高，顶部出水，夹带污泥较少，可不需设沉淀池。

② 煤渣滤池特点。煤渣滤池采用移动床式煤渣吸附滤池，其特点为：废水过滤吸附与出渣同时进行，可省去一个备用煤渣吸附滤池，降低了工程造价；废水与煤渣同向流动，提渣时池内水流仍属层流运动，过滤吸附效果较好，出水水质稳定；提渣采用压缩空气换渣，不需使用行车、抓斗及人工挖掘，操作简便、节省投资、减轻工人的劳动强度；该滤床布水布渣均匀，避免了死角，使煤渣吸附容量达到极大值。

4）工程设计

污水处理站地面标高分别为 191.6m 和 190.4m。长江该段百年一遇洪水位为 178m，三峡大坝建成后，百年一遇洪水位为 190m，被淹的可能性较小。污水处理站平面图见图 5-20。

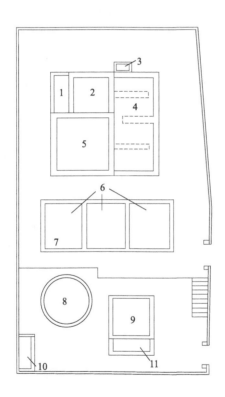

图 5-20　污水处理站平面图

1—浓缩池；2—沉淀池；3—格栅；4—调节池；5-曝气池；6—综合楼；

7-泵房；8—厌氧酸化罐；9—煤渣滤池；10—干化床；11—贮渣池

① 调节池。根据生产情况，设计调节水量为 20h，有效容积为 140m³，几何尺寸：长 7.0m，宽 5.5m，深 4.5m。钢筋混凝土结构，埋设地下，上面覆盖预制板，留有放

气孔。在调节池入口处装有格栅、格网，以去除水中的漂浮物、大块粮食残留物。

② 泵房。废水由调节池进入上流式厌氧酸化反应器和污泥由二沉池回流进入曝气池均需泵加压提升。泵站设在综合楼底层，由于泵站间内放置有煤渣滤池提渣供气用的空压机，噪声较大，因此泵站间采取了隔声、消声措施。

污水用泵由调节池打入厌氧水解酸化池，其提升泵型号：25WG，2台，1用1备。污泥回流的射流泵型号：80WG，2台，1用1备。每台泵出口都安装有转子流量计。

③ 厌氧水解酸化装置。厌氧水解酸化装置的形式很多，本设计采用了上流式厌氧反应器，在容器内布置 4150mm 半软性填料，污水由底部进入，随着水流的上升，污泥颗粒被吸附或截留在填料上，形成泥水逆向流，水解酸化处理后的废水从顶端锯齿堰溢流排出。

④ 厌氧水解酸化反应罐。厌氧水解酸化反应罐为内衬环氧树脂的圆柱形钢体，直径 3m，高 6.3m，有效容积 43m³，停留时间 7h，内装半软性填料 30m³，容积负荷为 $0.8kgBOD_5/(m^3 \cdot d)$，$2.6kgCOD/(m^3 \cdot d)$。

⑤ 射流曝气池。射流曝气较其他活性污泥法具有下列独特的优点：射流曝气器结构简单、无运动部件、无磨损、投资省；采用自吸式曝气，可取消风机，从而消除噪声的污染。

曝气池几何尺寸：长 4.0m，宽 4.0m，高 5.4m，有效容积 80m³，HRT＝13h。容积负荷：$0.33kgBOD_5/(m^3 \cdot d)$，$0.9kgCOD/(m^3 \cdot d)$。池中安装射流曝气器1个，喷嘴直径为 436mm，充氧能力为 58m³/h。

⑥ 沉淀池。沉淀池采用竖流式沉淀池，几何尺寸：长 2.8m，宽 2.8m，高 4.7m。池内上升流速为 0.25mm/s，沉淀停留时间为 3h，沉淀池与曝气池为合建式，均为钢筋混凝土结构。

⑦ 煤渣过滤吸附池。煤渣过滤吸附池为连续过滤换渣，煤渣为该厂锅炉房排出的废渣，将煤渣倒入过滤顶部的塑料筛孔板上，筛孔直径为 $\phi30mm$，小于 $\phi30mm$ 的煤渣落入池内，大于 $\phi30mm$ 的少量煤渣经破碎后再经筛孔板落入池内，落入池内的煤渣均匀分散在池中。

煤渣滤池几何尺寸：长 2.8m，宽 2.8m，高 6.2m。滤速为 1m/h，煤渣每周更换1次。煤渣采用压缩空气提渣管提渣，提渣管是利用气、水、渣的密度不同，而将渣由底部提升出池。提渣时，工人只需打开压缩管空气开关，池底层吸附饱和的煤渣就会自动冲出水面，流入贮渣池，以待装车外运。该方法大大减轻了工人的劳动强度。提渣管的压缩空气由空压机提供，其空压机型号为 3W-0.9/7，额定排气量为 0.9m³/min，额定压力为 0.7MPa。

⑧ 污泥干化床、浓缩池。沉淀池污泥定期排至浓缩池，经脱水浓缩后排入干化床。厌氧水解酸化器中的污泥也定期排到干化床。浓缩池的有效体积为 5m³，钢筋混凝土结构；干化床有效体积为 4m³，砖混结构。

5）结论

① 采用厌氧水解酸化-活性污泥法-煤渣过滤吸附工艺处理酱油废水是可行的。COD 去除率达到 $85\% \sim 92\%$，色度平均去除率达到 87%，NH_3-N 平均去除率达到 94%，SS 平均去除率达到 90%。

② 从处理情况来看，基本达到了设计要求，尤其在冬季、"两节"前生产旺季，污水处理站仍稳定运行。

③ 采用压缩空气提渣管提渣具有投资省、煤渣吸附效率高、出水水质稳定、减轻工人劳动强度等优点。

（2）广西某食品厂二级厌氧+ SBR 工艺

广西某食品厂主要以生产食用酱油为主，生产方法为利用低温发酵方法，主要原料为豆饼、花生饼、面饼等，同时还生产其他副食品。由于该厂处在风景区的附近，排放的废水又是在水源水的上游，因此要求废水处理后达到《污水综合排放标准》（GB 8978—1996）一级标准，该工程对废水排放水质要求极高。

1）水质及水量

在生产过程中排放的废水约 $100m^3/d$，废水主要来自生产车间、包装车间等。生产车间排放的废水中主要含有粮食残留物、各种微生物等，还含有洗涤剂、消毒剂和食盐等，色度较高，属于高浓度难处理废水；包装车间等废水相对污染物浓度较低，属于低浓度废水。原水水质情况见表 5-19。

表 5-19 原水水质情况

项目	COD/(mg/L)	BOD_5/(mg/L)	SS/(mg/L)	NH_4^+-N/(mg/L)	pH 值	色度/倍
高浓度废水	3500	1470	1200	55	6.9	400
低浓度废水	660	230	146	30	7.2	100
混合后废水	2950	1180	980	40	6.5	300

2）废水的水质特点

由于该厂采用成品发酵方法生产，排出的废水属高浓度有机废水，废水的水质水量变化很大，每天生产两个白班，不生产就无废水产生，因此，废水处理必须根据此特点进行设计。从表 5-19 可以看出，COD 浓度变化大，固体悬浮物较高（主要由于废水中含有粮食的残留物等），因此根据水质水量特点及酱油废水处理方法，主要有电解、接触氧化法、物化处理法等，经过比较和实验室的小试处理，选择了二级厌氧＋SBR 工艺处理该厂生产废水。

3）工艺流程

废水处理工艺流程如图 5-21 所示。

高浓度废水首先经过格网，截留密度较小的水中漂浮物和大块悬浮物，之后在沉淀池去除残渣和颗粒较大的悬浮物，然后进入厌氧反应池进行厌氧消化，停留时间为 1d 左右，厌氧池内加设半软性填料，有利于黏附污泥，增加泥水接触机会，以提高污水处

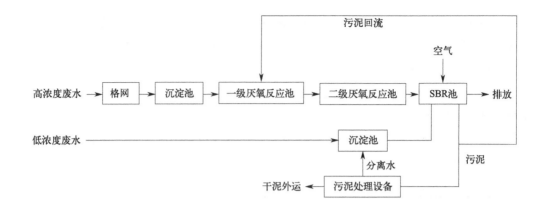

图 5-21 废水处理工艺流程

理效率。经过厌氧发酵后，既能够提高废水的可生化性能，又可以去除废水中30%～40%的有机物质，再进入SBR反应池进行好氧处理，同时低浓度废水先经过沉淀预处理后进入SBR反应池，与厌氧处理后的高浓度废水混合。SBR反应池具有耐冲击负荷，对水质、水量都能起到调节作用，处理后出水水质稳定，去除有机物和氨氮等污染物效率极高，废水在该反应池经过进水、曝气、沉淀、待机等周期，整个处理周期为12h，每天2个周期。运行时溶解氧浓度控制在0.5～2.0mg/L。可以使处理后排水达到国家《污水综合排放标准》（GB 8978—1996）中的一级标准。SBR反应池中剩余的少量污泥回流至一级厌氧反应池。

4）主要构筑物及主要设备

① 沉淀池砖混结构，尺寸规格为4.0m×2.0m×2.0m；水力停留时间2h。

② 一级厌氧池砖混结构，尺寸规格为5.0m×5.0m×2.0m；水力停留时间12h。

③ 二级厌氧池砖混结构，尺寸规格为5.0m×5.0m×2.0m；水力停留时间12h。

④ 间歇式活性污泥反应器（SBR）反应池砖混结构，尺寸规格为6.0m×5.0m×5.0m；SBR池为2座，每天处理2个周期。

⑤ 鼓风机型号TSB-80，2台，1用1备。

5）工程设计特点

酱油废水经厌氧反应具有以下的特点。

① 大分子的固体物质可降解为小分子固体物质，不溶性物质降解为溶解性物质。由于颗粒物为厌氧分解增加了整个系统中的溶解性有机物浓度，经厌氧反应后，BOD_5/COD由原来的进水时0.4提高到0.5～0.6之间，可生化性提高。

② 厌氧池不需加温、不需搅拌，池内装有弹性立体填料，能增加厌氧微生物和水中有机物的接触时间和接触面积，处理的效果较好，降低了整个系统的运行费用。

③ 厌氧池埋设在地下，造价相对较低。

④ 厌氧池产生的污泥较少。

⑤ 采用厌氧法不需投加任何营养元素。

⑥ 厌氧处理耐冲击负荷，运行较为稳定。

SBR 池特点：SBR 反应池是集调节、初沉、生物降解、沉淀和排水等功能于一体的污水生化处理反应器。主要由 5 道工序组成：进水期、反应期、沉淀期、排水期和闲置期，这 5 道工序均在同一反应器中实现。设计的 SBR 反应池一座两格，每格反应池的运行周期为 12h，其中充水期为 4h，可以起到调节池的功能，又能起到预曝气的作用，使污泥先进行再生恢复其活性。反应期 6h，也可以根据需要适当缩短或者延长曝气的时间，反应期结束时应进行短暂的微量曝气，用以吹脱污泥上附着的气泡。沉淀期 1h，闲置期 1h。反应时间可以灵活掌握，可以在充水期的任何时间或结束时开始曝气，便于反应器内形成基质浓度梯度和抑制污泥膨胀。在实际运行过程中，根据不同季节的水质和水量变化，采用相应缩短和延长曝气时间，相应增加和减少闲置期的方式灵活调节运行，使处理效果和节能的统一趋于完善。在沉淀结束，出水排放前，对处理水进行检测，当水质不合格时停止排放，通过适当调整系统的曝气时间、活性污泥浓度、沉淀时间等参数，使处理水质达标后进行排放。

6）调试及运行

① 菌种的培养和驯化。厌氧反应池采用污水处理厂厌氧发酵池内污泥作为接种污泥，利用食品厂生产的热蒸汽，加入少量的生产废水，保持温度在 30～40℃，30～40d，池内有少量气泡产生，填料上明显有生物膜附着，通过实验室微生物镜检，表明有大量的厌氧微生物存在。

SBR 反应池采用污水处理厂二沉池的污泥作为种污泥，加满一格池容的 1/4，加废水使池内容积达 1/2，强制曝气，每天加入少量的粪水，连续 3～4d 后，每天排放少量的上清液，加入等量的废水，约 10d，进行微生物镜检，发现有大量的微生物存活，且池内活性污泥的颜色呈黄褐色，表明污泥驯化成功，可以适当增大进水量和排水量。

② 运行及水质检测情况。由于整个反应池经历了厌氧、缺氧和好氧三个过程，同时采用限制曝气时间的方法，有效地控制了丝状菌的大量繁殖和过度生长，系统运行一年多来，基本上未发生污泥膨胀现象。

从运行实践来看，该工艺具有较好的适应性，尽管该厂水质和水量有很大的波动，但是由于适当调整进水、曝气、静止、排水的时间，出水基本上均能满足要求。

工程完成后，工艺稳定运行一个月后对出水的水质进行了水质检测，其 COD 为 58～93mg/L，BOD_5 为 24～28mg/L，SS 为 30～65mg/L，pH 值为 6.8～7.2，色度为 50 倍。其出水的水质完全达到了国家《污水综合排放标准》（GB 8978—1996）。

7）投资成本与运行费用

工程总投资为 29 万元，每吨水投资费用为 0.29 万元，工程运行一年多来，每天电费支出约为 40 元，每吨废水的处理成本为 0.4 元左右。

采用二级厌氧＋SBR 工艺处理酱油废水是较为合适的处理方法。该工艺运行 COD、BOD_5 的平均去除率均在 97％以上，色度的去除率在 80％以上，SS 的去除率在 90％以上。采用该工艺对于酱油废水的色度有较好的去除。

5.5.3　味精废水处理工程实例

（1）河南某味精集团公司废水处理

河南某味精集团公司是国家大型企业集团，该公司生产味精12万吨/a、生产淀粉20万吨/a、合成氨4万吨/a，发电量$48×10^4kWh/d$。随着生产的发展和规模的扩大，味精废水污染问题也越来越突出，已成为制约企业生产和发展的重要因素。排水量和污染物浓度见表5-20。

表 5-20　排水量和污染物浓度

项目		离子交换尾液	冲柱子水	淀粉废水	制糖废水②	精制废水	冷却水	总计
排水量/(m³/d)	味精厂	1700	400	1200	500	500	8000	12300
	总厂	1500	300	1500	600	600	18000	22500
	分厂	1200	200	1000	500	500	6000	9400
	合计	4400	900	3700	1600	1600	32000	44200
COD/(mg/L)		4500①(22500)	5000	5000	3000	1000	15	
$\rho(SO_4^{2-})$/(mg/L)		43000①(39000)	4000					
pH值		1.5～2.5	7.0～8.0	4.5～5.5	6.5～7.0	6.0～7.0	7.0	

① 废水的污染负荷为提取菌体蛋白饲料后的负荷。

② 其他冲洗水列入制糖废水。

1）处理工艺路线

针对味精废水处理难题，进行了多方面的试验、论证，经多种方案的分析比较，本着技术先进、运行可靠、经济合理可行的原则，确定采用以下技术路线。

① 离子交换尾液经提取菌体蛋白后，部分经浓缩生产硫酸铵复混肥料及液肥，一部分经理化生物膜处理装置进行处理达标排放，另一部分送好氧治理。

② 淀粉废水采用UASB厌氧处理，COD去除率可达80%，并能回收沼气能源。

③ 离子交换柱冲洗水、精制废水、厌氧消化液、浓缩蒸发冷凝水及部分离子交换尾液经稀释合并进行好氧处理，采用序批式活性污泥法（SBR）工艺，最终达标排放。

味精废水处理工艺流程如图5-22所示。

2）提取菌体蛋白工艺流程

离子交换尾液先提取菌体蛋白，提取菌体蛋白工艺流程见图5-23。

经提取蛋白后，离子交换尾液的水质指标：pH＝3.5～4.5，COD＝22500mg/L，$\rho(SO_4^{2-})$＝39000mg/L。

3）脱蛋白尾液处理工艺流程

提取蛋白后的离子交换尾液的处理方案，综合考虑到味精厂已有的处理构筑物和蒸发浓缩的能耗和好氧后处理的负荷。目前高含硫酸盐废水的厌氧处理技术是一项技术难

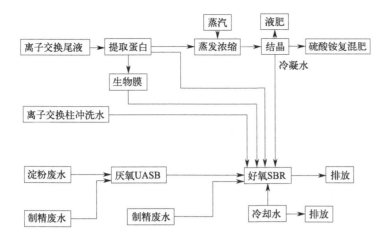

图 5-22　味精废水处理工艺流程

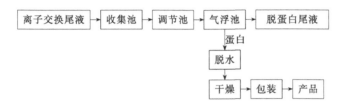

图 5-23　提取菌体蛋白工艺流程

题，因此，采用去除菌体蛋白、离子交换液蒸发浓缩、淀粉等废水厌氧处理和好氧后处理的技术路线。对于离子交换废水，按蒸发浓缩、部分采用生物膜和直接好氧处理 3 种途径处理 3600m³/d 的离子交换废液。

① 蒸发浓缩。其中味精厂、总厂和分厂各排放污水 800m³/d，采用浓缩倍数为 3。浓缩液 300m³/d，作为富含硫酸铵的液肥。浓缩处理工程分别建在分厂，蒸发冷凝水 COD 为 200mg/L 的分厂 500m³/d 进入好氧 SBR 反应器进行好氧处理。浓缩部分共投资 2290 万元，吨水处理综合费用如下：

年运行费用 4166 万元；其中动力能源费 1684 万元；处理成本 52.6 元/t；液肥产量 800m³/d6204 万元（单价 235 元/t）。

根据以上计算收益最终与年运转费用相抵后仍有盈余，液肥有明显的农业增产效果。但是，以上没有计算运输和农民储存液肥设备的费用。800m³/d 液肥的运输量很大，农业用肥也有季节性。需要建立相当庞大储运系统，这一部分投资是不可忽略的。另外，从技术上离子交换尾液物料在蒸发过程中结垢的生成抑制和消除技术还不完善。如果继续蒸发到产生硫酸铵结晶，可减少运输量。但能耗将加大，还需要解决和消除产生硫铵晶垢问题。因此，以上的计算有盈余结果仅仅是理论上的。其他厂家是否可采用相同的工艺路线是需要进一步考察和研究的。脱蛋白尾液处理工艺流程如图 5-24 所示。

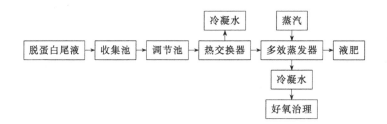

图 5-24 脱蛋白尾液处理工艺流程

② 直接好氧处理。由于在扩大实验中没有解决厌氧处理含硫酸盐废水的问题，所以工程上采用了一部分（700m^2/d）离子交换尾液直接进入好氧处理单元。其中味精厂、总厂和分厂分别为 400m^3/d、200m^3/d 和 100m^3/d。

③ 采用生物膜处理。味精厂、总厂和分厂分别有 500m^3/d、500m^3/d 和 300m^3/d 的离子交换尾液废水，利用现有处理构筑物进行。处理出水经过稀释 1 倍后，可以达到 COD=350mg/L，$\rho(SO_4^{2-})$=250mg/L。

4）淀粉和制糖废水厌氧工艺

河南能源研究所张强等进行了大量厌氧处理淀粉废水的实验，实验表明淀粉和制糖废水可以很好地被厌氧处理，所以淀粉和制糖废水采用厌氧 UASB 处理。厌氧工艺流程见图 5-25。各厂废水量、水质和 UASB 反应器见表 5-21。

图 5-25 厌氧工艺流程

表 5-21 各厂淀粉和制糖废水量、水质和 UASB 反应器

项目	淀粉废水 /(m^3/d)	制糖废水 /(m^3/d)	合计 /(m^3/d)	平均进水 COD/(mg/L)	UASB 反应器 /m^3
味精厂	1200	500	1700	4412	2800
总厂	1500	600	2100	4429	3000
分厂	1000	500	1500	4333	2000
合计	3700	1600	5300		7800

整个工程建立厌氧 UASB 反应器 7800m^3，沼气柜 8500m^3。处理水量 5300m^3/d，平均进水 COD=4300mg/L。COD 去除率按 80％计，出水 COD=880mg/L，日产沼气 10300m^3。厌氧出水进入好氧系统进行处理，直至达标。

5）好氧后处理

① 好氧工艺流程。各种废水经处理后进行混合，加入一定的冷却水进行好氧处理，其工艺流程见图 5-26。

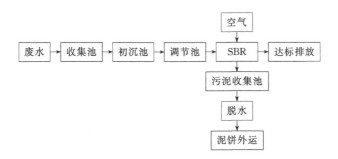

图 5-26 好氧工艺流程

分厂的水量为 23950m³/d，平均 COD 为 1156mg/L，去除率按 75% 计，出水 COD 为 289mg/L，达到国家排放标准。分厂各级处理后进入好氧后处理的水量、水质见表 5-22。

表 5-22 分厂各级处理后进入好氧后处理的水量、水质

名称	味精厂			总厂			分厂		
废水种类	水量 /(m³/d)	COD /(mg/L)	$\rho(SO_4^{2-})$ /(mg/L)	水量 /(m³/d)	COD /(mg/L)	$\rho(SO_4^{2-})$ /(mg/L)	水量 /(m³/d)	COD /(mg/L)	$\rho(SO_4^{2-})$ /(mg/L)
脱蛋白尾液	400	22500	39000	200	22500	39000	100	22500	3900
离子交换冲洗水	400	5000	4000	300	5000	4000	200	5000	4000
生物膜出水	750	350	250	750	350	250	450	350	250
厌氧出水	1700	882		2100	886		1500	879	
精制废水	500	1000		600	1000		500	1000	
浓缩冷凝水	500	200		500	200		500	200	
冷却水	8000	15		3000	15		100	15	
混合水	12250	1101	1419	7450	1190	1233	4250	1257	

② SBR 技术的自控技术。味精污水处理厂采用厌氧-好氧处理工艺，其中好氧部分采用 SBR 法处理。该厂采用 8 个 SBR 池，处理污水量为 7450t/d，尺寸为 $L \times B \times H = 25m \times 21m \times 5m$。8 个 SBR 反应池严格按照一定的时间顺序依次完成进水→曝气→沉淀→排水→排泥等一系列过程，对应于不同的工段每个池子分别设有自动进水阀、进气阀、搅拌泵、滗水器、排泥泵以完成不同的功能。SBR 以 12h 为一个运行周期，其中进水、搅拌 1h、曝气 8h、沉淀 1h、排水 1h、待机（闲置）1h。8 个池子按依次滞后 1.5h 的时间间隔顺序进行。对于这样一个顺序性、周期性系统复杂，逻辑性很强的操作系统，必须使用自动控制。

系统硬件结构 SBR 自动控制系统由监控管理计算机（上位 PC 机）、可编程序控制器（PLC）、电气控制柜、现场执行机构及现场监测仪表组成。SBR 工艺是时序控制，仪表主要用于系统的监测。在 SBR 好氧段的重要工艺段设置了流量仪表、液位仪表和溶解氧测量仪。鼓风机管道出口空气流量的测量采用插入式涡街流量计。

每个 SBR 池设置一个电气控制柜。电气控制柜包括相应池内进水阀、进气阀、混合泵、滗水器、排泥阀等 6 台设备的一次回路和二次回路的全部器件，采集现场电气设备的信号，并由其实现对现场设备的控制，通过电气柜盘面的主令开关来完成各个设备的手动/自动切换。考虑到工艺控制要求及 SBR 控制系统中开关量输入/输出多、模拟量较少和整个系统的运行速度，选定 OMRON，C200HS 可编程序控制器（PLC）。这种控制器指令丰富、处理速度快、柔性好、功能多，且可提供多种多样的智能 I/O 单元，能适合本系统的应用。PLC 系统的基本配置见表 5-23。

表 5-23　PLC 系统的基本配置

名称	规格及型号	数量/块
CPU 单元	C200HS-CPU21-E	1
底板	C200H-BC101-V2	3
电源	C200H-PS221	2
连接电缆	C200H-CN311	2
16 路继电器输出单元	C200H-OC225	8
16 路输出单元	C200H-ID212	16
8 路模拟量输入单元	C200H-AD002	3
编程接口	SSS	1
储存器单元	C200HS-ME16K	1
手持式编程器	C200H-PR027-E	1
编程器电缆	C200H-CN222	1

PLC 全部 I/O 模块的馈线都来自电气控制柜，在电气控制柜中，对 PLC 的输入均为 AC220V 中间继电器的无源触点，PLC 通过其继电器输出单元向电气柜输出控制信号，控制对应的中间继电器实现对各电气设备的控制，保证各输入、输出的相对独立，使控制系统长期安全运行。反映工艺设备的开关量信号主要分为以下三类。

第一类是运行信号，由主回路中接触器的开、合状态决定，由相应的中间继电器的常开辅助触点给出。

第二类是手动/自动状态信号，由手动/自动转换开关决定，并由相应中间继电器的常开辅助触点给出。

第三类是正常/故障信号，为综合故障信号，包括过载、过流、超限及水泵超温等。对电动阀门和滗水器又增加了开（上升）到位、关（下降）到位，对滗水器增加一个进（排）水信号，这些信号均由设备的故障触点串联后由一个中间继电器的常闭辅助触点给出，使中心控制室的操作人员对现场设备的运行情况一目了然。

PLC 以继电器逻辑控制为基础，具有逻辑控制、计时、计数、分支程序、数值计算等功能。其工作稳定、可靠、抗干扰能力强、控制灵活、编程容易、体积小、质量轻、功耗低、安装简单、运行方便、性能价格比高，且可与现场输出信号直接连接，广泛应用于污水处理系统。但 PLC 在某种意义上讲只是一种控制器，在 SBR 时序控制系统中是一种功能更强的集成化高速继电器控制装置，其虽有灵活的一面，也有死板的一面，特别是在人机操作界面方面显得无能为力。使用 PC 机作为上位机能提供一种良好的人机界面，减轻操作人员的负担，提高管理水平。

系统的 PLC 控制柜与上位机在同一控制室内，通信距离<10m。对于这种通信距离较近的情况，双方可直接采用 RS-232C 标准进行通信，理论上当波特率为 9600 时，通信距离在 15.23m 之内，其误码畸变率按 4％考虑。实际应用中的通信距离达 120m，使用 RS-232C 标准通信非常可靠。

③ 系统的软件设计。SBR 自控系统的软件设计是整个系统正常运行的核心，软件不只限于满足正常工艺要求，而且要考虑到现场出现的各种特殊情况。SBR 反应器软件编制的主要依据为工艺提供的控制时序，对于进水时间、曝气时间、沉淀时间、排水时间均可由上位机任意设定。8 个 SBR 池的各段工艺过程及其执行时间均严格按时序进行，每个池子的任何设备在任何时刻均可通过电气柜上的手动/自动转换开关改变其状态，但均不能改变 PLC 所设定的工作时序，且一旦进入自动状态后便进入 PLC 所设定的时序。

滗水器的工作周期完全由 PLC 按时间控制，第一次下降一个大行程时间为 23s，以后每次下降 4s，停留排水时间 15min，直至下降到位。如果在一个周期（12h）结束时仍没有下降到位或无下降到位信号，且滗水器处于自动状态，PLC 将在周期结束前驱动滗水器上升复位。控制柜上的 8 个切换开关仅限用于全部复位重新启动时决定由哪个池子开始投入自动循环，平时不可轻易扳动，一旦扳动某一开关，其对应池子的工艺过程将全部停止，只有等到下一次进水周期方可重新进入 PLC 自动控制的行列。现场电气设备的工作状态均送上位机显示。SBR 软件的特点如下。

本控制系统严格按照时序，按顺序工作。允许以任意一个池子作为重新启动的开始，所有参加复位的池子（在复位时其电气柜相应的手动/自动开关处于自动位置）在复位时各设备将自动恢复到复位状态（进水阀、进气阀关闭，搅拌泵停止，滗水器上升）。

可实现手动/自动的无扰动切换，允许在工作过程中任意进行手动/自动切换且不影响工作时序。

具有动作超时、过载报警等功能，具有断电时自动保护断点在重新上电时由断点继续执行程序的功能。整个监控软件包括以下的组态过程：系统设计→系统参数组态→通信组态→图形菜单组态→图形编辑→图形动态→文本编辑→报表显示→故障报警组态→同类数据存在盘组态→历史报表组态→标度变换组态→定时打印组态→报表统计等。整个系统主菜单包括流程图，汇总表，趋势图和设定参数，查询菜单下可进行故障记录、历史趋势等的在线查询，报表菜单可定时打印各班的报表，文件管理菜单中可进行文件的建立列表、拷贝、打印、删除和保存等工作，变量表中列出了 4 种（公式变量、模拟变量、开关量、字符串变量）类型变量的当前值，可在系统调试时起帮助作用。

④ 系统功能如下。

控制功能：实现 SBR 系统的时序控制。

采集功能：实时采集各反应器的水位、流量、温度及各设备的运行状态等信息。

通信功能：通过 RS-232 通信串口，实现 PLC 与上位机间进行常数信息和状态信息的传输。

显示功能：动态画面显示、一览表显示、历史趋势显示、参数设定显示、操作指示及联机帮助显示。

报警功能：当某参数越限或某设备出现故障时自动进行声光报警。

打印功能：完成打印工作报表（日、月报表）。

统计计算及分析功能：对处理水量、耗电量及设备运行时间等进行统计计算，并具有数据存储、查询、打印等功能，供管理人员进行分析。

SBR 系统按污水处理工艺要求达到了自动控制的目的，而且保证污水达标排放。总结起来具有以下特点。

PLC、上位机、电气柜、仪表的选型注意从先进性、稳定性、可靠性出发，同时兼顾经济性，使整套控制系统在保证长期安全运行的基础上，价格达到最低。

以 PLC 为核心，完成对 SBR 反应池的自动控制，在软件编制方面严格按工艺时序要求，全面考虑现场在出现特殊情况下程序连续运行，与以往污水厂自控系统以监测为主的情况有本质的区别。

监测管理计算机实时监测整个系统，工艺流程图清楚，操作人员可以一目了然地了解现场工艺、电气设备的运行状况，并根据工艺情况随时在线修改参数。

系统具有很强的抗干扰性，从计算机电源系统还是硬件的选择到电缆的敷设接地等都充分考虑此问题，因此稳定性好、可靠性高，大大减轻了工人的劳动强度，每班操作人数从 5 人降低到 2 人。通过浓缩、生物膜、厌氧、好氧多种工艺技术，使排放 COD 总量由 177.7t/d 削减到 7t/d 以下。同时可回收蛋白 36t/d，黄粉蛋白 10t/d，沼气 10000m³/d，菌体肥料 100t/d。味精废水排放要求全面符合《污水综合排放标准》（GB 8978—1996）对味精行业的污水综合排放二级标准。

味精废水处理工艺流程离子交换尾液（或发酵废母液）COD、BOD_5 含量尽管高，但是都没有采用厌氧发酵生产沼气工艺，而是采用了蒸发浓缩工艺。主要原因是离子交换尾液的 pH＝1.8，特别是硫酸根和氨氮含量高，厌氧发酵将会产生大量 H_2S，对甲烷菌产生抑制，影响发酵效率，同时腐蚀生产设备。在技术路线上是避开了硫酸盐废水的厌氧处理问题。事实上，从目前厌氧工艺的进展来讲，这两个技术关键已经可以解决。

需要说明的是：早期味精厂采用石灰中和沉淀去除硫酸根的工艺，但是由于产量大、污水多，硫酸钙的溶度积高，需要过量添加石灰，所以在治理工程中没有采用投加石灰的工艺。事实上，对于其他的味精厂也会存在类似的问题。另外，在本设计中没有涉及废水中的氨氮问题，事实上最终混合废水中的氨氮浓度在每升有几百毫克。采用上述工艺氨氮很难达到排放标准。

（2）南宁某味精厂 HCR+ BCR 工艺

南宁某味精厂味精生产能力为 15 万吨/a，味精生产过程中产生的废水水质十分复杂，分为高浓度、中浓度和低浓度等不同水质的废水。在进行了大量试验研究的基础上，对该厂中高浓度废水进行治理，处理效果良好，达到了预期的目标。

1）设计水量、水质

废水最大水量为 1500m^3/d，各类废水水量见表 5-24。

表 5-24　各类废水水量

项目	中高浓度有机废水	中浓度有机废水	洗酸洗碱废水	HCl 废水	NaOH 废水
水量/(m^3/d)	280	380	700	80	60

中浓度有机废水包括发酵离子交换中高浓度废水、糖化板框及中和板框废水等，洗酸洗碱废水包括冲洗精制树脂柱与冲洗精制离交炭柱产生的所有废水。该设计处理废水水量为 62.5m^3/h。

生产过程产生的中高浓度废水种类繁多，污染组分含量高。经连续 72h 对废水排口处的主要污染物取样监测，测得中高浓度混合废水水质见表 5-25。该设计主要处理中高浓度混合废水，要求控制出水 COD 低于 450mg/L。

表 5-25　中高浓度混合废水水质

项目	COD/(mg/L)	BOD_5/(mg/L)	SO_4^{2-}/(mg/L)	NH_4^+-N/(mg/L)	pH 值	SS/(mg/L)
发酵离交中高浓度废水	13000	7000	7500	100	2.1～2.23	3000
发酵离交中浓度废水	4000	2000	3000	1300	9.2	3000
糖化板框排水	3404				7	
中和板框排水	4112				7	
混合后废水	约4200	约2100	约3600	约300	2～3	500

2）废水处理工艺流程

从表 5-25 可以看出，该味精废水具有 COD、SO_4^{2-}、NH_4^+-N 浓度高，pH 值低等特点。由于其 COD 浓度高，显然不宜采用普通的好氧工艺处理，又因其 SO_4^{2-} 浓度高，若采用厌氧工艺处理，则必须将原水中的大部分 SO_4^{2-} 去除，这样做一方面增加了操作难度，另一方面又将产生大量的固体废物，采用石灰沉淀法去除 SO_4^{2-} 产生大量硫酸钙。根据味精废水的这些特点，在进行大量试验的基础上，选用了高效好氧生物处理反应器（HCR），结合生物接触氧化池（BCO）对该废水进行处理，工艺流程见图 5-27。

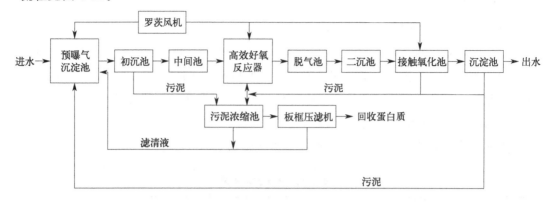

图 5-27　废水处理工艺流程

3）主要处理构筑物

① 预曝气调节池及初沉池。该厂味精废水水质水量变化较大，故用调节池进行调节，同时由于原水中含较高的悬浮物，在进入 HCR 反应器之前设置初沉池进行预处理。调节池和预曝池合建，水力停留时间为 12h，预曝气强度为 $20m^3/(m^2 \cdot h)$。初沉池设计采用竖流式沉淀池。将沉淀池的少量污泥回流至预曝气调节池，利用该污泥中的生物活性加上预曝气充氧，可增加 COD 去除率，以期减轻后续处理设备的处理负荷。

② 高效好氧生物处理反应器（HCR）系统。该系统由反应器、脱气池及二沉池组成。两相喷嘴是系统的核心。该反应器合理利用了射流曝气技术，应用了压头和快速强制溶氧的原理，并利用紊流剪切来均匀细化扩散气泡，使空气氧的传递传输利用率高达50％，是一种高效的好氧生物处理技术。

该系统主要特点是反应器体积小，系统占地少，溶解氧含量高，系统封闭运行稳定性好，容积负荷高，耐冲击负荷力强，有机物去除率高，污水处理的综合成本低，结构紧凑美观，环境、经济效益明显。运用 HCR 工艺处理味精废水克服了厌氧生物处理需去除大部分 SO_4^{2-} 及由此增加操作难度和去除 SO_4^{2-} 产生大量沉淀物等缺陷。

该工程设计共设 3 个 HCR 池体，单池设计 COD 容积负荷为 $30kg/(m^3 \cdot d)$，高效生物处理反应器容积为 $55m^3$。为安全起见，反应器均设计有补充曝气系统，其自吸气量 VG＝$140m^3/h$，补充曝气量 VGZ＝$200m^3/h$，循环水量为 $400m^3/h$。由于 HCR 系统出水中污泥含有大量微细的气泡，直接影响污泥在二沉池中的沉淀效果，因此在HCR 系统的反应器后设脱气池，水力停留时间为 0.5h，并采用空气搅拌，气量为$1m^3/(m^2 \cdot h)$。

二沉池采用竖流式沉淀池，水力停留时间为 5h，以保证回流污泥的浓度达到 HCR运行要求。

③ 生物接触氧化池（BCO）。由于味精废水的 COD 浓度很高，仅经过 HCR 一级反应器处理还不能使出水达到排放标准，因此该工程在 HCR 后续生物接触氧化池。生物接触氧化池的水力停留时间为 8h，采用三段串联。池内安装组合生物软性填料和微孔曝气头，每个曝气头的曝气面积为 $0.49m^2$，总曝气量为 $600m^3/h$，供气使用 3 台三叶罗茨鼓风机。

4）调试及运行结果

调试分三个阶段进行。

第一阶段：清水试车阶段，HCR 和生物接触氧化池进行生物接种驯化，全流程试车。

第二阶段：按设计工艺流程进行全流程运行调试，逐步提高进水浓度和处理负荷，使该处理系统在满负荷的运行条件下如期达到设计要求。

第三阶段：对整个废水处理系统的设计参数进行验证和完善，根据工厂废水水质水量实际情况，适当调整操作参数，力争降低运行费用。

第二阶段逐步提高处理负荷后，调试阶段 HCR 和 BCO 装置废水处理效果如表 5-26 所列。

表 5-26　调试阶段 HCR 和 BCO 装置废水处理效果

HCR			BCO			总去除率 /%
进水 COD /(mg/L)	出水 COD /(mg/L)	去除率/%	进水 COD /(mg/L)	出水 COD /(mg/L)	去除率 /%	
2485	378	84.8	378	170	55.0	80.7
3934	679	82.7	679	223	67.2	94.3
4590	984	78.6	984	267	72.7	94.2
5071	1053	79.2	1053	345	67.2	93.2
6712	1181	82.4	1181	410	65.3	93.9
7016	1226	82.5	1226	388	68.4	94.5
8861	1372	84.5	1372	397	71.1	95.5
9251	1367	85.2	1367	411	69.9	95.6
10896	1919	82.4	1919	596	68.9	94.5
11581	2218	80.8	2218	531	76.1	95.4

从表 5-26 可以看出，随着进水 COD 浓度的升高，各处理单元均保持了稳定的 COD 去除率，其中 HCR 的去除率在 80％以上，BCO 的去除率在 65％以上，完全达到设计要求。实际进水 COD 远远大于设计进水 COD 时，少数出水 COD 浓度超过 450mg/L，但其去除率仍然很高，说明 HCR 系统能够处理高浓度的有机废水，整个工艺的处理效果达到了设计要求。

5）工程投资及运行费用

该工程总造价为 400 万元，占地 1200m^2。由实际运行记录数据统计，处理中高浓度味精废水的运行费用约为 2.50 元/m^3，按实际运行平均处理量 800m^3/d 计算，该工程月运行费用约为 6 万元。

　　该工程进水 COD 浓度平均为 9057mg/L，出水 COD 浓度平均为 515mg/L，COD 平均去除率为 94.31%。按平均处理量 800m^3/d 计算，月削减 COD 总量约 204t，其环境效益很显著。

　　从蛋白质回收效益分析，测得二沉池污泥中蛋白质含量达 60%～70%，推算出每天可回收粗蛋白约 15t。按蛋白市场价 2000 元/t 计算，每天有 3000 元的产值，该工程还可创造明显的经济效益。

　　南宁某味精厂排放的味精废水属于高浓度有机废水，含有高 SO$_4^{2-}$，不能采用厌氧生物处理工艺。该工程采用的 HCB-BCO 组合工艺在进水 COD 浓度高达 12000mg/L 的情况下，HCR 去除率可以达到 80%以上，后续接触氧化工艺去除率可达 60%以上，总去除率可达 95%以上，取得了较好的环境效益和经济效益。

6

乳品加工废水处理工艺及工程实例

我国乳品工业起源于 20 世纪 50 年代初，经过多年发展，乳制品年产量由 50 年代初的 600t，增加到 90 年代初的 31.21 万吨，1998 年的乳制品产量已达 54.03 万吨。尽管如此，乳制品工业在国民经济中占的比例还是很小的。世界一些发达的国家乳制品工业占食品工业的比重相当大，如美国占 12.4%，法国占 21.9%，德国占 19.1%，英国占 11.8%，日本占 8%。因此，今后一段时间内，我国的乳制品工业还会有一个较大的发展。

我国乳制品产量中，奶粉产量占 75% 左右，婴儿乳制品产量占 10% 左右，奶油、干酪、炼乳等其他乳制品占 15% 左右。

6.1 乳品加工行业概述

乳制品是人们的主要食品之一，乳制品以鲜奶为主要原料加工而成，有消毒鲜奶、炼乳、奶粉、奶油、干酪、酸奶和冰激凌等多个品种。

乳品加工行业包括乳场、乳品接收站和乳品加工厂。乳品接收站主要任务是从乳场接收乳品，然后装罐运输到装瓶站或加工厂。乳场除了做好运输准备工作外，有时还要在分离器中将乳品脱脂，把奶油运出或加工成黄油，而脱脂乳可作饲料或加工。乳品加工厂主要生产奶粉、炼乳、酸奶、酪朊、冰激凌等产品。不同乳制品生产工艺各异，各乳品加工厂的生产品种也不尽相同，炼乳、奶粉和奶油等是主要产品。

① 炼乳是将原料乳中的水分蒸发浓缩至 1/4～1/3 的乳制品，其加工工艺是先将接收站送来的鲜奶进行预热杀菌，然后经过真空浓缩、冷却结晶、装罐包装等工序使之成为成品。

② 奶粉是原料乳经干燥加工而成的粉状乳制品,其生产过程是将鲜奶先进行过滤、净化、标准化等预处理,再经过杀菌、真空浓缩、喷雾干燥等方法使其制成奶粉。

③ 奶油是一种从原料乳中分离出来的乳脂肪所制成的乳产品,其制法是先由鲜奶中分离出稀奶油,再进行杀菌、熟化、搅拌和水洗等处理,最后压炼出奶油产品。

6.2 乳品加工生产工艺

液体乳品的主要加工工艺为消毒、均质、调配维生素和装瓶,液体乳品加工工艺流程如图 6-1 所示。

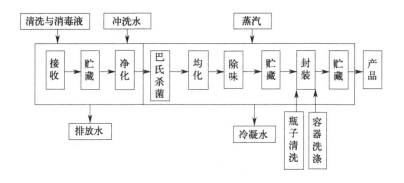

图 6-1 液体乳品加工工艺流程

奶粉的主要加工工艺为净化、配料、灭菌与浓缩、干燥,奶粉生产工艺流程见图 6-2。

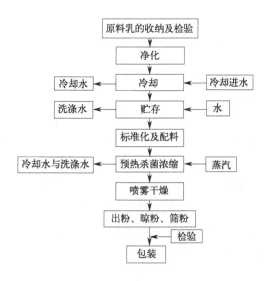

图 6-2 奶粉生产工艺流程

酸奶（凝固型）生产工艺流程见图6-3。

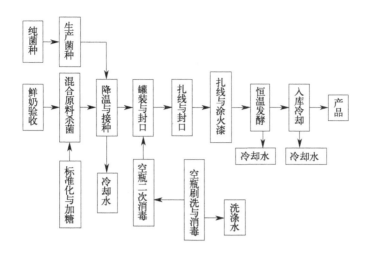

图 6-3 酸奶（凝固型）生产工艺流程

6.3 乳品加工废水的来源和特点

乳场废水主要来自洗涤水、冲洗水，乳品加工废水主要是生产工艺废水和大量的冷却水。冷却水占总废水量的 60%～90%。乳品接收站废水主要是运送乳品所用设备的洗涤水。

乳品加工厂废水包括各种设备的洗涤水、地面冲洗水、洗涤与搅拌黄油的废水以及生产各种乳制品的废水，如奶粉厂的废水主要来自设备洗涤水和大量的冷却水，酪朊厂的废水主要来自真空过滤机的滤液、产品的洗涤水、蒸发器的冷凝水。乳品加工废水根据其来源通常可以分为三大类，即洗涤废水、冷却水和产品加工废水。多数乳品加工厂排放前两种废水。

① 洗涤废水主要来自乳品加工和收集过程中的器皿、设备、容器和管道的洗涤以及加工场地的洗刷。

② 冷却水主要来自冷凝器等热交换设备，乳品加工中排放的冷却水基本为间接冷却水。

③ 在某些乳制品生产过程中，还要从生产工艺中产生产品加工废水。

炼乳、奶粉、奶油和冰激凌生产废水如图6-4～图6-7所示。

不同规模乳品加工厂日处理不同原料奶量的耗水量和废水排放量有较大的差别，详见表6-1。

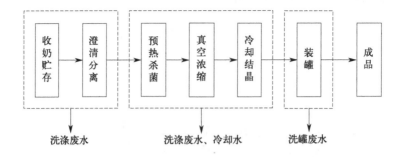

图 6-4 炼乳生产废水

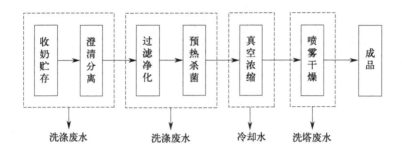

图 6-5 奶粉生产废水

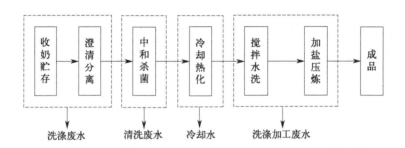

图 6-6 奶油生产废水

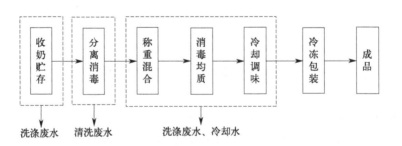

图 6-7 冰激凌生产废水

表 6-1 不同规模乳品加工厂耗水量及废水排放量

处理能力/(t/d)	吨产品用水量/t	吨产品废水排水量/t	备注
10~20	6.8	6.5	
5~10	7.1	6.9	废水排放量包括蒸汽冷凝水
5 以下	9.4	9.1	

由表 6-1 可见，乳品加工厂与其他食品发酵企业一样，生产规模大的加工厂其耗水量和废水排放量反而比生产规模小的少。同时，乳品加工厂废水排放量还与加工工艺和管理水平有很大的关系，以消毒乳生产为例，在包装工艺上如采用软包装工艺则废水排放量只有瓶装工艺的 30%~43%（表 6-2）。

表 6-2 不同包装工艺的吨产品废水排放量

包装工艺	原料接收/m³	消毒均质/m³	洗瓶/m³	灌装/m³	合计/m³
瓶装	4.6	0.18	6.4	0.17	11.35
软包装	4.7	0.17	0	0.05	4.92

乳品加工厂废水含有大量的有机物质，主要是含乳固形物（乳脂肪、酪蛋白及其他乳蛋白、乳糖、无机盐类），其含量视乳品的不同品种和不同加工方法而不同，并在水中呈可溶性或胶体悬浮状态。不同乳品品种加工耗水量、废水排放量及污染负荷见表 6-3。

表 6-3 不同乳品的加工耗水量、废水排放量及污染负荷

品种	吨产品用水量/m³	吨产品废水排放量/m³	pH 值	COD/(mg/L)	BOD₅/(mg/L)
消毒奶	11.3	10.6	5.7~11.6(正常生产-杀菌终洗瓶)	69.3	21.3
奶粉	5.4	5.6	5.2~10.3(灌装完成-浓缩终了)	239.7	73.8
酸奶	2.1	2.0	6.4~9.4(正常生产-灌装完成)	988	304
冰激凌	4.7	4.2	7.3~8.6(正常生产-凝冻终了)	544.8	167.6

由表 6-3 可见，乳品加工厂的平均 pH 接近中性，有的略带碱性。但在不同时间所排放废水的 pH 值变化很大，主要受清洗消毒时所使用的清洗剂和消毒剂的影响。

乳品废水按水中污染物的含量特征，可以分为冷却水（相对净废水）、洗涤废水和产品加工废水（高浓度有机废水）两部分。

（1）冷却水

冷却水由于与生产原料及产品不接触或接触很少，因而基本污染较轻，其 COD 值一般≤50mg/L。这部分废水的水量较大，一般为鲜奶加工量的 5~20 倍，通常经过简单处理就可直接排入受纳水体或经过降温处理后循环使用。

（2）洗涤废水和产品加工废水

洗涤废水和产品加工废水中含有较多的污染物质，主要有酪蛋白及其他乳蛋白、乳脂肪、乳糖和无机盐类等，洗涤废水中还含有一定数量的洗涤剂和杀菌剂。这些污染物质在废水中呈溶解状态或胶体悬浮状态。洗涤废水及产品加工废水的水量一般为乳品加工量的1～3倍，COD值常在数千至数万毫克每升。这部分废水的水质和水量因产品品种、加工方法、设备情况及管理水平的不同而有很大的差别。

乳品废水受生产工艺过程的限制，常常是间歇式排放，水质水量随着时间而有较大的变化。乳制品生产中废水的排放量（不包括冷却水）和生产单位产品所排放的污染物量如表6-4所列。

表6-4　乳品生产中废水与污染物的排放量

产品	废水量/(m³/t 产品)	COD/(kg/t 产品)	BOD$_5$/(kg/t 产品)	SS/(kg/t 产品)
炼乳	0.8～5.0	0.4～27.0	0.2～13.0	0.17～1.48
奶粉	3.0～9.5	5.0～28.0	2.4～12.4	1.4～6.8
奶油	9.0～15.0	15.0～26.0	6.3～12.8	3.1～4.4
干酪	11.5～16.0	14.0～160.0	5.5～71.0	22.1～40.0
酸奶	0.8～2.3	0.75～18.5	0.4～8.0	0.2～9.6
冰激凌	0.5～7.0	1.45～42.0	0.7～20.0	0.23～2.76

我国某乳品加工厂排放的高浓度有机废水（主要是洗涤废水）的水质指标如表6-5所列。

表6-5　某乳品加工厂高浓度废水的水质指标

pH 值	COD /(mg/L)	BOD$_5$ /(mg/L)	NH$_4^+$-N /(mg/L)	TN /(mg/L)	TP /(mg/L)	SS /(mg/L)
5.5～7.5	2000～11000	1000～7500	1.0～6.2	30～200	15～60	140～680

6.4　乳品加工废水处理工艺

乳制品厂排放的废水主要含有蛋白质、脂肪、碳水化合物等营养物质。消毒奶、奶粉、酸奶、冰激凌生产排放废水的 COD 和 BOD$_5$ 基本上都超过国家规定的排放标准。因此，乳制品厂必须对废水进行处理后再行排放。目前国内外对于乳品厂废水的处理方法，主要有活性污泥法、生物滤池法、生物接触氧化法、化学凝聚沉淀法、气浮法等。这类工艺由于污水的浓度低，无回收产品，所以投资费用大，运行费用高。乳制品厂废水污染负荷低，最好处理方法是灌溉农田，如无此条件，应采取投资少、运行费用低的处理工艺。冷却水的水量较大，一般应经过冷却处理后循环使用。对高浓度乳品废水，往往要经过由多个处理单元组成的工艺系统进行处理，才能达到排放要求。

6.4.1 主要技术和设备

乳品废水中常含有较多的可沉物、漂浮物及油脂等，因而在采用生物处理技术之前，要根据废水的水质情况进行预处理。常用的乳品废水预处理设备有格栅、沉砂池、沉淀池和隔油池等。

格栅用以去除乳品废水中粗大的悬浮物和漂浮物，一般选用较小的栅条间距。沉砂池及沉淀池则是去除可沉的悬浮物。由于乳品废水中含砂量较少，因而可不设沉砂池。乳品废水中的漂浮物较多，很容易在沉淀池上形成浮渣层，故在池上面应装有快速清除浮渣的设备。沉淀池的排泥工作也要及时进行，以防止在其污泥区发生厌氧发酵反应。

当乳品废水中含有较多的油脂时，如生产奶油、干酪和酸奶排出的废水，需要进行除油处理。平流式和斜板式隔油池是应用比较广泛的处理设施。由于从废水中分离出来的油脂可以进一步炼制较纯的油脂或者经过干燥后作为家禽和牲畜的饲料，所以在选用除油工艺及设备时，采用不导致油脂成分发生变化的技术。乳品废水中还含有一些乳化油脂，但含量一般不高，如后续有生物处理设备时，可以不考虑单独的除乳化油处理设施。

处理乳品废水的主要技术是生物处理法，实际运行结果表明，生物滤池能够有效地去除废水中的有机污染物，BOD_5 去除率可达到 $70\%\sim90\%$，并且运行费用较低。但是生物滤池的处理能力一般较低，环境条件也较差，如散发臭味及滋生滤池蝇等。

活性污泥法适宜处理各种水质的乳品废水，由于鲜奶的收集量受季节性影响，乳品加工量也随着季节变化，设计废水处理设备时，要充分考虑水质和水量的变化。乳品废水中的有机物大都比较易于生化分解，并且大多数的悬浮物均可有效地被氧化分解，采用较长的曝气时间，可以大大减少剩余污泥量，从而能够降低污泥处理设备的工程造价和运行费用。从充分氧化分解有机物，减少污泥量的要求出发，氧化沟也是一种较好的乳品废水处理工艺。

生物膜处理法中的生物转盘和生物接触氧化法适于处理乳品废水，特别适用于中小型乳品加工厂的废水处理。

在有较廉价的土地可利用时，采用稳定塘处理乳品废水是比较经济有效的。该法可以将废水处理与利用结合起来，形成稳定塘＋养鱼塘系统，废水处理不仅去除了有机污染物，还能通过生态工程的方法，如养鱼、水禽等，取得经济效益。实践表明，采用厌氧塘＋兼性塘＋好氧塘＋养鱼塘系统来处理乳品废水的工艺是适宜的。在寒冷地区应用稳定塘处理技术时，要考虑到冰封期稳定塘系统的贮存能力。

乳品废水中含有相对较高的氮、磷等植物营养物质，土地处理是一种有效的、低成本并可取得相当经济效益的处理方法。如用乳品废水喷灌牧草，不仅可充分利用废水中的水肥资源，提高牧草的产量和质量，对牲畜并无不良作用，而且有效地处理了污染物。应用该法时，要对废水进行较严格的预处理，一般在沉淀池后面宜加设砂滤池。此外，在牧草（或其他植物）的非生长期，应考虑将废水贮存起来或采用其他方法处理，因此，土地处理与稳定塘联用是行之有效的乳品废水处理工艺。

乳品废水中的有机物含量因其生产工艺的不同而有较大的差异，尤其是当含有产品加工废水时，其COD浓度可高达5000mg/L以上，而在此种情况下不宜采用好氧生物处理法。此外，近年来随着乳品加工工艺的提高，单位产品的排水量日趋减少，而废水中的污染物浓度却相对地有所提高，因而人们开始着眼于厌氧消化法处理乳品废水的研究，并将某些研究成果应用于生产工程中。该处理方法适于处理高浓度乳品废水，在中温条件（35℃）下，采用升流式厌氧污泥床、厌氧滤池、复合式厌氧反应器等新型厌氧处理设备，可在有机负荷较高的情况下获得COD去除率80％以上的处理效果。其运行费用也较低，并可回收处理过程中产生的沼气。但一般厌氧处理后出水的COD值仍很高，需要进一步采用好氧法来处理。

多年来，人们也开展了用气浮法、电浮选法、反渗透法、超滤法及混凝沉淀法等技术来处理乳品废水的试验研究。前四种技术可以达到较好的处理效果，但运行费用较高。混凝沉淀法虽能有效地去除废水中的蛋白质和其他悬浮物，但不能去除乳糖等溶解性有机污染物。从经济性上看，这些处理技术都不如生物处理法，因而生物处理法仍是乳品废水的主要处理技术。

采用生物处理法处理乳品废水时会产生一定数量的污泥，该污泥无毒性并含有较多的氮、磷物质，因此是良好的肥料，可施用于农田。一般在施用前，好氧生物处理中产生的污泥要经过厌氧消化、脱水等处理，厌氧生物处理中产生的污泥则只需要脱水处理后就可外运施用。

6.4.2　工艺流程选择

选定乳品废水处理工艺流程的主要依据有废水水量、水质和所要达到的处理程度。处理程度的确定取决于排放标准，一般乳品废水经过二级处理后可以满足要求。乳品废水常见的五种处理工艺流程如图6-8所示。

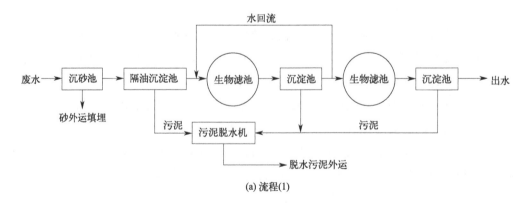

(a) 流程(1)

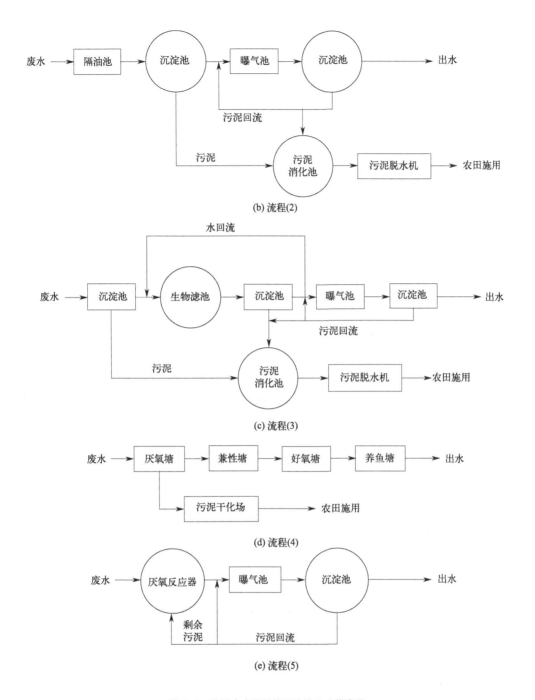

图 6-8 乳品废水常见的五种处理工艺流程

流程（1）采用二级高负荷生物滤池工艺。废水经沉砂池和隔油沉淀池去除砂、油及悬浮物，二级生物滤池之间设中间沉淀池分离脱落的生物膜，最后设二次沉淀池改善出水水质。为了避免两段生物滤池负荷不均的现象，可采取交替进水的措施来解决。因生物滤池产泥量相对较低，在处理工艺中未设污泥厌氧消化池，而是将剩余污泥直接脱水，然后外运。

流程（2）是活性污泥法处理系统。乳品废水经预处理后进入曝气池，混合液在二沉池中进行泥水分离，部分污泥回流到曝气池。初沉池污泥及二沉池剩余污泥排入污泥消化池消化，然后脱水外运，作为肥料施用。

流程（3）采用生物滤池和活性污泥法串联的处理工艺。高负荷生物滤池为第一级处理，活性污泥系统为进一步处理。此种工艺流程结合了生物膜法和活性污泥法的特点，技术可行，经济合理。

流程（4）是稳定塘处理系统。废水依次进入厌氧塘、兼性塘和好氧塘，其污染物在进入养鱼塘之前得到去除，并有一部分转化为鱼的饵料。该处理系统中的厌氧塘兼有沉淀功能，其污泥经较长时间的消化后，定期清除用作农肥。

流程（5）是厌氧＋好氧联合处理工艺系统。废水先进入厌氧反应器进行厌氧消化分解，再进曝气池中进行好氧生物处理。沉淀池中的污泥除部分回流外，剩余部分送至厌氧反应器内消化分解，厌氧污泥定期少量排放。

6.4.3 工艺参数选择

（1）格栅

格栅的栅条间距应≤20mm，栅渣量可按0.05～0.07m^3栅渣/10m^3废水计算，栅渣的含水率为80％～85％。

（2）沉砂池

沉砂池一般选择平流式或竖流式。平流式沉砂池废水的流速为0.15～0.3m/s，停留时间为30～60s；竖流式沉砂池内废水的流速为0.05～0.1m/s，停留时间为30～60s。当废水中含砂量较低时可考虑不设置沉砂池。

（3）沉淀池

沉淀池常用平流、竖流和斜板等型式。平流式沉淀池的沉淀时间采用1.0～2.0h，表面负荷为1.5～3.0$m^3/(m^2 \cdot h)$；竖流式沉淀池的沉淀时间为1.0～1.5h，废水上升流速为0.5～0.8mm/s；斜板式沉淀池的沉淀时间为30～40min，表面负荷采用3.0～5.0$m^3/(m^2 \cdot h)$。沉淀池的上面应考虑设置快速清除浮渣设备。

（4）隔油池

常用的隔油池为平流式。废水在平流式隔油池中的停留时间可采用30～60min，在斜板式隔油池中的停留时间为20～40min。有时可将隔油池与沉淀池合并为一个池子。

（5）生物滤池

采用高负荷生物滤池时，应按日平均废水量进行计算，其进水BOD_5浓度要控制在300mg/L以下（浓度高时则可采用处理水回流措施来解决）。一般按容积负荷计算，取值为0.5～1.0kgBOD_5/(m^3滤料·d)。

（6）曝气池

活性污泥法在乳品废水处理中应用得较为广泛。为减少污泥量，废水在曝气池内的停留时间常采用 10h 以上，有的甚至达 36h。曝气池 MLSS 可取 $2.0 \sim 3.0 kg/m^3$，污泥负荷为 $0.05 \sim 0.12 kgBOD_5/(kgMLVSS \cdot d)$。

在应用氧化沟处理乳品废水时，废水的停留时间一般要达 2d 以上。混合液悬浮物浓度可采用 $2.0 \sim 3.0 kg/m^3$；污泥负荷为 $0.02 \sim 0.10 kgBOD_5/(kgMLVSS \cdot d)$。

（7）生物转盘

生物转盘所需要的盘面积可以按 BOD_5 面积负荷计算，以水力负荷或停留时间进行校核。

（8）生物接触氧化池

采用生物接触氧化池时，应按平均日废水量设计，容积负荷可取 $1.0 \sim 1.6 kgBOD_5/(m^3$ 填料 $\cdot d)$，当填料比表面积大时取上限值，反之则取下限值。进水 BOD_5 浓度应控制在 $\leqslant 300 mg/L$，超过此值时最好采用处理水回流稀释。

（9）稳定塘

稳定塘由于受气候条件影响大，因此具体设计参数应通过试验来确定，也可参见城市废水处理的设计参数。为强化厌氧塘的净化功能，可以在塘内加设软纤维填料，以改善生物分布并增加生物量，装填密度为容积的 $1\% \sim 3\%$。

（10）土地处理

采用土地处理系统时，应根据农作物的需水量决定灌溉水量，同时考虑废水浓度、土壤含水率及降雨量等因素，以决定灌溉率。一般沟灌应以 $400 \sim 800 mm/a$ 的投配率进行，而喷灌则为 $150 \sim 400 mm/a$。每次灌溉要相隔几天的时间，因此，设计土地处理系统时，要有足够大的调节容量。

（11）厌氧反应器

可考虑不设隔油池或沉淀池。厌氧反应器的容积负荷在中温（35℃）条件下，可取 $4 \sim 8 kg(COD/(m^3 \cdot d))$，水力停留时间 $1 \sim 2d$，沼气产率 $0.3 \sim 0.45 m^3/kgCOD$。

厌氧反应器后续通常需要好氧工艺进一步处理才能达到废水排放标准。

6.5 乳品加工工业清洁生产

（1）合理地简化工艺流程，科学地进行动力匹配

① 卸奶采用平台自流，净乳前尽量减少过渡槽和过渡泵，净化后靠净乳机的出口压力直接通过板式热交换器降温后到贮奶缸。

② 采用高位水箱供水的，可采用大井泵直接提水至高位水箱的方式供水，避免二次提水，从而降低电耗。

（2）采用水位自动控制技术

双效蒸发器是乳品企业中耗水量最大的设备，要求时时保证冷却水供应，否则设备无法工作，若停机后再启动需一段时间。由于高位水箱的容量有限，水多了会从溢流管道溢出，造成水、电的大量浪费。如果采用水位自动控制技术，就能保证水的有效利用。

（3）冷却水的重复利用

经计算，鲜奶的初步冷却水和冷冻机冷却水基本上可以满足双效降膜蒸发器冷却的需要。只要解决生产衔接（如冷冻机中间停机、提前停机和鲜奶收购完停止冷却水等），就能兼顾两者的需要。冷却水重复利用可建一个集水槽和增加一台离心清水泵。

6.6 乳品加工废水处理工程实例

（1）北京某乳品厂废水处理

1）水质、水量和出水排放标准

北京某乳品厂日加工牛奶由 45t 扩大到 200t，随着牛奶产量的扩大，污水排放量也由 370m³/d 增加到 1500m³/d，根据要求拟建废水处理设施。牛奶生产废水经处理后达到国家规定的排放标准后排入水体。

本工程根据需处理的水质水量，并参照国家排放标准及北京市污染物排放标准中的三级标准进行设计，见表 6-6。

表 6-6　需处理的水质水量和排放标准

项目	水量/(m³/d)	水质			
		COD/(mg/L)	BOD/(mg/L)	ρ(SS)/(mg/L)	ρ(动植物油)/(mg/L)
进水	1500	1100	300	200	
出水	1500	<100	60	30	20

2）工艺流程的确定

乳品加工类废水中含有一定量固态或是溶解的蛋白质、脂肪和碳水化合物等。废水的 BOD_5/COD 值为 0.3，说明可生化性一般。这类废水含有足够的 N、P 等营养物可供微生物生长和繁殖，因此，拟采用水解-好氧为主的生物处理工艺。

根据乳制品生产的特点，在确定废水处理工艺时，应充分考虑生产流程中事故排放的超高浓度废液，设置事故池。乳品加工废水中含有一定量的非溶解性的蛋白质、脂肪、碳水化合物等，且水质和水量随时间变化大，为了防止设备和管道的堵塞，降低生物处理设施的负荷和提高生物处理工艺的处理效果，采用了物理和生化处理方法相结合的工艺，从而保证污水治理达标排放，稳定运行。水解-好氧工艺可以较经济地处理废水，实现达标排放。根据以上分析及近年来治理废水的经验，确定废水处理工艺流程如图 6-9 所示。

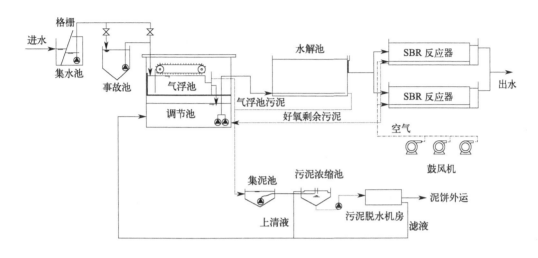

图 6-9　废水处理工艺流程

① 污水处理工艺流程。来自厂区生产车间的污水首先经过预处理进行固液分离（格栅和气浮设备），去除大部分的大颗粒杂物（60%～80%）、油脂（60%～80%）和少量的有机物（20%）。出水自流进入调节池，调节池中的废水由污水泵提升到水解池。水解池出水自流入曝气、沉淀于一体的好氧池，好氧曝气池中无需设置沉淀池。好氧曝气采用鼓风机曝气，中微孔布气头布气。经过上述两级处理后，主要的有机物污染物已基本去除，出水达标后排入下水道。

② 污泥处理工艺流程。好氧剩余污泥排至水解池进行水解酸化处理，生物处理系统中产生的污泥仅由水解池排出。从水解池及气浮设备排出的污泥进入集泥井，由污泥泵提升至浓缩池，浓缩后由污泥泵输送到污泥脱水机房进行脱水，脱水后的泥饼作农肥外运。

③ 各工段处理效果。见表 6-7。

表 6-7　各工段处理效果

工艺段	项目	COD/(mg/L)	BOD/(mg/L)	ρ(SS)/(mg/L)
气浮池	进水	1100	300	
	出水	800	240	
	去除率/%	25	20	
水解池	进水	825	240	
	出水	640	200	
	去除率/%	25	20	

工艺段	项目	COD/(mg/L)	BOD/(mg/L)	ρ(SS)/(mg/L)
好氧池	进水 出水 去除率/%	620 <100 ≥85	200 <60	<30

3）主要处理构筑物、设备的设计和选择

① 进水渠道及格栅。进水渠道前端设置不锈钢旋转格栅，进水渠道为固定格栅而设置。格栅拦截乳品加工废水中较粗的分散性悬浮固体物，其主要作用在于保护泵的叶轮及防止水解池布水器的堵塞。

② 集水池。其功能是汇集厂区废水，并将废水提升至后续处理构筑物。设计水力停留时间为 30min。

③ 事故池。牛奶生产过程中会有牛奶酸败的事故发生，这时产品将不能进入市场而被直接排放至污水厂。奶液的有机污染物 COD 值高达 150000mg/L。该厂生产线中贮奶罐为 10～60m³，按最不利条件考虑，每次最高事故排放 COD 为 9000kg，相当于污水厂 6d 的有机物处理量的总和，这样高的冲击负荷将破坏污水厂系统的正常运行。所以设计中要考虑设置事故池（100m³），以贮存事故排放废液，经处理后均匀提升至调节池而进入污水处理系统。

④ 气浮设备。该设备功能为去除水中油脂及事故排放的高浓度水中的固化蛋白和油脂。处理能力为 80m³/h。钢结构定型产品，气浮车间与脱水机房合建于调节池上。气浮池 COD 去除率为 25%，出水 COD 为 825mg/L。BOD 去除率为 20%，出水 BOD 为 240mg/L。

⑤ 调节池。由于生产废水水质水量变化幅度较大，设置调节池可对水质水量进行调节，以使后续处理单元负荷均衡，运行稳定。水力停留时间 6h。考虑到调节池悬浮物的沉积会影响调节容量，同时一年一度的沉积物的清除劳动强度大、劳动环境差等问题，设计中在调节池内设置水下搅拌器，避免悬浮物沉降。悬浮物随污水进入后续处理单元，随污泥排出系统。搅拌器为水下淹没式叶轮搅拌器。

⑥ 水解酸化池。水解酸化为生化处理部分第一单元，池内维持 2～3m 厚的厌氧污泥层，对有机物进行截留水解氧化。同时该反应器对好氧剩余污泥进行截留、消化处理，实现了污水、污泥同步处理，污水厂内不需设置污泥消化处理装置。设计水力停留时间 6h。水解酸化池在不耗费能源的情况下对 COD 的去除率为 25%，出水 COD 为 620mg/L，BOD 去除率为 20%，出水 BOD 为 192mg/L。

⑦ SBR 反应器。SBR 反应器为传统活性污泥法的一种变型，克服了传统活性污泥法中的一些缺点，集其他几种好氧生物法的优点于一体，同时集曝气、沉淀于一体，为综合性好氧处理单元。设计污泥 COD 负荷 0.3kg/(kgMLSS·d)。设计活性污泥浓度 3g/L。采用中微孔曝气头布气，数量 600 只，选用 D10-5000 风机 3 台（2 备 1 用）。

SBR 进水由进水分配井自流进曝气池，其进水自控阀门宜采用进口或合资企业生产的电控阀门，其进出水均由简便易行的自控系统进行控制。

依据 SBR 反应器的运行规律和设计要求，确定设计运行周期方案为 12h（5h 进水，4h 曝气，2h 沉淀，1h 排水）。目前常用的排水方式是滗水器排水，依据时间控制其升降，实现排水。

⑧ 污泥浓缩及脱水产泥量计算如下。

水解酸化产泥量：

水解池对 SS 去除率 70%，并进行水解 30%。

好氧处理产泥量：

COD 的污泥 SS 产率 0.3kg/kg。

好氧剩余污泥送至水解池稳定处理后由水解池最终排出。水解池对好氧活性污泥的水解为 30%。

湿污泥排入集泥池进行浓缩后，由污泥泵打入脱水机房脱水。选带宽 0.5m 带式压滤机进行污泥脱水。脱水后污泥含水率 75%，污泥体积 $1.3m^3$，外运作农肥。

⑨ 综合处理车间。综合处理车间内设气浮池、污泥脱水机、鼓风机，建于调节池上，平面尺寸 16m×8m，檐高 5m，砖混结构。

⑩ 平面和高程布置污水处理站各处理构筑物尽量按照工艺流程进行布置，以保证工艺流程顺畅，缩短管线。高程布置上，污水在一次提升后进入预处理单元，然后进入调节池。从调节池二次提升至水解及好氧处理单元，出水水面标高在 1m 左右，可顺利排入市政管道。

⑪ 配电及自控。全厂设备装机容量为 100.55kW，其中运转功率 45kW。污水厂内不需设置变电系统，电源由乳品厂内引入，污水厂内只设置配电系统，配电系统同时考虑厂区照明用配电。污水处理工艺中，SBR 反应器进出水需由自动控制执行。自控设计原则上要考虑简便易行，关键部件及设备应采用进口或合资企业的产品。为保证系统运行的可靠性，设计要同时考虑人工操作的可能性，并设置异常状态报警装置。

4）技术经济分析。工程总投资为 254.66 万元，吨水建设投资为 1700 元。运行成本分析如下。

① 动力费 E_1。使用量 45kW；电费 0.5 元/kWh。
$$E_1=45×0.5×24=540（元/d）$$

② 药剂费 E_2。每吨水药剂费以 0.26 元计（包括 pH 值调节、混凝药剂）
$$E_2=1500×0.26=390（元/d）$$

③ 折旧费 E_3。固定资产形成率以建设投资直接费的 90% 计，则固定资产总值为 238×90%≈215（万元）。综合折旧年限为 20 年。
$$E_3=215×10^4÷(20×365)≈295（元/d）$$

④ 设备检修费 E_4。占固定资产的 1%。
$$E_4=215×10^4×1\%÷365≈60（元/d）$$

⑤ 其他费用（包括行政管理，辅助材料等）E_5。

$$E_5 = (E_1 + E_2 + E_3 + E_4) \times 10\% = 129(元/d)$$

⑥ 合计 E_6

$$E_6 = (E_1 + E_2 + E_3 + E_4 + E_5) = 1419(元/d)$$

折合处理废水运行费为 0.95 元/m³（含折旧费），0.75 元/m³（不含折旧费）。污水处理厂主要技术经济指标基建投资 245.66 万元。污水处理厂运行成本为 0.95 元/m³，直接处理费用 0.75 元/m³，电耗 0.72kWh/m³。

（2）云南某核桃乳厂废水处理

核桃乳加工主要工艺为：核桃仁浸泡消毒→挑拣→沸水焯→磨浆→浆渣分离→配料→均质→预杀菌→罐装→杀菌。

① 浸泡消毒。剔除生虫、霉变果，用 1%氢氧化钠和 1%氯化钠溶液浸泡 10min，捞出冲洗后用 0.35%过氧乙酸消毒 10min，用清水冲洗。

② 沸水焯。在沸水中焯 20～30s，以去涩味。

③ 磨浆。采用砂轮磨，边加水边磨，加水量是核桃仁 8 倍左右，然后用胶体磨细磨。

④ 浆渣分离。利用浆渣分离机将浆渣分离。

⑤ 配料。按核桃仁 8kg、奶粉 2.5kg、蔗糖 6kg、维生素 C 0.02kg，乙基麦芽酚 0.01kg 比例，称取奶粉、蔗糖等辅料，混合均匀后转入配料缸。充分混匀，调整 pH 值至 6.8～7.2。

根据该生产工艺可以看出，核桃乳加工过程中废水具有时段性，导致该废水水质水量不稳定，并含有大量悬浮物、核桃碎屑、蛋白质、氨基酸及其他有机物质等污染物质。生产废水水量少，经过处理后回用作为厂区绿化、降尘、消防等用水。

1）工艺流程（图 6-10）

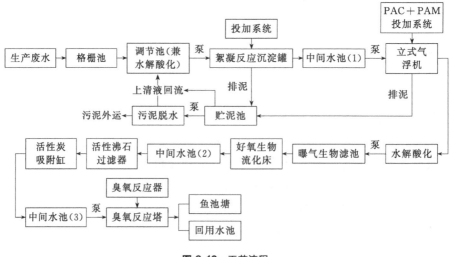

图 6-10　工艺流程

2）工艺流程说明

生产废水首先经粗格栅去除较大的悬浮物，再经细格栅去除相对较小的碎屑悬浮物，然后自流进入调节池（兼水解酸化）均质水质水量。水解作用是污染物与水电离产生的 H^+ 与 OH^- 发生交换，从而结合生成新物质的反应。

废水从调节池通过泵提升进入絮凝反应沉淀罐，在进入絮凝反应沉淀罐前投加PAM、PAC 药剂，使大颗粒悬浮类物质沉淀，沉淀后的上清液通过泵提升进入加压溶气气浮设备（在气浮设备前端计量投加高分子絮凝和助凝药剂），主要用于密度接近于水的微细悬浮物的分离和去除。气浮法就是通过溶气系统产生的溶气水，经过快速减压释放在水中产生大量微细气泡，若干气泡黏附在水中絮凝好的杂质颗粒表面上，形成相对密度小于 1 的悬浮物，通过浮力使其上升至水面而使固液分离。使之在气浮设备里面混合，加压气浮形成的气泡将疏水性颗粒悬浮物杂质形成矾花而自动上浮，上浮杂质排入贮泥池，从而分离水中的细微悬浮类物质，降低 COD、SS、去除表面活性剂、胶体状等物质。清水泵入好氧生物流化床系统进行生化反应，进一步降解水中的溶解性的COD、有机物胶体、氨氮、磷类，废水自流进入中间水池，经提升泵进入活性沸石过滤器去除残余的悬浮物，同时进入活性炭吸附器去除水中的臭味及其他污染物质，再进入中间水池。最后经消毒提升泵提升至臭氧反应塔，在臭氧反应塔内充入臭氧实现杀菌消毒，分解残余有机物，处理后的水流入回用水池（或鱼池塘）用于绿化、道路冲洗等用水。

絮凝反应沉淀罐、好氧生物流化床系统、加压气浮设备中的污泥及活性沸石过滤器、活性炭吸附器中的反洗水均进入污泥浓缩池暂存，由叠螺脱水机脱水后，泥饼外运至农田施肥用。污泥浓缩池中的上清液及叠螺脱水机流出的压滤水均回流至调节池中重新处理。

① 格栅池。主要用于去除废水中体积较大的漂浮物、悬浮物，以减轻后续处理构筑物的负荷，用来去除那些可能堵塞水泵机组、管道阀门的较粗大的悬浮物，并保证后续处理设施能正常运行。本设计粗细两道格栅，分离较大的核桃碎屑，收集作为动物饲料等，避免后续处理中加药剂给这些核桃碎屑造成污染。

② 调节池（水解酸化池）。从生产工艺可以看出，从生产车间排出的废水水质情况极不稳定，故设计调节池调节水质和水量使后续的处理得到稳定，均匀地混合各生产工段的废水，同时调节池也兼做水解酸化池。水解作用是污染物与水电离产生的 H^+ 与OH^- 发生交换，从而结合生成新物质。

③ 絮凝反应沉淀罐。废水进入絮凝反应沉淀罐前，在该反应器中通过加药系统投加 PAM、PAC 药剂，并经反应器混合，使水中的大颗粒悬浮物和胶体产生絮凝，在重力作用下水自下而上缓慢运动且产生沉淀，上清液则从上部堰口排出。絮凝反应沉淀罐主要采用钢制，方便安装及维修。

④ 曝气生物滤池。曝气生物滤池是 20 世纪 80 年代末在欧美发展起来的一种生物膜法废水处理工艺，于 90 年代初得到较大发展。该工艺具有去除 SS、COD、BOD、硝

化、脱氮、除磷、去除有害物质的作用。曝气生物滤池是集生物氧化和截留悬浮固体一体的工艺。曝气生物滤池与普通活性污泥法相比，具有有机负荷高、占地面积小（是普通活性污泥法的1/3）、投资少（节约30％）、不会产生污泥膨胀、氧传输效率高、出水水质好等优点，但它对进水SS要求较严（一般要求SS≤100mg/L，最好SS≤60mg/L），因此对进水需要进行预处理。同时，它的反冲洗水量、水头损失都较大。

曝气生物滤池集生物氧化和截留悬浮固体于一体，节省了后续沉淀池（二沉池），具有容积负荷、水力负荷大，水力停留时间短，所需基建投资少，出水水质好，运行能耗低，运行费用少的特点。

⑤ 中间水池（pH调节池）。主要是辅助气浮设备用水，此废水pH值小于7，偏酸性，气浮设备内pH值需达到8或以上，故在调节池设计pH自动调节系统，自动投加酸碱药液，在池内放置pH值在线监测仪，保证气浮设备处理进水要求。本单元主要采用钢制，方便安装及维修。在该反应器中主要配用立式搅拌器等其他设备。

⑥ 加压溶气气浮系统。气浮即水处理中的气浮法，是在水中形成高度分散的微小气泡，黏附废水中疏水基的固体或液体颗粒，形成水-气-颗粒三相混合体系。颗粒黏附气泡后，形成表观密度小于水的絮体而上浮到水面，形成浮渣层被刮除，从而实现固液或者液液分离的过程。悬浮物表面有亲水和憎水之分。憎水性颗粒表面容易附着气泡，因而可用气浮法。亲水性颗粒用适当的化学药品处理后可以转为憎水性。水处理中的气浮法常用混凝剂使胶体颗粒结成为絮体，絮体具有网络结构，容易截留气泡，从而提高气浮效率。水中如有表面活性剂（如洗涤剂）可形成泡沫，也有附着悬浮颗粒一起上升的作用。

在气浮设备里投加絮凝药剂和助凝药剂，混合气浮气泡，细微的憎水性颗粒杂质和悬浮物会产生上浮，从气浮排污口排出。剩余的清水则通过清水溢流堰流出，从而达到清水和悬浮杂质（包括活性污泥脱落絮体）的截留、过滤。

⑦ 中间水池。主要是辅助过滤设备，保证活性沸石过滤器及活性炭器吸附的进水要求。

⑧ 活性沸石过滤器。沸石为沸石族矿物的总称，外观呈灰白夹杂砖红色，是一种含水架状结构的多孔硅铝酸盐矿物质，具有独特的离子交换能力、静电吸引力及吸附能力（由于静电吸引力，沸石对极性物质具有优先选择吸附的作用）、筛分（沸石内部的孔穴和通道在一定物理化学条件下，具有精确而固定的直径，小于这个直径的物质被其吸附，而大于这个直径的物质则被排除在外）和催化能力，更有利于去除水中各种污染物，其性能在某些方面接近或优于活性炭，可以用于水的过滤及深层处理，不仅能去除水中的浊度、色度、异味，且对水中的有害重金属如铬、镉、镍、锌、汞、铁离子，以及有机物如酚、六六六、滴滴涕等物质具有吸附交换作用，对水中COD的去除率可达10％以上，对氨氮、磷酸根离子等有较高的去除能力。

⑨ 活性炭吸附器。活性炭的吸附性源于其独特的分子构造，活性炭的内部有很多

孔隙，每克活性炭的内部孔隙如果铺展开来可达到 $500\sim1700\,m^2$。正是这种独特的内部构造，使得活性炭具有优异的吸附能力，使其非常容易达到吸收收集杂质的目的。活性炭吸附器的作用主要是去除大分子有机物、铁氧化物、余氯。

活性炭的吸附原理：活性炭是一种多孔性的含碳物质，它具有高度发达的孔隙构造，活性炭的多孔结构为其提供了大量的表面积，能与废水（杂质）充分接触，从而赋予了活性炭所特有的吸附性能。

⑩ 中间水池。主要是辅助臭氧反应塔消毒设备，保证臭氧反应塔消毒设备的进水要求。

⑪ 臭氧反应消毒塔。臭氧是一种强氧化剂，臭氧在废水处理中的作用如下。

a. 高效性。臭氧扩散均匀，包容性好，克服了紫外线杀菌存在诸多死角的弱点，可全方位快速高效地消毒灭菌；杀菌能力强，作用快，杀菌速度比氯快 $600\sim3000$ 倍，可以杀灭抗氧化性强的病毒和芽孢。

b. 臭氧受废水 pH 值和水温的影响较小。可以去除水中的色、嗅、味和酚氰等污物，增加水中的溶解氧。可以分解难生物降解的有机物和"三致"物质，提高水的可生化性。

c. 高洁净性。臭氧具有自然分解的特性，消毒后不存在任何残留物，无二次污染，不产生有致癌作用的卤代有机物。

d. 臭氧的制备仅需空气、氧气和电能，不需要任何辅助材料和添加剂，不存在原料的运输和贮存问题。

⑫ 回用水池（或鱼池塘）。主要为业主回用做绿化、道路冲洗等提供引水点，方便业主取水。

⑬ 污泥浓缩池。在浓缩池中，固体颗粒借重力下降，水和污泥自然分离，浓缩污泥从池底排出，污泥水从池面堰口外溢（连续式）或从池侧出水口流出。主要是暂存含泥量较高的废水，经重力浓缩后，再由脱水设备脱水去泥。

⑭ 压滤脱水。压滤脱水作用具体如下。

a. 浓缩。当螺旋推动轴转动时，设在推动轴外围的多重固活叠片相对移动，在重力作用下，水从相对移动的叠片间隙中滤出，实现快速浓缩。

b. 脱水。经过浓缩的污泥随着螺旋轴的转动不断往前移动，沿泥饼出口方向，螺旋轴的螺距逐渐变小，环与环之间的间隙也逐渐变小，螺旋腔的体积不断收缩。在出口处背压板的作用下，内压逐渐增强，在螺旋推动轴依次连续运转推动下，污泥中的水分受挤压排出，滤饼含固量不断升高，最终实现污泥的连续脱水。

c. 自清洗。螺旋轴的旋转推动游动环不断转动，设备依靠固定环和游动环之间的移动实现连续的自清洗过程，从而避免了传统脱水机普遍存在的堵塞问题。

3）处理效果预测

废水处理效果预测见表 6-8。

表 6-8　废水处理效果预测

项目		COD /(mg/L)	BOD₅ /(mg/L)	NH₃-N /(mg/L)	SS /(mg/L)	大肠菌群 /(个/L)	pH 值
格栅池	进水	4300	2260	53	2250	10^3	5～7
	出水						5～7
	去除率/%				10		
调节(水解酸化)池	进水	4300	2260	53	2025		5～7
	出水	3655	1582	32	1822		5～7
	去除率/%	15	30	40	10		
轻流沉淀池	进水	3655	1582	32	1822		
	出水	1460	712	29	730		
	去除率/%	60	55	10	60		
气浮设备	进水	1460	712	29	730		5～7
	出水	877	462	26	146		6～8
	去除率/%	40	35	10	80		
曝气生物滤池	进水	877	462	26	146		
	出水	131	92	21	130		
	去除率/%	85	80	20	10		
中间水池(过滤器用)	进水						
	出水						
	去除率/%						
活性沸石过滤器	进水	131					
	出水	118					
	去除率/%	15 左右					
活性炭吸附器	进水	118	78	21	91		
	出水	83	54		54		
	去除率/%	30 左右	30		40 左右		
臭氧反应消毒塔	进水	83	54			10^3	6～9
	出水	≤50	≤20				
	去除率/%	30 左右	35 左右				
鱼池塘		≤50	≤20	≤20	≤50	≤3	≤6～9
达标		≤50	≤20	≤20	≤50	≤3	≤6～9

7 —

淀粉加工废水处理工艺及工程实例

淀粉属多羟基天然高分子化合物，广泛地存在于植物的根、茎和果实中。淀粉是人类重要的食品，在工业生产中也有广泛的用途，作为浆料、添加剂、胶黏剂、填充剂等用于造纸、纺织、食品、医药、化工等行业。由于工业的发展，淀粉所具有的自然性能已不能满足要求，近些年来，人们采用化学、物理化学或酶催化的技术，对淀粉进行处理，研制出几百种改性淀粉，以满足工业生产的要求。

7.1 淀粉加工行业概述

淀粉是自然界最丰富的原料之一，属可再生、可生物降解的资源。它容易从粮食中获得，价格较低，也容易用化学、物理和生物方法进行加工，以取代某些由石油获得的化工产品。

淀粉是食物的重要成分，在食品与发酵领域有广泛的用途。它不具有甜味，但却是重要的糖源，因为淀粉是由葡萄糖组成的有机高分子化合物，经水解可得低聚糖，这也是淀粉制糖的基础。由淀粉或其水解产物葡萄糖出发，经发酵可生产味精、有机酸、柠檬酸、醇等有机化工产品，而且还可通过变性的方法生产多种淀粉衍生物，用作填充剂、包埋剂、黏合剂、表面活性剂等。因此，淀粉在非食品与发酵领域（如造纸、纺织等方面）也有着广泛的应用。

我国生产淀粉的原料品种较多，主要为玉米淀粉，其次为木薯淀粉。淀粉的深加工产品目前的品种不多，应用面不广。淀粉用途中，味精占 43%、淀粉糖占 22%、医药占 20%、变性淀粉占 2%、其他占 11%。

发达国家的淀粉生产企业以先进工艺和设备为基础，经过合理的组合及采用微机控制，达到最佳生产工艺。美国玉米淀粉厂已可生产蛋白质纯度高达 92％以上的食品级玉米蛋白粉。而我国绝大部分淀粉厂，特别是中小型淀粉厂的淀粉收率、淀粉总干物收率均比发达国家低得多，淀粉生产能耗也高。淀粉生产的淀粉收率和淀粉总干物收率低，不但导致生产成本高，而且干物质随废水排放，给治理带来很大困难。

2001 年以来，我国淀粉年产量保持在平均 17％的增长速度，并在 2005 年突破了千万吨，居各国之首。我国淀粉生产技术也已跻身世界强国行列，多项技术工艺达到国际先进水平。淀粉工业被誉为朝阳产业，可直接带动农业、食品、造纸、医药、化工、石油等诸多行业的发展。尽管我国淀粉工业已取得很大进步，但年人均消费只有 8.5kg，为美国的 9.4％，日本的 36.6％，仍有很大发展空间。

据中国淀粉工业协会数据，2020 年中国玉米淀粉产量为 3232.6 万吨，同比增长 4.4％；木薯淀粉产量为 26 万吨，同比增长 28.1％；马铃薯淀粉产量为 66.1 万吨，同比增长 45.3％；甘薯淀粉产量为 25.2 万吨，同比增长 10.5％；小麦其他淀粉产量为 39.1 万吨，同比增长 27.8％。

7.2 淀粉加工生产工艺

玉米淀粉加工工艺一般为湿磨法工艺。该工艺的特点是将淀粉和玉米油提出作为食用，然后将玉米的其他成分按照饲料标准分别生产出玉米浆、胚芽饼、玉米麸质饲料和蛋白粉 4 种副产品，然后配合各种辅料和添加剂生产各种专用饲料。玉米淀粉加工工艺流程见图 7-1。

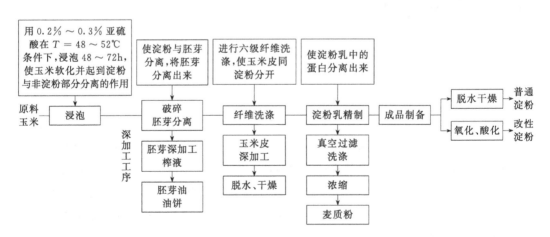

图 7-1 玉米淀粉加工工艺流程

大中型玉米淀粉厂从玉米原料回收生产的玉米浆、胚芽饼、麸质饲料、蛋白饲料、玉米油 5 种产品（其得率分别为玉米质量的 6％～7％、3％～4％、14％～15％、5％～6％、3％～4％）。但是大部分中小型淀粉厂由于年产量低，并不回收副产品，只是回收含水饲料，而将浸泡水排放。

木薯淀粉也是我国淀粉的主要品种之一。其加工工艺是根据淀粉不溶于冷水和密度大于水的性质，采用专用机械设备将淀粉从水的悬浮液中分离出来，从而达到回收淀粉的目的。木薯淀粉加工工艺流程见图7-2。

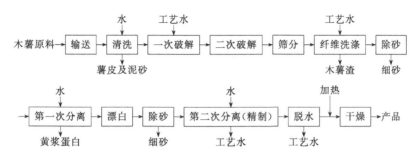

图 7-2 木薯淀粉加工工艺流程

木薯淀粉亦采用湿法加工工艺，其包括滚筒清洗、二次碎解、浓浆筛分、逆流洗涤、氧化还原法漂白、旋流除砂、浓浆分离、溢浆法脱水、一级负压脉冲气流干燥。

淀粉不甜，但已发展成为重要的制糖原料，在有些国家已是最重要的制糖原料，如美国、日本。美国各种淀粉糖产品的年产量达1000万吨（干基计），并从1984年起超过了蔗糖。以淀粉为原料，可以生产葡萄糖、无水葡萄糖、果葡糖浆、葡麦糖浆、麦芽糖浆等。以淀粉为原料，生产葡萄糖、高麦芽糖浆加工工艺流程见图7-3、图7-4。

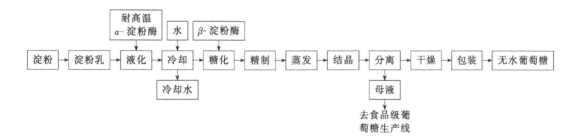

图 7-3 葡萄糖加工工艺流程（冷却法一次结晶工艺）

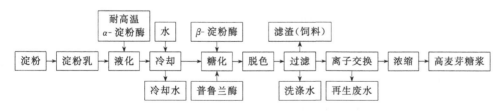

图 7-4 高麦芽糖浆加工工艺流程

无水葡萄糖的生产工艺按结晶方法的不同可分为煮糖法和冷却法，按结晶的次数可分为一次结晶、一次半结晶、二次结晶。我国葡萄糖生产有冷却法一次结晶工艺、冷却法一次半结晶工艺、煮糖法一次结晶工艺、煮糖法二次结晶工艺。

7.3 淀粉加工废水的来源和特点

7.3.1 玉米淀粉加工废水主要来源和特点

玉米淀粉的生产流程包括浸泡、破碎、分离、精磨、清洗等多种流程，在生产过程中需要使用大量水，容易产生废水的玉米淀粉生产节点如图 7-5 所示。

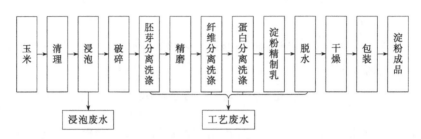

图 7-5 容易产生废水的玉米淀粉生产节点

根据玉米淀粉加工工艺，玉米淀粉加工废水主要来源于浸渍液和破碎到淀粉干燥过程产生的过程废水，其中浸渍液的水量较少，但是有机物含量高，过程废水的水量较大。

玉米淀粉加工的废水主要有以下特征。

① 含有丰富的碳水化合物，COD 高，同时含有大量的 N、P 营养物，较多的悬浮物以及胶体蛋白含量较高，属于可生化性较好的高浓度有机废水。

② 玉米淀粉加工废水中对厌氧污泥系统会产生不良影响，玉米浸泡过程会产生复杂的生化反应，产生的硫酸根离子含量高时，容易对厌氧系统产生一定的抑制作用，因此采用资源化处理技术能够提升废水资源利用效率。

7.3.2 马铃薯淀粉加工废水主要来源和特点

马铃薯淀粉加工废水主要来自加工过程中的马铃薯清洗废水、蛋白水和淀粉脱乳水这三部分。马铃薯清洗废水中主要含有泥砂、石块、马铃薯皮屑等杂质，这部分废水经过沉淀澄清后可以循环再利用，总量占废水总量的 1/2 左右。蛋白水即马铃薯细胞汁水，含有大量可溶性蛋白，少量淀粉微粒和纤维素、氨基酸、有机酸、糖类、维生素等不溶物，浑浊度较高，COD 在 6000～50000mg/L 之间，固体悬浮物（SS）8000～10000mg/L，大约占废水总量的 3/10。淀粉脱乳水是后期清洗淀粉的用水，主要成分为淀粉，占废水总量的 2/10 左右。因此，马铃薯淀粉废水的应用主要分为回收蛋白质和利用废水资源利用等方面。

马铃薯淀粉加工废水是有机高浓度废水，基本没有毒性，具有高泡沫、高浓度、高浊度的特点。即使没有毒性，但 COD 含量较高，若达不到排放标准而直接排入河流中，微生物通过代谢发酵，可能会造成水体变黑，影响鱼类和其他动物的生存。此外，水中的生物通过厌氧发酵分解废水中的有机物释放出丁酸、异戊酸等臭味气体，会恶化水质、污染河流、影响人们的生活和大气环境，所以必须对其进行处理。目前，由于马铃薯淀粉生产引起的废水污染问题已经在印度、泰国等许多亚洲国家普遍存在，处理马铃薯淀粉废水污染问题刻不容缓。

7.4 淀粉加工废水处理工艺

随着淀粉工业快速发展，对淀粉废水处理也成为当前重大问题，科研工作者都在不断努力寻找适于各类淀粉废水处理方法，以解决因淀粉废水而引起的环保问题。淀粉废水处理目的是去除废水中污染物，使被处理废水各项指标能达到排放标准。根据淀粉加工废水的生产特点和水质特征，经常采用的方法如下。

（1）物理化学法

淀粉生产所排放废水中含有蛋白质、淀粉、糖类及悬浮物，废水呈高分散系胶体溶液，这种胶体一般较稳定，因此，治理这类废水首先要破坏其胶体状态。化学絮凝法正是通过药剂物理化学作用，破坏废水胶体，使分散状态有机物脱稳、凝聚，形成聚集状态粗颗粒物质从水中分离。

在淀粉废水处理研究中，絮凝沉淀法因其可有效降低废水浊度和色度，能去除多种高分子有机物而被广泛采用。近年来，絮凝剂开发从传统无机絮凝剂发展到无机高分子、有机高分子絮凝剂，目前正在进一步研究微生物絮凝剂。

① 无机絮凝剂处理法。无机絮凝剂于 1960 年研制成功并已在全世界广泛使用。传统无机低分子絮凝剂因存在腐蚀性强、稳定性差、运输与储存麻烦等缺点，逐步被具有来源广泛、生产方法多、应用工艺简便等优点的铁盐高分子絮凝剂所取代。无机高分子絮凝剂主要是聚铁和聚铝类，聚铝类具有投药量少、沉降速度快、颗粒密实、除浊色效果佳等优点，而聚铁类除具上述优点外，还有价格低、适用范围宽等特点。

② 有机絮凝剂处理法。有机絮凝剂一般可分为合成有机高分子絮凝剂和天然高分子絮凝剂。此类絮凝剂主要是利用吸附架桥作用，使形成絮体大而密实，沉降性能好，处理过程时间短，近年已广泛应用于淀粉废水处理中。现阶段合成有机高分子絮凝剂主要是聚丙烯酰胺（PAM）及其衍生物。聚丙烯酰胺能溶于水且无腐蚀性，分子量从几十万到一千万以上。

（2）化学氧化法

Fenton 试剂具有很高氧化电位（2.8V），当用于降解有机物时，氢氧根自由基通过引发链反应最终可将有机物氧化为最简单分子 H_2O 和 CO_2。

（3）生物处理法

废水生物处理法就是提供合适条件，利用微生物新陈代谢作用，使废水中呈溶解或胶体状态有机污染物被降解，且转化为有用物质，使废水得以净化。相比废水物理化学处理方法，如吸附和混凝，这些方法只是将有机物从废水中转移，还需考虑后续处理，没有达到标本皆治。而生物处理法比较彻底地降解有机物，故生物处理法越来越受到重视，也是处理废水主要途径，但生物处理法只适于可生化废水。

此外，利用光合细菌净化高浓度有机废水也越来越受到人们重视。光合细菌在厌氧环境下，利用废水中有机物作为光合作用碳源和供氢体，合成细胞物质，有机污染物质被降解，废水得到净化。在实际应用中，为提高各单元处理效率，同时降低成本，通常是采用组合工艺处理淀粉废水。

① 厌氧-好氧组合工艺处理法。高浓度淀粉废水先进行厌氧处理，厌氧处理后出水COD仍在数千毫克每升，仍需好氧处理才能达标排放，因此，国内外研究较多的是厌氧-好氧组合工艺处理高浓度淀粉废水。

② 膜分离法。膜生物反应器（MBR）是将膜分离技术中超微滤组件与污水生物处理中生物反应器相结合的系统。膜生物反应器几乎能将所有微生物截留在生物反应器中，使反应器中生物污泥浓度提高，污泥泥龄延长，可有效去除氨氮，对难降解工业废水也非常有效。膜过滤作用使出水清澈透明，无悬浮物，可直接回用。与常规生物处理法相比，膜生物工艺出水水质优异、剩余污泥量少、占地面积小、抗冲击负荷能力强、易于自动化控制管理。

③ 酶法。利用淀粉质有机废水生产单细胞蛋白（SCP），在国外已引起广泛重视。但由于淀粉废水中还原糖含量较低，而酵母菌等主要单细胞蛋白生产菌种普遍缺乏直接利用淀粉能力，需要使淀粉质原料转化成单糖、双糖及短链糊精才能为大部分微生物所利用，因此采用淀粉酶处理淀粉废水，以增加其中还原糖含量，使之适于绝大多数微生物生长，是提高废水治理效率的途径。

④ 光合细菌处理法。淀粉废水处理方法中另一类运用较多的方法就是应用光合细菌（PSB）降解有机物。光合细菌是能在厌氧条件下进行光合作用，但不释放氧气的细菌总称。用于净化有机废水的光合细菌主要是红假单胞菌属，其利用光合作用将有机物降解。利用光合细菌处理有机废水，不仅去除率高，且节省能耗、投资省、占地少、菌体污泥对人畜无害，是富含营养的蛋白饲料。

7.4.1 玉米淀粉加工废水处理工艺

玉米淀粉加工废水水质成分复杂，污染物浓度也高。玉米淀粉加工废水的处理以生物处理法为主，好氧生物处理法一般不能作为单一的处理系统。目前，推荐的废水处理工艺为：预处理＋厌氧生物处理＋好氧生物处理工艺。

（1）预处理

预处理主要采用沉淀分离法。此外，可采用离心分离、微滤及压滤等设备强化预处理能力。

（2）生物处理法

玉米淀粉加工废水的厌氧生物处理技术经常采用 UASB 反应器、厌氧流化床及厌氧滤池等。有机物经厌氧生物处理可大幅度削减，一般 COD 去除率可达 $80\% \sim 90\%$，可达到预期的 COD 去除率，设计参数参考以下数值。

① UASB 反应器有机负荷：$7 \sim 9 kgCOD/(m^3 \cdot d)$（35℃），$3 \sim 4 kgCOD/(m^3 \cdot d)$（25℃）。

② 厌氧流化床有机负荷：$10 \sim 12 kgCOD/m^3 \cdot d$（35℃）。

③ 厌氧滤池有机负荷：$2 \sim 4 kgCOD/m^3 \cdot d$（35℃）。

两级 UASB 反应器中试结果如表 7-1 所列。

表 7-1　两级 UASB 反应器中试结果

温度/℃	HRT/h			进水 COD/(mg/L)	COD 去除率/%			进水 SS/(mg/L)	SS 去除率/%			负荷/[kgCOD/(m³·d)]			备注
	Ⅰ	Ⅱ	总		Ⅰ	Ⅱ	总		Ⅰ	Ⅱ	总	Ⅰ	Ⅱ	总	
25	31	31	62	58100	55	18	63	5700	25	24	44	45.3	19.6	22.7	
35	24	24	48	18200	75	67	92	2600	32	42	61	17.1	4.3	8.6	Ⅰ中加碱
35	17	17	34	25100	73	73	91	3000	43	12	55	33.2	8.9	16.6	Ⅰ中加碱
35	14	14	28	22400	74	74	93	3300	36	42	62	37.1	12.1	18.6	Ⅱ中加碱
35	9	9	18	22300	67	65	89	3300	37	31	57	55.7	18.3	27.9	回流15%

厌氧生物处理工艺的出水可经好氧生物处理工艺进一步处理，好氧部分可选用 SBR、CASS 等工艺。UASB 工艺目前有中低负荷的 UASB 工艺和高负荷颗粒污泥 UASB 工艺。

① 中低负荷的 UASB 工艺。在 UASB 调试前，利用接种的方法来获得产甲烷菌，最好是用成熟的颗粒污泥接种。但是成熟的颗粒污泥很少，所以，很多厂家采用的 UASB 反应器为絮状污泥的中、低负荷工艺。目前，应用最多的接种污泥是污水处理厂的厌氧消化污泥，这种污泥具有来源广、细菌种类多、含量大、对各种污水适应能力强、易于驯化和培养等特点。为了较快地完成调试，接种污泥的浓度在 $10 \sim 24 gMLSS/L$ 之间。

UASB 反应器的启动负荷由 $0.5 \sim 1.0 kgCOD/(m^3 \cdot d)$ 开始，进水浓度控制在 3000mg/L 以下。如果浓度高于 3000mg/L，则通过回流稀释到 3000mg/L 以下。当反应器的 COD 去除率$>80\%$时，可以提高负荷，每次提高 $0.5 kgCOD/(m^3 \cdot d)$，直到容积负荷增加到 $2 kgCOD/(m^3 \cdot d)$。这一阶段流出的污泥仅限于种泥中非常细小的分散污泥，流出的原因主要是水的上流速度和逐渐产生的少量沼气。每次提高 0.5kgCOD/(m³·d) 的容积负荷，直到负荷增到 5kgCOD/(m³·d)，最后稳定在这一负荷段。

② 高负荷颗粒污泥 UASB 反应器。由于厌氧微生物生长缓慢，通常情况下厌氧反应器启动时间需要 3 个月到半年。当负荷较低为 5kgCOD/(m³·d)，在成功运转的升流式厌氧污泥床反应器（UASB）中，厌氧污泥往往形成颗粒状结构，通常称为厌氧颗粒污泥。颗粒污泥的直径在 0.3～2mm，颗粒污泥沉降速率可达 15～50mm/s 范围，所以可以在反应器内积累大量的污泥，反应器可以运行在较高的负荷之下。采用颗粒污泥 UASB 的负荷可以达到 10～15kgCOD/(m³·d)，可以节省 50% 以上的建设费用。

7.4.2 马铃薯淀粉加工废水处理工艺

马铃薯淀粉废水的特点在于废水量受季节影响较大。一般集中在每年 10 月至次年 1 月，生产周期具有间歇性，并且由于废水中蛋白质含量高，如果进行曝气，会导致产生大量泡沫，因此导致废水处理较困难。根据上述特点，马铃薯淀粉加工废水使用的处理工艺如下。

（1）气浮法

通过一定的方法使水中产生气泡，然后利用这些气泡来吸附淀粉废水中的物质，转变为比水分子密度还小的成分继而浮在水面。此法能去除淀粉废水中各种形态的污染物质，应用范围十分广泛。

（2）好氧生物处理

好氧生物法仅适合低浓度有机废水处理，因为该方法具有需要充氧、无能量回收、微生物所需营养多等特点。

① 活性污泥法以污泥为主要物质，主要作用是去除淀粉废水中大部分的悬浮物质和部分容易降解的有机物质以及一定量的含磷或者含氮化合物。郑兰香等在使用这种方法处理 COD 含量低的马铃薯淀粉废水时发现，当废水中 COD>1g/L 时，污泥表面有气泡产生，处理系统不稳定，而当废水中 COD<0.8g/L 时，能降低废水 COD 含量。间歇式活性污泥法有建设成本比较低，操作比较简单的优点，在处理废水时，通过间接曝气，使池内废水处于间接有氧或无氧的状态，废水处理效果比较好。一般的活性污泥法处理废水的时候，都会存在污泥膨胀的缺陷，但是间歇式活性污泥法可以避免这个问题，使得污泥处理系统比较稳定。

② 生物膜法是指在填料表面形成了以微生物为主的固定的生物层，当废水和生物层接触时，生物层对废水中存在的有机污染物进行降解，从而起到降低废水污染的一种方法。虽然这种处理废水的方法可以使废水得到净化，但是占地面积大，易散发气味，这种滤池也基本消失，随之改进的曝气生物滤池、塔式生物滤池等逐渐出现。

③ 生物接触氧化法是通过曝气，废水和填料充分接触，从而得到处理。此外，氧

化池内还存在着少量的活性污泥，不仅对废水起着处理作用，同时能够减少池内的污泥量，运行管理起来更加简单方便。

7.5 淀粉加工工业清洁生产

淀粉与淀粉糖厂的清洁生产可从以下几个方面着手。

① 淀粉厂应采用开环流程工艺，中小型淀粉厂至少应采用半开环流程。淀粉厂搞好生产中水的平衡，实现闭环生产，不仅可以很好地降低生产过程中干物质的损失，做到减少环境污染，甚至无环境污染，同时可大大降低水的消耗量，提高经济与社会效益。

② 采用先进的淀粉提取与精制工艺。用针磨曲筛代替石磨、转筒筛，使工艺流程有较大改进，设备选型更加合理，干物质损失可大为减少。麸质水的处理应取消沉淀池浓缩、板框压滤机压滤的老工艺，而采用高心分离机浓缩、真空吸滤机脱水、管束干燥机干燥的新工艺。该工艺可以连续生产，使蛋白粉得率提高，质量也大为提高。

③ 采用密闭式蒸汽凝结水回收系统和高温凝结水回收装置，合理使用蒸汽和回收余热。

④ 采用计算机技术有效控制工艺参数，使物料、工艺过程用水和能源都处于平衡状态，并最大限度地减少跑料、泄漏、冒罐等损失浪费发生。

⑤ 在葡萄糖生产中将产生大量的副产品——母液。一般在葡萄糖工业中，母液占投料（淀粉）量的20%左右，如不进行综合利用，势必造成很大浪费。葡萄糖生产母液可用于制取草酸、乙酰丙酸、葡萄糖酸钙、皮革鞣剂。

7.6 淀粉加工废水处理工程实例

（1）铁岭某淀粉厂厌氧-接触氧化-气浮工艺综合处理

铁岭某淀粉厂是国内最先进的淀粉厂之一。该厂日处理玉米2500t，年生产药用淀粉5万吨、蛋白粉0.4万吨、饲料1.3万吨、胚芽饼0.25万吨、精制玉米油0.2万吨。淀粉生产采用一浸三分离的湿磨法闭环式工艺流程，浸玉米的亚硫酸经循环使用，最后浓缩成玉米浆出售。浓缩过程中蒸发冷凝水即为高浓度有机废水，COD_{Cr} 5500mg/L，BOD 3400mg/L，$\rho(SS)$ 1~15g/L，pH值4，水温45~55℃，排放量400m³/d。玉米加工厂炼油车间排出低浓度废水，COD 1000mg/L，BOD 450mg/L，pH值6~7，水温20~22℃，排放量100m³/d。

该厂采用厌氧（UASB+AF）-接触氧化-气浮工艺，综合利用高、低浓度淀粉生产废水，综合处理见图7-6。

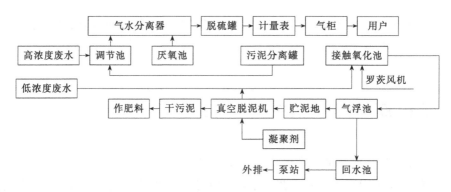

图 7-6 淀粉废水厌氧-接触氧化-气浮工艺综合处理

厌氧工艺主要技术经济指标：进水水温 30～32℃，厌氧池 COD 容积负荷 5.5kg/(m³·d)，HRT24h，厌氧罐容积 4×100m³，COD 去除率 85%，BOD 去除率 90%，生产沼气 748m³/d。接触氧化工艺主要技术经济指标：处理量 500m³/d，COD860mg/L，BOD362mg/L，氧化池 COD 负荷 1.5kg/(m³·d)，HRT14.4h，氧化池有效容积 300m³，COD 去除率 76%，BOD 去除率 77%，气水比 18:1。

运行表明，厌氧菌种的数量和比活性是决定厌氧处理效果的关键，一般控制 MLSS 为 6～8kg/m³，氧化池污泥浓度为 2g/L。运行的结果表明，厌氧段的 COD 容积负荷达到 9.2kg/(m³·d)，比设计的 5.5kg/(m³·d) 提高了 67%，废水 COD 去除率达到 85%，BOD 去除率达到 90%，好氧段的 COD 负荷达到 1.8kg/(m³·d)。

（2）滨州某淀粉厂废水处理

1）淀粉生产工艺

淀粉的主要用途是应用于发酵工业，包括味精、柠檬酸、酵母、酶制剂、淀粉糖等行业。淀粉的另一个主要用途是变性淀粉，应用于造纸工业、食品工业、制糖工业等方面。尤其是淀粉的深加工产品，随着国民经济的发展、人民生活水平的提高，其市场应用越来越广泛，因此淀粉生产是有着长远发展前景的行业。

淀粉废水主要来源于玉米淀粉加工过程中的洗涤、浸泡、压滤、浓缩等工段，这些废水含有大量植物蛋白质等污染物质，属高浓度有机废水。

2）水质和水量

本工程设计总水量为 7200m³/d。原水水质：COD11000mg/L，BOD_5 7700mg/L，ρ(SS) 3000mg/L，pH 值 5。

排放标准为《污水综合排放标准》（GB 8978—1996）二级标准：COD_{Cr} 为 150mg/L，BODs30mg/L，ρ(SS) 150mg/L，pH6～9。

3）工艺流程

淀粉废水属可生化性较好的高浓度有机废水，因而采用厌氧生化处理和好氧生化处理串联的主体工艺。淀粉废水呈酸性，会使后续厌氧处理过程受到抑制，产甲烷菌不能承受低 pH 值的环境，因此生化处理前需要调整 pH 至中性（其最适宜范围是 6.8～7.2）。

处理的废水中菲汀水约占总排水量的 1/3（1600m³/d），菲汀水来源于玉米浸泡工艺。为了破坏玉米的机械强度、削弱淀粉与其他部分的亲和力、分离可溶性的蛋白质并抑制微生物滋生繁衍，在浸泡工艺中要加入一定量的亚硫酸溶液，因此菲汀水中含有一定浓度 SO_3^{2-}、SO_4^{2-}。工程实践表明，当 SO_3^{2-} 浓度超过 200mg/L，SO_4^{2-} 浓度超过 300mg/L 时，就会对产甲烷菌产生抑制作用，导致厌氧处理去除率下降，产气量减少。

玉米的浸泡液中含有被分离出来的可溶性蛋白质和植酸等，菲汀生产是用石灰中和浸泡液，析出钙镁复合磷酸盐，即具有药用价值的菲汀。因此菲汀水中含有一定量的可溶性蛋白质和钙镁复合磷酸盐等。

根据以上菲汀水的特点，首先必须采取脱硫措施，降低水中硫酸盐和亚硫酸盐的浓度，保障生化处理的正常运行；同时需要对高分子蛋白质和钙镁复合磷酸盐进行预处理，增强其可生化性，减轻生化处理的负担。

4）工艺说明

① 竖流沉淀池。利用厂方现有设施加以改造，污水在此经过初次沉淀后，使 $\rho(SS)$ 保持在 300mg/L 以下。根据蛋白质回收情况，可适当投加可食用的凝聚剂，以提高蛋白质饲料的回收率，减轻后序处理的负担。

② 硫酸盐还原反应池。在反应池中，将菲汀水中的 SO_3^{2-} 转化为 SO_4^{2-}，然后用生物将硫酸盐还原为硫化物，采用沉淀剂降低 SO_4^{2-} 和 S^{2-} 浓度。菲汀水平均 4h 排放一次，在减硫反应器中还调节菲汀水的水质、水量。

③ 调节池。淀粉水与菲汀水汇入调节池。通过调节池调节废水的水质、水量、pH 值，以保证后续处理的连续稳定运行。在池中根据比例加入以 CaO 为主的中和剂，利用废水溶解石灰。

④ 水解反应器。硫酸盐还原反应池是前期生物处理设施，通过对反应时间和流速的控制，选择控制生化反应的时段，对废水进行酸化水解作用或进一步深化反应，以分解废水中尤其是菲汀水中的蛋白质类高分子化合物和复合盐，使其转化为水溶性的有机酸及少量的醇和酮等，提高废水的可生化性，为后续处理准备易于分解的有机基质。

⑤ 升流式厌氧污泥床反应器（UASB）。UASB 是污水处理工程的主体处理构筑物。厌氧处理的技术关键为三相分离器、布水系统及该装置的工艺条件，特别是形成颗粒污泥的工艺条件是使 UASB 装置高效的技术关键。冬季给废水适当加温，以保证厌氧污泥的活性。

本工程设计的升流式厌氧污泥床有以下特点：a. 设计合理的三相分离器和布水系统，保证了 UASB 的正常运行；b. 处理能力强，有机负荷高，处理效果高于同类处理工艺的 2~3 倍；c. 运行管理简便，装置中极少有电器、泵等需要人工操作的设备，节省了人力，减少了动力消耗，投资少；d. 对各种冲击有较强的稳定性和恢复能力；e. 无填料堵塞问题，运行稳定且回流量小。

⑥ 序批式活性污泥生物反应器（SBR）。好氧工艺采用序批间歇式活性污泥生物反应器。好氧生物反应是依靠好氧微生物来氧化分解水中污染物，微生物新陈代谢所需要

的氧气由鼓风机和曝气器供给。好氧微生物降解废水中有机物的机理是在好氧条件下，微生物为了自身生命及生长繁殖，吸附污水中的有机物作为营养物进行合成和分解代谢的过程。

SBR 法是现行的活性污泥法的一个变法，其流程由进水、反应、沉淀、排水、待机等 5 个基本过程组成，整个处理过程在同一个池内完成。SBR 工艺的独特之处在于它提供了时间程序的污水处理，而不是连续流提供的空间程序的污水处理。

⑦ 污泥脱水。各工艺段排出的污泥经污泥浓缩池浓缩后，送入干化场。经干化后的污泥可外运作为农肥利用。

5）工艺特点

① 本工程选用的 UASB、SBR 工艺处理效率高、运行管理简便，并已有处理同类高浓度有机废水并达标排放、运行稳定的工程实例。

② 考虑到该厂废水中菲汀水比例较大，硫的氧化物含量高，因而采取以化学沉淀和生物脱硫相结合的技术措施，消除抑制厌氧消化的条件，使后续工艺运行稳定可靠。废水中含一定量的高分子蛋白质和钙镁复合磷酸盐，采用选择反应技术对废水进行预处理，提高了废水的可生化性，使生化时间缩短，降低造价和运行费用。

③ 本工程的 UASB 反应器采用先进的三相分离器和布水系统，处理效率高，效果稳定。

④ 滗水器的应用使 SBR 反应器的管理简便、易于控制。

⑤ 结合厂方地质情况（地耐力 $7.7t/m^2$，地下水位 3m），本工程主体构筑物采用德国专利技术——利浦罐。同钢混凝土结构相比，具有气密性能好、施工周期短等特点。

（3）北京某淀粉厂 UASB+ 接触氧化处理

北京某淀粉厂是一家以玉米为原料生产淀粉的企业，年产淀粉 6000～7000t，产品主要供应北京市场。该厂采用亚硫酸法生产玉米淀粉，主要生产流程为：在亚硫酸溶液中浸泡玉米籽粒，然后将其破碎，从中分离胚芽，剩余物细磨碎成玉米糊，而后筛分，使粉渣与淀粉、蛋白浆分开，将淀粉、蛋白浆悬浮物分离成淀粉和麦质，最后洗涤淀粉。生产废水主要包括气浮槽排水、淀粉洗涤水、玉米浸泡水及少量地面冲洗水。

1）水量与水质

设计处理的废水量为 $500m^3/d$。废水水质：COD7000mg/L，BOD_5 4000mg/L，SS500～1000mg/L，TN30～120mg/L，pH 值 4～5，温度 20～25℃。要求处理后排水主要排放指标为：COD≤80mg/L，BOD_5 ≤40mg，SS≤70mg/L，氨氮≤25mg/L，pH 值 6.5～8.5。

2）废水处理工艺流程及设备

北京某淀粉厂废水处理工艺流程见图 7-7。

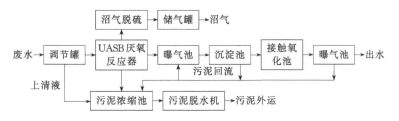

图 7-7 北京某淀粉厂废水处理工艺流程

废水首先进入调节罐以调节水质水量，之后由泵提升送入 UASB 厌氧反应器，在厌氧菌的作用下降解废水中有机污染物，产生的沼气经脱硫处理后送入储气罐中。经过厌氧处理后的废水进入曝气池和接触氧化池，进行两级好氧处理。

两级好氧处理装置的类型不同，菌种群也有差异，去除效率较高。两个沉淀池的污泥部分回流，剩余污泥排入污泥浓缩池，污泥在重力的作用下沉到池底，缩小污泥体积，之后由污泥脱水机脱水，污泥浓缩池中的上清液流入调节罐。进行脱水后的污泥成为泥饼外运。

该工程的主要设备如下。

① 提升污水泵流量 72～120m³/h；扬程 10.5～12m；功率 7.5kW，2 台（1 用 1 备）。

② 曝气池曝气泵流量 200m³/h；扬程 12.5m；功率 11kW，2 台（1 用 1 备）。型号 ISI50-125-200。电机型号 Y160M-4。

③ 接触氧化池流量 100m；功率 5.5kW，2 台，1 用 1 备。型号 ISI00-80-100。电机型号 Y312S1-2。

④ 污泥泵流量 25m³/h；扬程 24m；功率 3.0kW，2 台（1 用 1 备）。型号 BG65-20。

⑤ 板框压滤机过滤面积 20m²；框内结构尺寸 810mm×810mm；功率 5.5kW。型号 BAJZ20/800。

该工程的主要构筑物如下。

① 调节罐结构尺寸规格 2.9m×2.8m；停留时间 3h；材质钢质。

② UASB 厌氧反应器结构尺寸规格 14m×6m×5.5m；有效容积 420m³；停留时间 20h；容积负荷 8.4kgCOD/(m³·d)；材质钢质。

③ 曝气池结构尺寸规格 9.0m×5.0m×4.5m；有效容积 189m³；停留时间 9h；容积负荷 4.7kgCOD/(m³·d)；材质钢质。

④ 沉淀池竖流式沉淀池，结构尺寸规格 5.0m×5.0m×3.0m；有效容积 53m³；停留时间 2.5h；材质钢质。

⑤ 接触氧化池结构尺寸规格 3.4m×5.0m×4.5m；有效容积 53m³；停留时间 2.5h；容积负荷 2.1kgCOD/(m³·d)；池中挂有软性填料；材质钢质。

⑥ 二次沉淀池斜板式沉淀池，结构尺寸规格 5.0m×5.0m×3.0m；有效容积 53m³；停留时间 2.5h；材质钢质。

⑦ 污泥浓缩池结构尺寸规格 3.0m×3.0m×4.0m；有效容积 36m³；停留时间 2.5h；材质钢质。

⑧ 储气罐结构尺寸规格 8.0m×2.8m；有效容积 250m³；材质钢质，压力容器。

3）运行及其处理效果

① 污泥驯化及运行。该工程运行的关键设备是 UASB 反应器。首先向 UASB 反应器投加取自北京高碑店污水处理厂脱水后的好氧活性污泥，污泥接种量 6～8kgVSS/m³，体积 20m³。污泥经筛网过滤后，泵入 UASB 反应器。投泥完毕后立即投配淀粉废水进行浸泡。

污泥驯化期内采用间歇进水。待出水 COD 降至进水 COD 的 75% 时，再增加进水时间和频率，并逐步缩短进料的时间间隔，直至满负荷连续运行。运行一段时间后，反应器的底部形成一层颗粒污泥层，颗粒污泥多为黑色，部分为灰色，颗粒较为均匀，属丝菌颗粒，大部分粒径为 1～5mm，有机物容积负荷稳定在 8kgCOD/(m³·d)以上，COD 去除率达到 75% 以上。

在 UASB 反应器调试过程中，pH 值控制在 6.8～7.2 之间，以创造一个最适于产甲烷菌生长的环境，因此需向调节池中投加 Na_2CO_3 或 $CaCO_3$ 进行调节。在以后的实际运行中，因有部分生活污水进入调节池，废水酸性减弱，可生化性加强，同时 UASB 反应器具有较大的缓冲能力，pH 值的变化不会明显影响处理效果，所以对于进水的 pH 值也就不加以控制，只要酸性水不是大量、连续地涌入反应器破坏缓冲能力，就不会影响厌氧消化过程。

② 处理效果。污水处理系统运行几年来，污水处理运行效果一直比较稳定，见表 7-2。

表 7-2　污水处理运行效果

实际进水量/(m³/h)	水温/℃	pH值	UASB 厌氧反应器			曝气池-沉淀池			接触氧化池-二沉池		
			进水COD/(mg/L)	出水COD/(mg/L)	去除率/%	进水COD/(mg/L)	出水COD/(mg/L)	去除率/%	进水COD/(mg/L)	出水COD/(mg/L)	去除率/%
30.5	28	8.5	6950	1700	75.5	1700	259	84.8	259	73	71.8
28.3	28	6.7	7025	1732	75.3	1732	265	84.7	265	76	71.3
27.5	27	6.8	7030	1750	75.1	1750	268	84.7	268	76	71.6
28.0	30	6.5	7000	1750	75.0	1750	263	85.0	263	75	71.5
26.3	29	6.2	6500	1450	77.6	1450	245	83.1	245	63	74.3
30.0	28	6.8	6800	1550	77.2	1550	258	83.4	258	67	74.0
27.0	31	6.5	6738	1387	76.4	1387	252	84.1	252	65	74.2
26.0	27	6.8	6032	1426	76.3	1426	223	84.4	223	59	73.5
29.0	28	6.8	6584	1327	76.8	1327	243	84.1	243	63	74.1
31.0	28	7.0	5944	1380	76.8	1380	252	81.7	252	65	74.2

从表 7-2 可以看出，二沉池出水 COD 低于 80mg/L，pH 值在 6.5～8.5 范围内，其他出水指标也均能达标排放。

在生产过程中，有时由于事故排放水酸性增强，此时应加 $CaCO_3$ 进行调节。曝气池、接触氧化池无需另加接种污泥，靠 UASB 反应器自然流失到两池的污泥进行培菌。曝气池运行开始时，池内废水呈暗黑色，正常曝气运行后，废水渐成暗黄色。接触氧化池填料表面挂有大量褐色胶黏物质，经取样镜检发现种类繁多的微生物，如有变形虫、钟虫、轮虫、线虫等。

4）工程总造价和处理成本

工程总造价为 214 万元。处理成本为 1.47 元/m^3 水。UASB 反应器产生的沼气可以利用。北京某淀粉厂废水处理工程成功地采用了以 UASB 为主的工艺处理淀粉废水，在常温条件下实现了 UASB 反应器接种活性污泥的颗粒化。运行结果如下。

① 工程处理效果稳定可靠。

② 获得了较好的经济效益，厌氧处理提供的沼气使整个污水处理厂能做到能量自给有余。

③ 淀粉废水中含有大量的淀粉和蛋白质，具有很高的回收价值。回收这部分物质，既可以削减大量不溶性 COD，减轻后续处理压力，又可以获得一定的经济效益。

8

肉类加工废水处理工艺及工程实例

肉类加工是食品工业的重要组成部分之一，我国肉类加工行业规模不断扩大，产量也呈现稳步增长的趋势。根据统计数据，中国是全球最大的肉类消费和生产国家，肉类加工产业总产值增长迅速。尤其是在生猪、肉鸡、肉牛等主要畜产品的加工领域，中国已经在全球占据了重要地位。随着科技的不断进步，中国肉类加工行业的技术水平也得到提升。先进的肉类加工设备、工艺和管理理念的引进推动了整个行业的发展。加工技术的提升不仅能够提高产品的质量和口感，还能够有效延长产品的保质期，满足消费者对品质和安全性的需求。

8.1 肉类加工行业概述

在屠宰和肉类加工的过程中，要耗用大量的水，同时又要排出含有血污、油脂、毛、肉屑、畜禽内脏杂物、未消化的食料和粪便等污染物的废水，而且废水中还含有大量对人类健康有害的微生物。肉类加工废水如不经处理直接排放，会对水环境造成严重污染，对人畜健康造成危害。

作为副食品加工行业的肉类加工行业，其废水主要包括屠宰废水和肉类加工废水两大类。其中仅屠宰废水的排放量约占全国工业废水排放量的 6%。肉类加工废水的主要特点表现在含有脂肪、蛋白质、油脂等大分子有机物，且有机物、油脂浓度较高，杂质和悬浮物较多，氮磷严重超标，并且其中的有机物质难降解，不易处理，同时该类废水在水量、成分、浓度等数据指标上的变化较大，各项污染指标参数会随着时间的延续而发生生化性质的改变。

上述种种因素给该类废水的处理带来了很大的困难。通常为减少污水处理中心的运行负荷，该部分废水需要进行必要的前处理过程（如高浓度废水的浓度调整、漂浮物等大颗粒污染物质的物理化学处理过程）。具体的废水处理工艺流程的选择则应视废水的成分、水质状况以及所采用的构筑物的特点而定。

8.2 肉类加工生产工艺

屠宰和肉类加工的生产过程大致为：牲畜在宰杀前进行检疫验收，在屠宰时进入屠宰区，首先用机械、电力或者化学方法将牲畜致晕，然后悬挂后脚割断静脉宰杀放血。牛采用机械剥皮，而猪一般不去皮，猪体进入水温为 60℃ 的烫毛池煮后去毛。而后剖肚取出内脏，将可食用部分和非食用部分分开，再冲洗胴体、分割、冷藏，以及加工成不同的肉类食品，如新鲜肉和腊、腌、熏、罐头肉等。

一个作业线完整的典型肉类加工工序简图如图 8-1 所示。

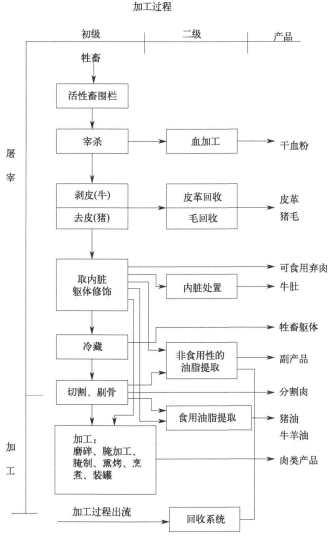

图 8-1 典型肉类加工工序简图

目前，为了适应市场的需求，肉类加工工业已经由简单的屠宰厂进入到深加工和精加工生产阶段，其加工范围包括以下几点。

① 屠宰。屠宰牛、羊、猪、马、禽类及兔。

② 制罐。各种肉类的制罐工业、软包装。

③ 炼油。动物油的熔炼、精炼及包装。

④ 肉制品。熟肉、腌腊、香肠、灌肠、熏烤。

⑤ 副产品。内脏整理，肠衣、鬃毛加工。

⑥ 制剂。生物制药和制剂，包括原料采集、初加工、半成品、成药。

⑦ 分割肉。肉禽分割与各种类型包装。

⑧ 综合利用。血制品、动物性饲料。

⑨ 其他。包括因屠宰加工牲畜、禽类的宰前饲养。

从图 8-1 中可以看出，对于某一肉类加工企业而言，可能只包含其中一部分工艺。

8.3 肉类加工废水的来源和特点

8.3.1 肉类加工废水主要来源

肉类加工废水主要产生在屠宰工序和预备工序。废水主要来自圈栏冲洗、宰前淋洗和屠宰、放血、脱毛、解体、开腔劈片、清洗内脏肠胃等工序，油脂提取、剔骨、切割以及副食品加工等工序也会排放一定的废水。此外，在肉类加工厂还有来自冷冻机房的冷却水，以及车间卫生设备、洗衣房、办公楼和场内福利设施排放出的生活污水等。

8.3.2 肉类加工废水水质水量特点

肉类加工废水含有大量的血污、油脂和油块、毛、肉屑、骨屑、内脏杂物、未消化的食料和粪便等污染物，带有令人不适的血红色和使人厌恶的血腥味。以屠宰加工为例，其废水中主要含高浓度含氮有机化合物、悬浮物、溶解性固体物、油脂和蛋白质，包括血液、油脂、碎肉、食物残渣、毛、粪便和泥沙等，还可能含有多种对人体健康有关的细菌（如粪便大肠菌、粪便链球菌、葡萄球菌、布鲁氏杆菌、细螺旋体菌、梭状芽孢杆菌、志贺氏菌和沙门氏菌等）。屠宰废水 BOD_5 在 $800 \sim 1500 mg/L$ 之间，色度高（约 500 倍），外观呈暗红色。

与一般的工业废水相同，肉类加工废水的水质受加工对象、生产工艺、用水量、工人劳动素质和设备水平等方面的影响，在水质方面的变动较大，不仅国内、国外的数据有很大的差异，即使是国内不同厂家废水的水质也有较大的不同。我国的肉类加工厂每加工 1 头猪的排水量为 $0.24 \sim 0.85 m^3$。其余加工牲畜排水量可进行换算：1t 活畜质量（重量）$=13$ 头猪$=700$ 只农家鸡$=500$ 只肉鸡$=600$ 只白鸭$=400$ 只填鸭；1 头猪$=1$ 头小牛$=1$ 头羊；2.5 头猪$=1$ 头牛$=1$ 匹马；1t 白条肉$=20$ 头猪。

（1）屠宰工段水质和水量特点

牲畜入厂后对牲畜进行冲洗，首先在临时饲养场作短时间停留，进行观察和检疫，产生粪便废水。屠宰之前用温水清除其体外沾染的污物和粪便，随之送去屠宰，如图 8-2 所示。

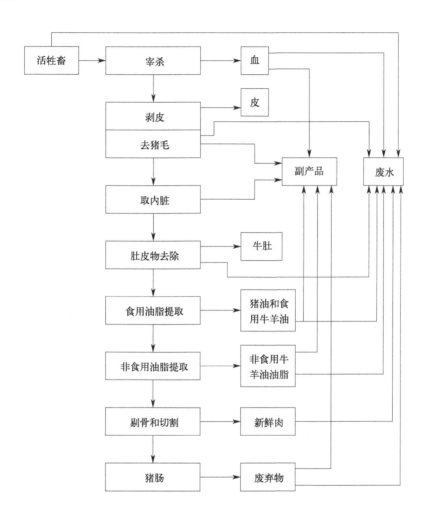

图 8-2 屠宰工段废水产生

屠宰工段排出的废水量最大，占全厂废水量的 50%。废水含有大量的血液和蛋白质物质，废水呈鲜红色，BOD_5 和悬浮物值很高，其具体数值与血液是否回收有关。肉类加工厂屠宰车间废水水质如表 8-1 所列。

表 8-1　肉类加工厂屠宰车间废水水质

工段	项目		
	BOD$_5$ /(mg/L)	SS /(mg/L)	有机氮 /(mg/L)
屠宰	825	220	134
血液和槽水	3200	3690	5400
烫毛池	4600	8360	1290
肉分割	520	610	33
内脏清洗	13200	15120	643
副产品加工	2200	1380	186

（2）内脏处理工段

本工段产生的废水主要含胃肠内的未消化物及排泄物，不论是否回收和加以处理，这些物质都会大量混入废水，悬浮物主要以纤维物质为主，也含有一些泥砂性物质。一般在车间内或厂处理站前设专用处理构筑物（专用沉淀池），对本工段废水中的污染物加以去除，然后再与全厂废水汇合共同处理。

（3）解体、整理及洗净工段

本工段是屠宰车间的最后一道工序，所排出的废水中含大量的血液、动物脂肪、碎肉等，废水颜色较深。所含动物脂是低脂肪酸的醇醋，在常温条件下呈固体状，由于在流动过程中被破碎，多呈 0.1～0.5mm 的微粒悬浮状，一般通过设在车间内的隔油池加以去除。

我国大型肉类联合加工企业废水水质如表 8-2 所列。我国部分禽类加工企业废水水质如表 8-3 所列。表 8-4～表 8-7 分别列举了国外肉类加工废水的水质情况。

表 8-2　我国大型肉类联合加工企业废水水质

项目	数据个数/个	平均值	最大值	最小值
BOD$_5$/(mg/L)	1345	625.47	2160	53.1
COD/(mg/L)	1406	1151.25	4892.5	45
SS/(mg/L)	1094	515.87	5898	10
pH 值	352	6.84	9.25	4.3
动植物油/(mg/L)	267	277.32	2224	8
氨氮/(mg/L)	212	25.64	750	2.8
大肠菌群/(个/L)	71	$3.83×10^5$	$4.5×10^8$	$9.2×10^3$

表 8-3 我国部分禽类加工企业废水水质

项目	数据个数/个	平均值
BOD_5/(mg/L)	396	170.9
COD/(mg/L)	159	495
SS/(mg/L)	346	242.6
pH 值	12	8.3
氨氮/(mg/L)	19	6.8
大肠菌群/(个/L)	4	2.2×10^6

表 8-4 日本一些屠宰场废水资料

项目	厂名						
	芝浦	野方	三河岛	仙台	横滨	静冈	占岩
pH 值	7.0	6.9	6.5	7.6	7.0	6.7	6.8
BOD_5/(mg/L)	1440	1500	1850	570	923	614	2262
COD/(mg/L)				134	265	172	2820
SS/(mg/L)	1128	1444	2610				
油脂/(mg/L)	239	942	672				
总氮/(mg/L)	412.5	700	146		86	79	
有机氮/(mg/L)	298.0	397	280				337
氨氮/(mg/L)	39.0	58	70			33	42
溶解固体/(mg/L)	4632						
氯化物/(mg/L)					63	47	

表 8-5 国外一些肉类加工废水资料

项目	BOD_5 /(mg/L)	COD /(mg/L)	SS /(mg/L)	油脂 /(mg/L)	凯氏氮 /(mg/L)	总磷 /(mg/L)	氨氮 /(mg/L)	大肠杆菌总数 /(MPN/100mL)
Peyon(美)	5800	9400	3140	2600	160			
Wilson&Co.（美）	1703		980					
W. E. Weeves(美)	672~ 2860	1675	392~ 536	434~ 1823	79.0~ 110	11.0~ 31.4	10.0~ 15.5	
Wilson&Co.（美）	1381		988					
Hendrix(荷兰)	300~ 1200	500~ 2000						
阿卡普尔科(墨西哥)	893	2224						5.7×10^7
JohnMorrell&Co.（美）	1600	2340	920	570			11.4	
Moerawa(新西兰)	575~ 1765	1131~ 1725	660~ 3020	402~ 1480	蛋白氮 29.2~71.4		7.2~ 23.8	

表 8-6　俄罗斯肉类加工废水水质

指标	废水来源	
	肉类加工厂总排水	肉类食品厂(香肠厂)
pH 值	7～8	6.9～8.3
SS/(mg/L)	500～5000	300～3000
BOD_5/(mg/L)	900～1300	400～1500
COD/(mg/L)	1300～2000	600～2200
氯化物/(mg/L)	950～1800	
总氮/(mg/L)	100～150	

表 8-7　日本某肉类加工厂各车间废水水质

指标	屠宰	血液和槽水	烫毛池	肉分割	内脏清洗	副产品加工
BOD_5/(mg/L)	825	32000	4600	520	13200	2200
SS/(mg/L)	220	3690	8360	610	15120	1380
油脂/(mg/L)	134	5400	1290	33	643	186

8.4　肉类加工废水处理工艺

国内外对肉类加工废水处理十分重视,同时采取措施对废水中一些有用物质即副产品进行回收。肉类加工废水处理一般分两步进行:第一步主要是屠宰车间内设局部处理设备,去除该车间废水中特有的污染物;第二步是将全厂废水汇集处理。如果该厂所在城市设有包括二级生物处理城市废水处理厂,可把废水排入城市废水处理厂。如没有城市废水处理厂或离该厂较远,则应单独建废水处理站进行处理。

8.4.1　屠宰废水预处理

物理分离、水解、混凝沉淀等可以作为废水的预处理,以去除水中的蛋白质、脂肪等大颗粒物质。

(1)粗细格栅

粗细格栅是以物理原理来截留大颗粒物质,粗格栅的栅条空隙一般在 1cm,此阶段截留水体中的血污、毛、骨屑及内脏杂物等。细格栅的栅条空隙在 3～5mm 之间,细格栅进一步去除粒径较小的悬浮物质。经过两道物理隔离后,可以减少对污水处理中泵的损耗,减小后续的污水处理负荷。

(2)极碱性水解和酶水解

化学方法在屠宰废水的预处理主要体现在投机碱性物质和酶类物质。通过化学反应将水中的脂肪颗粒等进行水解，缩小有机物的分子链，使大分子有机物质降解为小分子有机物质。常采用的预处理试剂主要是石灰、NaOH，胰脂肪酶等。

（3）混凝处理混凝药剂

一般是聚合氯化铝等产品，通过添加药剂，促进水中悬浮物质与药剂结合成大的絮体沉降而去除。为了节省成本，一般采用与聚乙烯铵混合使用。絮凝剂在处理废水过程中会产生大量不易降解的化学污泥的产生。

8.4.2 二级处理工艺

屠宰废水二级处理工艺一般有好氧生物处理、厌氧生物处理、厌氧-好氧联合生物处理三种工艺。

（1）好氧生物处理方法

① 序批式间歇活性污泥法。序批式间歇活性污泥法是 SBR 方法，屠宰厂废水经过物理处理、SBR 生化处理等工艺，水质可以达到《污水综合排放标准》（GB 8978—1996）一级排放标准。SBR 作为生物处理工艺已经出现了改进工艺，如二段 SBR 法，即将两段 SBR 池串联，通过培养适宜两阶段的专性菌，充分降解不同种类的有机物质。二段 SBR 法可以适应水质水量的变化，运行灵活，抗冲击能力强，出水的水质稳定，易于自动化控制。但 SBR 工艺需要曝气或搅拌装置，常伴随着污泥上浮现象。此外该方法对油、SS、色度去除效果不理想，仍需辅以后续的深度处理工序。

② 生物膜法。序批式生物膜法（SBBR）具有良好的反硝化脱氮功能，水利条件好，抗冲击负荷强，生物浓度高，可适合世代时间较长的硝化菌生长。在相同的运行条件下，生物膜系统的效果较好，其中水质指标 COD_{Cr}、BOD_5 和油脂去除率分别可达 97%、99% 和 82%。与序批式间歇活性污泥法相同，此类工艺对油脂、SS、色度的去除有限，需配备除油池和滤柱。SBBR 反应器便于操作，产生的污泥量少，解决了污泥处理中遇到的困难。李伟光等采用 SBBR 处理屠宰废水，首先将屠宰废水经过格栅去除粗大的颗粒状悬浮物，除去上次浮油，进入 SBBR 进行处理，用以分解去除有机物，去除出水微小悬浮固体，色度用过滤设备来去除。进水 COR_{Cr}、BOD_5、油脂、TKN、SS 的去除率分别为 97%、99%、52%、92%、82.4%，出水水质满足国家二级排放标准。

（2）厌氧生物处理方法

厌氧生物处理方法是指在无分子氧存在的条件下，培养利于厌氧微生物存在的营养条件和环境条件，将水体中有机物分解为甲烷和二氧化碳的过程。随着人们对厌氧消化微生物学认识的不断深入和化学技术的不断提高，此类反应器迅速得以广泛应用。

① 厌氧滤池工艺。废水在进入厌氧滤池前首先要进行预处理，进水与滤料上的生物膜进行充分接触，达到去除污染物的目的，经沉淀后出水。研究表明，由于废水中含有大量的碎肉和血块等颗粒物和悬浮固体，厌氧滤池工艺处理屠宰废水前的预处理是整

个流程中不可缺少的一步，以避免废水进入厌氧滤池反应器后出现堵塞的现象。运行经验表明，该工艺在预处理正常的前提下对 COD_{Cr} 去除比较可观，去除率可以达到 89％，SS、油脂去除率分别为 62％ 和 50％。

② 厌氧附着膜膨胀床工艺。厌氧附着膜膨胀床在处理废水的过程中，也要经过过滤沉淀等预处理阶段，经预处理的废水进入反应器内，再次主要进行生化反应，随后进入二沉池经沉淀出水。

③ 厌氧-过滤工艺。废水经调节池后进入厌氧消化罐，再进行沉淀，过滤后出水，厌氧-过滤工艺出水效果较好，特别是对 COD_{Cr}、SS、色度和细菌总数的去除效果非常明显，优于其他处理工艺，同时还能获得沼气作为燃料进行二次利用。

8.4.3 组合处理工艺

（1）加压生物接触氧化-混凝沉淀组合工艺

适合处理中浓度的屠宰废水。试验结果表明，生物反应器压力平均为 300kPa，进水 COD_{Cr} 浓度为 1100～1700mg/L，BOD_5 浓度为 600～900mg/L，BOD_5 容积负荷（以 BOD_5 计）平均为 7.6kg/(m^3·d)。出水先经过加压生物滤池生物接触氧化处理后，提高废水的溶解氧和有机物的降解速率，再经混凝沉淀后可达到二级排放标准。但该工艺处理成本高，且不利于后续管理。

（2）UASB+SBR

该工艺在厌氧和好氧技术上分别采用 UASB 和 SBR 技术，是高浓度污水处理的理想工艺，此两种工艺的结合对碳源有机物处理效果好，操作方便，运行灵活，脱氮效果良好，运行成熟可靠、可达到回收生物能和处理废物资源化的目的，所以从技术经济上讲是可行的。工程初期投资和日常运行费用低廉，整个工艺流程简洁流畅、操作方便，有较高的推广价值。

（3）缺氧-好氧曝气生物滤池工艺

有研究者开展利用缺氧-好氧曝气生物滤池处理鸭屠宰废水的试验研究。结果表明，该工艺对 COD_{Cr} 的处理效果较好，且抗冲击负荷能力较强。当 HRT 为 4h、2.8h、1.25h 时，COD_{Cr} 平均去除率分别达 92.4％、84.8％ 和 79.3％，氨氮的平均去除率分别达 68.4％、47.2％、25.0％。该工艺存在操作不易，出水稳定性差的问题，对进水水质要求较高，处理时间也较长。

（4）混凝气浮-缺氧-好氧组合工艺

在采用溶解浮选法（DAF）时加入化学添加剂，COD_{Cr} 去除率可达 32％～90％，且大量的营养物质也能得到去除。由于屠宰废水含有比较高的有机化合物，比较适合采用厌氧处理。UASB 很适合屠宰废水的处理，能培养出大量活性污泥。通过沉淀冷却装置处理屠宰废水后，总有机碳含量可降解到 100mg/L 以下，细菌很难通过膜孔被去除。膜过滤可实现废水的重复利用，但屠宰废水的减量化问题还有待进一步的研究。

8.5 肉类加工工业清洁生产

（1）肉类加工工艺改革

通过工艺改革，控制厂内用水量，节约资源，减少污染物排放，具体的措施如下。

① 肉类制品加工。采用空气解冻工艺代替传统的冷水池浸泡解冻工艺。生产 1t 原料冻肉，排水量可以从 $15m^3$ 下降到 $2\sim3m^3$。

② 禽类加工。传统的脱羽毛工艺一般采用机械脱毛和人工拔小毛的方式，羽毛流失较多，不仅浪费了宝贵的羽毛资源，而且增加了废水的悬浮物。采用蜡脱羽毛新工艺，不仅有利于回收羽毛，减少流失，还可以节约用水。

（2）肉类加工过程中有价值物质回收

通过对有价值物质进行回收，不仅可以最大限度地降低废水中污染物负荷，同时可以提高经济效益。因此，对有价值物质进行回收是肉类加工工业清洁生产的主要内容，具体有以下几个方面。

① 应健全与强化生产过程中对血液、油脂、肠胃内容物、毛羽等的收集与回收措施，最大限度地防止这些有价值的物质流失在生产加工过程中。现有的回收技术可保证有价值物质的回收率达到以下水平：油脂回收率＞75%，血液回收率＞78%，毛羽回收率＞90%。肠胃内容物回收率：畜类屠宰加工＞60%，禽类屠宰加工＞50%。

② 对于不可避免流失在生产废水中的有价值物质，应该采取有效的处理工艺予以回收。例如对于废水中的油脂的回收，可采用隔油池。最为普遍有效、动力消耗最小的方法是斜板隔油池，它的脱油率可达 90%。平流式隔油池的脱油率为 70% 左右，气浮法的脱油率平均为 63.8%。

对于其他有价值物质的回收，目前比较常有的方法是通过气浮法回收废水中的蛋白质，然后生产动物饲料。例如处理蛋品加工废水，首先用气浮法回收蛋白质用作饲料，气浮出水再用禽类屠宰废水混合统一进行生化处理。这样不仅回收了有价值物质，而且降低了生化处理的负荷，可以节省投资与运行费用。

（3）最大限度降低加工废水排放量

通过采取一水多用、处理水回用等措施，最大限度地降低废水排放量。肉类加工工厂常与冷库共建或者毗邻在一起，制冷的冷却水量大，应该循环使用。另外，肉类加工的工艺用水大部分为冲洗水，肉类加工废水经二级生物处理后，再经过深度处理与消毒，可回用作冲洗水。肉类加工废水处理水量为 1000m³/d，回用率为 70％～80％，处理后水质如表 8-8 所列。

表 8-8　肉类加工废水处理后水质

项目	二级生化出水	混凝过滤消毒后水质
BOD_5/(mg/L)	5～20	3
COD/(mg/L)	40～60	10～20
SS/(mg/L)	40～80	10～20
pH 值	7.2	7
细菌总数/(个/L)		$(1～2)×10^2$
大肠杆菌/(个/L)		3～6
余氯/(mg/L)		0.4～0.6

8.6　肉类加工废水处理工程实例

（1）某食品集团肉类废水处理

某大型食品集团以肉类加工为主，是一家集生猪饲养、生猪屠宰加工、低温冷藏、熟食加工为一体的肉食品加工企业。企业计划年屠宰加工 200 万头生猪，产生废水 6000m³/d。生产废水主要来源于屠宰前冲洗牲畜产生的废水、屠宰过程中产生的冲淋废水、热烫废水、清洗废水，以及炼油加工废水；肉制品加工车间排出的原料肉解冻水、杀菌水、车间和设备冲洗水、消毒水。根据该企业加工废水的性质特点及处理要求，采用 UASB＋接触氧化工艺处理废水，处理后达到排放标准。

1）废水水质及排放标准

废水产生有明显的不连续性，每个季节以及每天的不同时段都不相同，节假日产生量较大，废水中含有大量的血污、猪毛、骨屑、肉屑、内脏、肠容物以及粪便等污染物，固体悬浮物含量较高，有机物浓度高，油脂含量大，废水呈红褐色并有腥臭味，属于较典型的有机污水，可生化性好。废水处理设计最大进水量为 6000m³/d，平均水量为 250m³/h。处理后达到《肉类加工工业水污染物排放标准》（GB 13457—1992）中畜类屠宰加工一级排放标准。

2）工艺流程

对于易生物降解的有机废水，生物处理是最有效和最经济的处理方法之一，也是肉类加工废水处理最普遍采用的主体工艺。

本项目废水有机物含量高，易生物降解，BOD/COD 值达到 0.5，可生化性好。废水采取必要的预处理及物化处理，尽量降低进入生物处理构筑物的悬浮物和油脂含量，确保生化处理的正常运行。

废水首先经过粗细两道格栅，粗格栅设在进水口处，以去除废水中较大漂浮物，细格栅设置在提升泵房后，用以拦截废水中的碎毛发和部分悬浮物，格栅出水经提升泵提升进入平流隔油沉淀池，一方面可以除掉漂浮的油脂、油块，另一方面又可以使大部分不溶于水、密度大于水的杂质沉淀下来。沉淀池出水自流进入曝气调节池内，调节水量，通过曝气充分混合均匀水质，同时进行预曝气。废水随后进入气浮池内，通过投加适当的药剂混凝和加压溶气气浮，使水中的分散油、溶解油及其他部分杂质、SS 得到很好的去除。气浮池出水进入 UASB 厌氧池进行生化处理，通过微生物作用将复杂的有机大分子物质降解为简单的有机物。废水经 UASB 后自流进入接触氧化池，有效去除 COD 和 NH_3-N。气浮池、UASB 厌氧池、接触氧化池剩余污泥进入贮泥池浓缩后，在污泥脱水车间用带式浓缩脱水一体机进行压滤脱水，干污泥定期外运处置，贮泥池上清液和压滤液回流到厂区污水系统进行再处理。

3）工艺特点

UASB 反应器配水采用脉冲布水器进水布水，具有以下优点：加大进液管的瞬时流量，防止管道堵塞，提高孔口出流速度，消除污泥层沟流的发生，使废水与厌氧污泥充分混合传质；在脉冲进水时，可使 UASB 反应器内反应物 CH_4 和 CO_2 迅速移出反应器；能加快颗粒污泥的形成，特别是在前期调试阶段甲烷产生量较少时更加适用。

本工程在 UASB 反应器后加设沉淀池，其中设置污泥回流设施，其主要优点为：污泥回流可加速污泥的积累，缩短启动周期；去除悬浮物，改善出水水质；当偶尔发生大量漂泥时，提高了可见性，能够及时回流污泥保持工艺的稳定性；回流污泥可做进一步分解，可减少剩余污泥量。

接触氧化法与其他生物处理方法比较，具有如下特点：a. BOD 容积负荷高，污泥生物量大，相对而言处理效率较高，而且对进水冲击负荷（水力冲击负荷及有机浓度冲击负荷）的适应力强；b. 处理时间短，因此在处理水量相同的条件下，所需设备较小，因而占地面积小；c. 能够克服污泥膨胀问题，生物接触氧化法同其他生物膜法一样，不存在污泥膨胀问题，容易在活性污泥法中产生膨胀的菌种（如球衣细菌等），在接触氧化法中，不仅不产生膨胀，而且能充分发挥其分解氧化能力强的优点；d. 可以间歇运转，当停电或发生其他突然事故导致长时间的停车后，微生物为适应环境的不利条件，它和原生动物一样都可进入休眠状态，一旦环境条件好转，微生物又重新开始生长代谢；e. 维护管理方便，不需要回流污泥。由于微生物是附着在填料上形成生物膜，生物膜的剥落与增长可以自动保持平衡，所以无需回流污泥，运转十分方便。

4）预处理工艺

① 格栅。在进水口处设 2 道人工清渣格栅，每道分别设置 2 台格栅互为备用，以去除废水中的较大漂浮物，减轻后续处理单元的负荷。粗格栅采用循环齿耙清污机，栅条间隙为 3mm，栅前水深 1m，格栅倾角 75°，格栅宽度 0.8m。细格栅采用转鼓式格栅

除污机，栅条间隙为 1mm，栅前水深 0.9m，格栅倾角 35°，转鼓直径 1200mm，功率 1.5kW。

② 隔油沉淀池及污泥池。因本工程废水中含动物油、SS 质量浓度分别高达 600mg/L、4000mg/L，很难利用生物的方法直接去除，经过隔油沉淀池的初步分离作用能去除大量颗粒油，同时去除部分悬浮物。隔油沉淀池有效水深 3.5m，设计流量 400m³/h，总表面积 372m²，水力停留时间为 3.2h。污泥池平面尺寸为 4.0m×10.0m，配备 2 台（1 用 1 备）污泥螺杆泵。

③ 预曝气调节池。屠宰加工废水水质和水量在各个时间段变化相差很大，为使后续生化处理系统平稳正常运行，设置调节池控制水量和水质的波动。调节池尺寸为 23.7m×17m，有效水深 7m，有效容积为 2700m³，水力停留时间为 9h。池内设有曝气设备起到搅拌作用，同时进行预曝气，防止夏季池内产生臭味。

④ 气浮池。对于粒径小于 60μm 的油粒及细小的悬浮固体，很难在隔油池中上浮或下沉到水底，设计采用高效浅层气浮装置，集凝聚、气浮、撇渣、沉淀、刮泥为一体，池子较浅，整体呈圆柱形，结构紧凑。气浮池采用圆形钢制一体化设备，设计流量 300m³/h，池径 7.0m，最大处理能力 160m³/h，功率 1.5kW，撇渣功率 1.1kW。投加 PAC、PAM 混凝剂，进行混凝气浮，设计 PAC 加药量为 60mg/L，PAM 加药量为 5mg/L。

5）生化处理工艺

① UASB 反应器。UASB 反应器采用钢筋混凝土结构，通过配水、反应、三相分离过程，使水中的有机物与颗粒污泥充分接触，产生剧烈反应，从而去除水中 COD、BOD_5，同时增强废水的可生化性。设计 2 座并列池子，每座设计 3 格，单格平面尺寸 9.25m×9.25m，设计流量 300m³/h，有效容积 3291.4m³，实际水力停留时间 16.5h，有效水深 8.0m，设计采用脉冲进水。设计使用脉冲布水器 6 个，水量 1200m³/d，三相分离器 I 型 18 个，II 型 24 个，III 型 12 个，集水罐 18 个（长 11.2m），水封罐 6 个（型号 φ1500mm×3000mm），气水分离器 2 个。

② 接触氧化池。废水经过 UASB 处理后，BOD_5、COD 含量已大大降低，但还达不到排放标准，在接触氧化段对原水中的 BOD_5、COD 进一步降解，同时去除废水中的氨氮。设计接触氧化池 1 座，分为 4 格，有效容积 3695m³，流量 300m³/h，停留时间 17.8h，池内采用组合填料 2145m³，φ150mm×80mm，微孔盘式曝气池 2530 个，φ260mm，处理能力 2.5m³/h。

6）深度处理

废水经二沉池加药沉淀后进入消毒接触池，使用复合二氧化氯发生器消毒装置，通过精密计量泵自动控制，在消毒池入水口处投加二氧化氯进行消毒，消毒池有效容积 200m³，出水检测大肠杆菌＜5000 个/L。

7）污泥处理

① 贮泥池。污水处理系统中产生的浮渣和生物污泥通过自流或用污泥泵进入贮泥池，混合后的污泥通过污泥处理间的螺杆泵抽吸至脱水机房进行压滤脱水。贮泥池平面

尺寸为 $10.0m \times 12.0m$，有效容积 $580m^3$。采用间歇排泥，污泥停留时间 24h。

② 污泥脱水。本工程污泥选用带式浓缩脱水一体机（BSD-PD1500S7）对污泥进行脱水，数量 1 台，带宽 2000mm，生产能力 $40 \sim 60m^3/h$，脱水前加入 PAM 絮凝剂沉降污泥，改进污泥脱水性能。进泥平均含水率 $\leqslant 97.8\%$，脱水后泥饼含水率 $\leqslant 80\%$，PAM 加药量 $3 \sim 8kg/t$。

③ 调试和运行效果。本工艺调试内容主要是 UASB 池厌氧颗粒污泥的形成和接触氧化池生物膜的培养驯化，其目的是选择、培养适应实际水质的微生物，确定符合进水水质水量的运行控制参数。

考虑到培菌费用的节省和便于集中人力、物力，计划整个培菌过程分 3 个阶段进行。第 1 阶段是先对第 1 组 UASB 池和 $1^\#$、$2^\#$ 组接触氧化池进行活性污泥培养；第 2 阶段是第 1 组 UASB 池厌氧污泥颗粒污泥形成后，以及 $1^\#$、$2^\#$ 组接触氧化池生物膜挂膜成功后，进行第 2 组 UASB 池 $3^\#$、$4^\#$ 组接触氧化池的培菌工作；第 3 阶段是稳定运行调试；最后进入连续生产运行。

④ UASB 反应器调试。UASB 反应器采用附近城市污水处理厂的厌氧脱水污泥，在中温条件下（$33 \sim 41$℃）启动，启动浓度不低于 $10kg/m^3$，启动 1 组（3 格）UASB 池使用厌氧污泥 120t，另一组使用第 1 组驯化成熟的厌氧污泥。UASB 反应器接种厌氧污泥之后先用清水浸泡接种污泥 $2 \sim 3d$，再用稀释的处理废水活化接种污泥 $7 \sim 10d$，再开始向反应器中进料，进行厌氧反应器的初次启动。

厌氧反应器启动初期进水采用间歇脉冲进水，pH 值控制在 $6.8 \sim 7.2$ 之间，初始的 COD 污泥负荷率选用 $0.10kg/(kg \cdot d)$。当观察到气体产量增加并正常运行后，每周增加约 16%，但不大于 $0.6kg/(kg \cdot d)$，初期保持较高的水力负荷，$q > 0.5m^3/(m^2 \cdot h)$。

（2）河南某生猪屠宰场废水处理

河南省某定点生猪屠宰厂每日宰杀生猪 $600 \sim 800$ 头。肉类加工废水主要来源为圈栏冲洗、淋洗、屠宰及厂房地坪冲洗、烫毛、解剖、副食品加工、洗油和油脂加工等，废水所含主要成分为血液、油脂、肉屑、骨屑、畜毛、畜粪、内脏杂物、泥砂等高浓度含氮有机物，以及悬浮物、溶解性固体物、蛋白质。废水呈红褐色，腥臭味极重，存在粪便链球菌、布鲁氏杆菌、细螺旋体菌、沙门氏菌等较多种病原微生物。该厂废水集中于夜晚 23 点至 24 点排放，水量波动大，若采用普通活性污泥法处理，连续流曝气池对水流稳定性要求难以满足，剩余污泥量多、含水率高、沉淀脱水性能差，脱氮除磷率仅 20% 左右，难以满足高氮肉类加工废水除氮要求。针对上述特点，设计采用水解酸化-序批式活性污泥法联合处理肉类加工废水。经过近 6 年的生产运行，处理效果稳定，出水水质优于《肉类加工工业污染物排放标准》（GB 13457—1992）一级标准。

1）水质、水量和排放标准

根据厂方要求，废水设计处理量为 $800m^3/d$，水质波动性大，废水进水水质见表 8-9。

表 8-9 废水进水水质

项目	BOD$_5$ /(mg/L)	COD /(mg/L)	动植物油 /(mg/L)	SS /(mg/L)	TN /(mg/L)	有机氮 /(mg/L)	NH$_3$-N /(mg/L)	TP /(mg/L)	pH 值
变化范围	300~950	800~2020	30~40	250~850	40~70	15.0~16.3	18.0~60.2	1.2~30.2	6.8~7.4

出水要求达到《肉类加工工业污染物排放标准》(GB 13457—1992) 一级标准，即 COD<80mg/L，BOD$_5$<25mg/L，SS<60mg/L，动植物油<15mg/L，pH 值 6~9，大肠菌群<5000 个/L。

2）工艺流程

工艺流程见图 8-3。

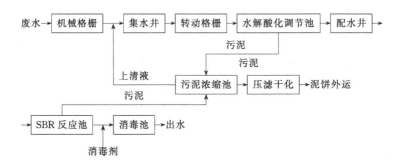

图 8-3 工艺流程

3）主要处理构筑物及其工艺参数

① 机械格栅。选用 HGS800 型弧形格栅除污机 1 台，栅条间隙 12mm，齿耙转速 2.14m/min，电机功率 0.37kW。

① 集水井。集水井 1 座，钢筋混凝土结构，$L×B×H=3m×1.5m×2.5m$。

③ 转动格筛。转动格筛 1 台，废水负荷率为每小时 $7m^3/m^2$，格筛采用 20 目的金属布网。

④ 水解酸化调节池。该厂肉类加工生产一般存在显著的季节性差异，废水流量一年之中波动性较大。此外肉类加工采用非连续性生产，每日 2 班制，废水水量、水质在 24h 内变化较大，且为高浓度有机废水。为保证后续处理构筑物正常运行，需均化水质、调节水量。因此设水解酸化调节池 1 座，$L×B×H=9.4m×6.4m×5.0m$。设计 HRT 为 9h，池内混合液 DO<0.2mg/L，填料采用 SNP 型悬浮式填料球，装填体积为池容的 5%，水解酸化调节池出水端设截流格网，格网孔径 50mm。池底设 3 根排泥管重力排泥，以防污泥沉积。

厌氧消化过程中，水解酸化阶段反应速率快，条件要求相对简单，而甲烷化阶段反应时间长，条件要求高，水解酸化调节池在运行过程中，将厌氧消化过程控制于水解酸化阶段。废水流经水解酸化调节池时，利用有机物厌氧分解过程中酸化发酵的特点，在水解与发酵细菌的作用下，将血红蛋白、碳水化合物、脂肪等复杂且难降解的大分子有机物水解发酵为单糖、氨基酸、脂肪酸、甘油等易生化的小分子物质。除水解酸化作用外，厌氧污泥还具有一定吸附作用，增强了抗冲击负荷能力。水解酸化工艺提高了污水的可生化性，同时去除部分 SS，有利于后续生物处理。实际运行表明，若高浓度有机废水直接流入 SBR 池，池中有大量气泡产生，且污泥指数高。

⑤ SBR 反应池。SBR 反应池 4 座，钢筋混凝土结构，单池 $L \times B \times H = 10.9\text{m} \times 6.2\text{m} \times 5.5\text{m}$，污泥去除负荷率 $N_{rs} = 0.18\text{kgBOD}_5/(\text{kgMLVSS} \cdot \text{d})$，满水时混合液悬浮固体浓度 MLSS$=3300\text{mg/L}$，污泥沉降 SV$=25\% \sim 35\%$，污泥体积指数 SVI$=75.8 \sim 90.9\text{mL/g}$，容积负荷率 $N_v = 0.46\text{kgBOD}_5/(\text{m}^3 \cdot \text{d})$，选用 Rc-80 罗茨鼓风机 2 台，1 台备用，理论流量 $4.48 \sim 9.76\text{m}^3/\text{min}$，风压 40kPa。SBR 反应池曝气采用 PBP 型橡胶盘型微孔曝气器，池内剩余污泥由排泥泵送至污泥浓缩池。SBR 反应池工作周期设计为12h。首先向池中进水，设计进水时间为 2h，采用限制曝气方式，进水量达到池容的50% 后进行曝气，曝气时间 6h；曝气结束后，在静置条件下进行固液分离，沉淀 1.5h，然后利用悬臂式滗水器将池内上清液排出池外一直到最低水位，再排除剩余污泥，设计排水排泥时间为 1h，继而进入闲置期，闲置时间 1.5h，闲置结束后，反应池进入下一个运行周期。

⑥ 消毒池。消毒池 1 座，$L \times B \times H = 3.3\text{m} \times 2.3\text{m} \times 2.2\text{m}$，采用液氯消毒，接触时间 30min，余氯量不少于 0.5mg/L。

4) 工程调试与运行效果

① 工程调试。本工程调试的主要工作是好氧活性污泥的培养、驯化。鉴于该厂污水可生化性较好，活性污泥的培养和驯化可同步进行。具体操作如下：先将肉类加工废水引入 SBR 池，进行静态培养。连续鼓风闷曝，3d 后 SBR 反应池内出现模糊不清的少量活性污泥絮凝体。停止曝气，将池内混合液静置澄清后，排放池内上清液至预定水位，再补充同量新鲜污水以补充营养和排放对微生物增长有害的代谢产物。反复重复以上操作，历时 3 周。在此过程中，SBR 反应池内活性污泥量增长较快，结构密实，上清液呈浅黄色，泥水界面清晰。第 4 周开始按设计运行周期运行，进水 2h，曝气 6h，静沉 1.5h，排水 1h，闲置 1.5h，每隔 12d 排放一次剩余污泥。1 个月后，出水清澈，呈微黄色，各项指标达到设计要求。经微生物镜检，可见大量树枝状、蘑菇状菌胶团和纤毛虫原生动物，如钟虫、等枝虫、盖纤虫等，生物生长比较稳定，活动能力强，污泥吸附表面积大，具有良好的凝聚沉淀性能，污泥浓度达到要求，说明活性污泥已成熟，随后投入正常运行。

② 监测结果。系统稳定运行一段时间后，该市环境监测中心在该厂连续 3d 取样监测，出水各污染物指标均达到国家规定排放标准。监测结果见表 8-10。

表 8-10 废水处理工程监测结果

项目	COD /(mg/L)	BOD /(mg/L)	SS /(mg/L)	动植物油 /(mg/L)	NH₃-N /(mg/L)	pH 值
进水	1880.3	850.8	780	32.8	45.26	7
出水	70.4	23.2	39.2	6.1	11.37	8.2
去除率/%	96.3	97.3	95	81.4	74.8	
进水	1972.6	913.1	810.1	35.6	52.73	6.8
出水	62.2	18.6	47.6	7	12.65	8
去除率/%	96.8	98	94.1	80.3	76	
进水	2002.5	932.2	835.2	38.1	57.08	7.3
出水	45.1	15.8	30.8	5	13.29	8.3
去除率/%	97.7	98.3	96.3	86.9	76.7	
排放标准	80	25	60	15	15	6～9

5) 工艺优点

① 该工艺具有显著的脱氮除磷效果。SBR 法运行灵活,其程序化运行有助于实现好氧、厌氧状态周期性交替。

进水阶段:按只进水、不曝气的限制性曝气运行,DO<0.2mg/L,为厌氧状态,$NO_x^-=0$,在此条件下,聚磷菌体内的 ATP 进行水解,释放出 H_3PO_4 和能量,形成 ADP,通过搅拌维持厌氧状态,以促使磷的充分释放。

曝气阶段:DO 控制于 3mg/L 左右,为好氧状态,氨态氮在亚硝酸菌作用下变为亚硝酸,继而在硝化菌作用下变成硝酸氮。聚磷菌有氧呼吸,不断氧化分解其体内储存的及外部环境中摄取的有机底物,放出能量为 ADP 利用,并结合 H_3PO_4 合成 ATP。对于 H_3PO_4,小部分是聚磷菌分解其体内聚磷酸盐而获得,大部分是利用能量在透膜酶作用下,通过主动输送方式将外部环境中 H_3PO_4 摄入体内。摄入 H_3PO_4 一部分用于合成 ATP,一部分则用于合成磷酸盐。好氧摄取的磷远大于厌氧释放的磷,通过排放剩余污泥实现除磷。

沉淀和排水阶段:DO<0.5mg/L,为缺氧状态,NO_3^--N 与 NO_2^--N 在反硝化菌的作用下,被还原为 N_2。

闲置阶段:DO<0.2mg/L,为厌氧状态,释磷过程同进水阶段。

② 该工艺可有效控制活性污泥膨胀。由上述可知,SBR 池内好氧、缺氧、厌氧周期性交替,可有效抑制专性好氧菌过量繁殖。此外在 SBR 法整个反应阶段,混合液中底物浓度高,底物浓度梯度大,故活性污泥菌胶团的底物利用速率高于丝状菌底物利用速率,菌胶团细菌生长速率高于丝状菌生长速率,有效抑制丝状菌生长。另外,底物利用速率快,停留时间短,污泥龄短,剩余污泥排放速率大于丝状菌增长速率,丝状菌无

法大量生长繁殖。

6）结论

① 采用水解酸化-SBR 工艺处理肉类加工废水，能保持稳定的处理效果，切实可行。

② 水解酸化工艺直接影响处理效果，可提高废水可生化性，降解部分有机物，为后续生物处理提供稳定的水质。

③ 采用水解酸化-SBR 工艺处理肉类加工废水，与连续性污泥法相比，具有如下特点。生化反应推动力大，效率高；污泥不易膨胀；耐冲击负荷；脱氮除磷效果好；不需设二沉池，无须回流污泥及设备；管理方便，占地少，基建投资省，处理成本低。

（3）某公司活鸡屠宰废水处理

某公司是大型二类乡镇企业，所属冷藏厂是一家以活鸡屠宰和加工为主的股份制企业。日排生产加工废水 1500t，废水中含有大量的血污、油脂和蛋白质、鸡毛、碎肉、内脏杂物、未消化的饲料和粪便等污染物，还含有多种影响人体健康的细菌（如粪便大肠菌、粪便链球菌、葡萄球菌、布鲁氏杆菌、细螺旋体菌、棱状芽孢杆菌、志贺氏菌和沙门氏菌等），带有令人不适的血红色和使人厌恶的血腥味。

1）设计水质水量

① 废水来源及特征。活鸡入厂后，首先在临时饲养场进行观察和检疫，在这里产生粪便废水。随之送入屠宰车间，屠宰车间工艺流程为：屠宰、烫毛池、肉分割、内脏清洗、副产品加工。废水主要来源于屠宰、内脏处理、解体和整理及清洗工段。屠宰工段的排出废水量大，占全厂废水量的 50%。废水含有大量的血液和蛋白物质，废水呈鲜红色，BOD 值很高，其具体数值与血液是否回收有关，一般介于 5000～10000mg/L 之间，悬浮物也高达 3000～4000mg/L。

内脏处理工段产生的废水主要含有胃肠内的未消化物及排泄物，这些物质都大量混入废水，因此本工段废水中悬浮物高达 10000～15000mg/L，BOD 可达 13000mg/L，悬浮物主要以纤维物质为主，也含有一些泥砂性物质。

解体、整理及洗净工段所排出的废水中含有大量的血液、动物脂肪和碎肉等，废水颜色较深。由于在流动过程中被破碎，多呈 0.1～0.5mm 的微粒悬浮物，一般通过设在车间内的隔油池加以去除。

② 废水水质水量。废水水量 1500m³/d，设计进水水质为 COD1500～2800mg/L，BOD1000～1800mg/L，SS1200～2500mg/L，pH6～8。废水经处理后要求达到国家《污水综合排放标准》（GB 8978—1996）一级标准，即 COD≤100mg/L，BOD≤30mg/L，SS≤70mg/L，氨氮≤15mg/L，pH6～9。

2）处理工艺

① 工艺流程。该废水处理项目采用预曝调节-气浮-生物接触氧化工艺，工艺流程见图 8-4。

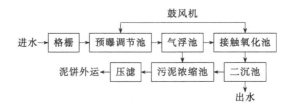

图 8-4　废水处理工艺流程

② 工艺简述。生产车间排出的生产废水经收集后由厂区污水管网进入污水处理站。首先经过粗格栅去除污水中浮油、大颗粒悬浮物质等，再经预曝调节池均衡水质、水量，预曝调节池具有水解、改善废水可生化性并初步去除部分有机物的作用。由污水泵提升至气浮池，采用加药气浮法去除废水中的不溶性有机物和动植物油类，再进入生物接触氧化池进行好氧生物处理，废水中的大部分有机物经好氧生物处理被降解，经过处理后的污水流入二沉池进行泥水分离后可以达到排放要求。气浮池和二沉池污泥进污泥浓缩池。浓缩后的污泥经压滤脱水外运。格栅拦截的浮渣定期送至垃圾站。

3）主要建筑物及设计参数

① 格栅。在车间综合排水口处设多级格栅网，以去除废水中的皮毛、碎肉骨渣、内脏杂物等较大漂浮物。格栅间距 5mm。

② 预曝调节池。主要有两方面的作用，一方面均匀水质水量，起酸化水解的作用，将大分子有机物降解为小分子有机物，以减轻后续好氧段的处理负荷；另一方面还可降解部分氨氮，采用间歇预曝气方式，每隔 2h 曝气 20min，溶解氧控制在 2.0mg/L 左右，以增强处理效果。预曝调节池容积约 240m³，有效水力停留时间约 3h。

③ 气浮系统。由于废水中含有大量的污血、油脂和油块、皮毛、碎肉骨块、内脏杂物等漂浮物，投加少量的絮凝剂，可去除 90% 以上的油脂类漂浮物、30%～60% 的有机物、80% 以上的悬浮物。进一步降低后续好氧段的有机负荷，减少鼓风机曝气量，节省动力消耗。气浮采用压力溶气气浮方式，两级气浮，表面负荷 1m³/(m²·h)，水力停留时间 0.45h，溶气压力 0.25～0.35MPa，空压机自动控制。聚丙烯酰胺加药量为每吨废水 0.002kg，聚合氯化铝加药量为每吨废水 0.1kg，刮渣机每 2h 刮渣一次。水中的油脂和大部分氨氮在这里被去除。

④ 生物接触氧化池。接触氧化池内设有半软性填料。部分微生物以生物膜的形式固着生长于填料表面，部分则是絮状悬浮生长于水中。通过微孔曝气器充氧，促进微生物的生长。此外，曝气形成的冲刷作用造成生物膜的脱落，有利生物膜的新陈代谢。生物接触氧化工艺采用三级深度氧化处理。容积负荷 3kgBOD/(m³·d)，溶解氧控制在 1.5～2.0mg/L，水力停留时间 10h。经过 10d 多的菌种培养，填料上基本挂好了生物膜，水中的盖纤虫及钟虫数量比较多且很活跃，生物相丰富。

⑤ 二沉池。经接触氧化处理后的废水中尚含有一些游离的菌种及脱落的生物膜，需沉淀分离，出水悬浮物才能达标。水力停留时间 2h。

4）工程特点

① 调节池设预曝气装置。一方面起调节水量、均匀水质的作用；另一方面通过间歇曝气，可起到脱硫及去除部分氨氮的作用，减轻后续氧化工序处理负荷。

② 气浮采用加药气浮。可去除80%以上的悬浮物，30%～60%的有机物，同时还可去除大部分氨氮及油脂。

③ 接触氧化池采用新型微孔曝气器及半软性填料。微孔曝气均匀，氧的转移效率高。采用生物膜法，污水在上升过程中可以和微生物充分接触，可有效地降解有机物。

④ 本工艺没有污泥回流装置，不存在污泥膨胀问题。减少了工程投资，降低了运行费用，工艺流程有较大的灵活性、稳定性，操作管理方便。出水水质优于国家标准。

5）结论

预曝调节-气浮-接触氧化工艺应用于处理中浓度易生化的屠宰废水，工程的设计及运行实践充分证明该工艺技术成熟，具有投资省、流程简单、操作管理容易、运行费用低、处理效率高、处理流程停留时间短、处理系统稳定可靠等优点。同时该工艺耐冲击负荷能力强，无污泥产生，不发生污泥膨胀，处理后的出水完全达到国家《污水综合排放标准》（GB 8978—1996）一级标准要求。COD、BOD、悬浮物、氨氮的去除率分别为93.1%、97%、80.8%和89.2%。无二次污染，其技术经济指标先进，经济效益、社会效益、环境效益十分明显，适合在该行业废水处理中广泛推广应用。

（4）某肉联厂废水处理

某肉联厂年加工肉鸡1000万只，生猪50万头。在肉类加工过程中，排放大量含有血液、油脂、碎肉、畜禽毛和粪便等的废水。由于这些物质的存在，使排放的废水呈现出较高的COD_{Cr}、BOD_5、SS、油脂、氨氮、大肠菌群等。这类高浓度的有机废水采用厌氧-好氧工艺处理后，出水水质达到了国家排放标准。

1）废水水质、水量及处理标准

该厂废水的最大排放量为$1350m^3/d$，工程的设计水量为$1500m^3/d$，处理后的出水水质执行《肉类加工工业水污染物排放标准》（GB 13457—1992）中一级标准。设计进水水质和排放标准见表8-11。

表8-11　进水水质和排放标准

项目	pH值	SS /(mg/L)	COD_{Cr} /(mg/L)	BOD_5 /(mg/L)	NH_3-N /(mg/L)	动植物油 /(mg/L)	大肠菌群 /(个/L)
进水水质	6.5～8	1000	1800	800	30	50	50×10^4
排放标准	6.0～8.5	60	70	25	15	15	5000

2）废水处理工艺

① 工艺流程。为提高废水处理效果，降低工程造价和运行成本，根据其水质特性和工程经验，决定采用厌氧-好氧联合处理工艺。废水处理工艺流程见图8-5。

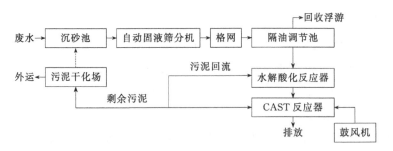

图 8-5 废水处理工艺流程

② 工艺流程说明。沉砂池用来去除废水中含有的粪便、泥砂及消化的食物。自动固液筛分机用来截流废水中诸如碎块、碎皮肉、内脏以及其他堵塞、磨损水泵及渠道的物质。格网用来进一步去除废水中含有的细小鸡毛等悬浮物。由于废水来自各个生产工段，水质、水量排放不规律，为使后续处理设施正常运行，设隔油调节池均衡水量、均匀水质，同时设计隔油池，用于去除浮油。

水解酸化是一种兼氧处理方法，它是介于厌氧-好氧之间的工艺。水解酸化反应器通过控制水力停留时间，利用厌氧发酵的前两个阶段（水解反应和酸化反应），使高分子有机物降解为低分子有机物，以利于后面的好氧处理。同时还能将悬浮固体物质水解为可溶性物质，使污泥得到处理，减少污泥产生量。水解酸化反应器出水自流进入循环活性污泥（CAST）反应器进行好氧生化处理。CAST 法是由美国 Goronszy 教授开发成功的一种处理工艺。整个工艺为一间歇式反应器，在此反应器中，活性污泥过程按曝气和非曝气阶段不断重复，将生物反应过程和泥水分离过程结合在一个池子中进行。

该工艺流程特征：污泥活性高，沉降、分离效果好，耐冲击负荷，出水水质稳定，与 SBR 工艺相比增加了选择配水和污泥回流，具有更高的去除率和适应能力，设备占地面积小，剩余污泥体积小，工程造价和运行费用低。

3）主要构筑物和设备

① 沉砂池。沉砂池结构为地下式钢筋混凝土结构，尺寸为 5m×5m×2.5m，容积为 62.5m^3，HRT 为 1h。

② 隔油调节池。隔油调节池结构为钢筋混凝土结构，尺寸为 15m×10m×5m，有效容积为 750m^3，HRT 为 12h。

③ 水解酸化反应器。水解酸化反应器结构为钢筋混凝土结构，有效容积为 310m^3，HRT 为 5h，内设弹性立体填料 200m^3，大阻力配水器 8 套。

④ CAST 反应器。CAST 反应器结构为地上式钢筋混凝土结构，尺寸为 34m×10m×5m，池总容积为 1700m^3，内设加强型曝气器 700 台，BOD$_5$ 污泥负荷为 0.58kg/(m^3·d)，气水比为 9∶1。运行周期为 18h，其中进水 6h，曝气 12h，沉淀 2h，出水 2h。

⑤ 污泥干化场。污泥干化场结构为半地下式砖混结构，占地面积为 60m^2。

4）废水处理效果

该市环境保护监测站对该工程进行了验收监测。监测结果见表 8-12。

表 8-12　监测结果

项目	pH 值	SS /(mg/L)	COD$_{Cr}$ /(mg/L)	BOD$_5$ /(mg/L)	NH$_3$-N /(mg/L)	动植物油 /(mg/L)	大肠菌群 /(个/L)
处理前水质	7.66	752	1647	764	11.4	37.7	3.3×10^5
处理后水质	7.63	<50	65	10.1	0.363	0.419	4100

5）结论

肉类加工废水是高浓度有机废水，采用厌氧-好氧的处理工艺对其处理是切实可行的，能取得较好的处理效果。该工艺具有适用范围广、抗冲击负荷能力强、工程造价和运行费用低等特点，对肉类加工废水处理具有较高的推广价值。

参 考 文 献

[1] 唐受印，戴友芝，刘忠义，等．食品工业废水处理．北京：化学工业出版社，2001.

[2] 左金龙．食品工业生产废水处理工艺及工程实例．北京：化学工业出版社，2011.

[3] 石维忱．发酵工业现状及发展趋势．2010 中国食品工业与科技发展报告．北京：中国轻工业出版社，2010：99-110.

[4] 潘蓓蕾．加快产业结构调整和升级，推动食品工业又快又好发展．2010 中国食品工业与科技发展报告．北京：中国轻工业出版社，2010：3-7.

[5] 佟玉衡．实用废水处理技术．北京：化学工业出版社，1998.

[6] 谭万春．UASB 工艺及工程实例．北京：化学工业出版社，2009.

[7] 吴卫国．肉类加工废水处理技术．北京：中国环境科学出版社，1991.

[8] 北京水环境技术与设备研究中心．三废处理工程技术手册．废水卷，北京：化学工业出版社，1999.

[9] 王凯军，秦人伟．发酵工业废水处理．北京：化学工业出版社，2000.

[10] 周正立，张悦．污水生物处理应用技术及工程实例，北京：化学工业出版社，2006.

[11] 曾郴林，刘情生．工业废水处理工程设计实例．中国环境出版社，2017.

[12] 中国化工防治污染技术协会．化工废水处理技术．北京：化学工业出版社，2000.

[13] 张之丹．肉类加工废水处理技术．辽宁工业大学学报，2002，(06)：52-53.

[14] 李敬存，郭丽波．肉类加工废水的处理．工业水处理，2004，(03)：67-68.

[15] 崔志澂，何为庆．工业废水处理．2 版．北京：冶金工业出版社，1999.

[16] 李培红等．工业废水处理与回收利用．北京：化学工业出版社，2001.

[17] 张忠祥，钱易．废水生物处理新技术．北京：清华大学出版社，2004.

[18] 顾国贤．酿造酒工艺学．2 版．北京：中国轻工业出版社，2018.

[19] Nayak, Sanjay K., Kingshuk Dutta, Jaydevsinh M. Gohil. Advancement in polymer-based membranes for water remediation. Elsevier, 2022.

[20] 丁忠浩．废水资源化综合利用技术．北京：国防工业出版社，2007.

[21] Ameta, Suresh C., and Rakshit Ameta. Advanced oxidation processes for waste water treatment: emerging green chemical technology. Academic Press, 2018.

[22] 王晨，蒋文强．啤酒厂三废处理及综合利用．北京：化学工业出版社，2009.

[23] 阮文权．废水生物处理工程设计实例详解．北京：化学工业出版社，2006.

[24] 李旭东，杨芸等．废水处理技术及工程应用．北京：机械工业出版社，2003.

[25] 马承愚，彭英利．高浓度难降解有机废水的治理与控制．2 版．北京：化学工业出版社，2011.

[26] 张统．SBR 及其变法污水处理与回用技术．北京：化学工业出版社，2003.